住房和城乡建设部“十四五”规划教材
浙江省普通高校“十三五”新形态教材
职业教育装配式建筑工程技术系列教材

装配式混凝土结构识图与构造

林　丽　主编

中国建筑工业出版社

图书在版编目（CIP）数据

装配式混凝土结构识图与构造 / 林丽主编. — 北京：中国建筑工业出版社，2023.3（2024.12 重印）
住房和城乡建设部“十四五”规划教材　浙江省普通高校“十三五”新形态教材　职业教育装配式建筑工程技术系列教材
ISBN 978-7-112-28332-3

Ⅰ. ①装…　Ⅱ. ①林…　Ⅲ. ①装配式混凝土结构-识图-高等职业教育-教材②装配式混凝土结构-建筑构造-高等职业教育-教材　Ⅳ. ①TU37

中国版本图书馆 CIP 数据核字（2023）第 009740 号

本书分为 6 个项目：项目 1 初识装配式建筑，主要概述装配式混凝土建筑国内外的发展情况，介绍此类建筑的结构主材、连接材料、辅助材料及连接方式；项目 2 识读装配式混凝土建筑结构总说明，介绍识读装配式混凝土建筑的基本知识、结构总说明应包含的内容及识读方法；项目 3 识读装配式混凝土建筑预制构件布置图，介绍预制构件结构拆分的原理，剪力墙、楼板、阳台板、空调板和女儿墙拆分平面图识图方法；项目 4 识读装配式混凝土建筑预制竖向构件详图，介绍预制柱、预制剪力墙、预制外挂墙、预制女儿墙详图的图示内容、表达方法、识读方法，各类竖向预制构件的连接构造；项目 5 识读装配式混凝土建筑预制水平构件详图，介绍叠合梁、叠合楼板、预制楼梯、预制阳台板、预制空调板详图的图示内容、表达方法、识读方法，各类水平预制构件的连接构造；项目 6 综合识读装配式混凝土建筑施工图，介绍综合识读装配式建筑施工图的方法、施工图自审的要点和施工图会审的流程。

教学服务群

本书内容深入浅出、系统全面，适合高等职业院校和应用型本科土建类专业学生使用，也适用于建筑行业相关人员向建筑产业化转型学习的基础用书。

为了便于本课程教学，作者自制免费课件资源，索取方式为：1. 邮箱：jckj@cabp. com. cn；2. 电话：（010）58337285；3. 建工书院：http：//edu. cabplink. com；4. QQ 服务群：472187676。

责任编辑：司　汉　李　阳
责任校对：李美娜

住房和城乡建设部“十四五”规划教材
浙江省普通高校“十三五”新形态教材
职业教育装配式建筑工程技术系列教材
装配式混凝土结构识图与构造
林　丽　主编
*
中国建筑工业出版社出版、发行（北京海淀三里河路 9 号）
各地新华书店、建筑书店经销
北京鸿文瀚海文化传媒有限公司制版
河北鹏润印刷有限公司印刷
*
开本：787 毫米×1092 毫米　1/16　印张：15　插页：11　字数：434 千字
2023 年 3 月第一版　　2024 年 12 月第四次印刷
定价：**45.00** 元（赠教师课件）
ISBN 978-7-112-28332-3
（40675）

出版说明

党和国家高度重视教材建设。2016 年，中办国办印发了《关于加强和改进新形势下大中小学教材建设的意见》，提出要健全国家教材制度。2019 年 12 月，教育部牵头制定了《普通高等学校教材管理办法》和《职业院校教材管理办法》，旨在全面加强党的领导，切实提高教材建设的科学化水平，打造精品教材。住房和城乡建设部历来重视土建类学科专业教材建设，从“九五”开始组织部级规划教材立项工作，经过近 30 年的不断建设，规划教材提升了住房和城乡建设行业教材质量和认可度，出版了一系列精品教材，有效促进了行业部门引导专业教育，推动了行业高质量发展。

为进一步加强高等教育、职业教育住房和城乡建设领域学科专业教材建设工作，提高住房和城乡建设行业人才培养质量，2020 年 12 月，住房和城乡建设部办公厅印发《关于申报高等教育职业教育住房和城乡建设领域学科专业“十四五”规划教材的通知》（建办人函〔2020〕656 号），开展了住房和城乡建设部“十四五”规划教材选题的申报工作。经过专家评审和部人事司审核，512 项选题列入住房和城乡建设领域学科专业“十四五”规划教材（简称规划教材）。2021 年 9 月，住房和城乡建设部印发了《高等教育职业教育住房和城乡建设领域学科专业“十四五”规划教材选题的通知》（建人函〔2021〕36 号）。为做好“十四五”规划教材的编写、审核、出版等工作，《通知》要求：（1）规划教材的编著者应依据《住房和城乡建设领域学科专业“十四五”规划教材申请书》（简称《申请书》）中的立项目标、申报依据、工作安排及进度，按时编写出高质量的教材；（2）规划教材编著者所在单位应履行《申请书》中的学校保证计划实施的主要条件，支持编著者按计划完成书稿编写工作；（3）高等学校土建类专业课程教材与教学资源专家委员会、全国住房和城乡建设职业教育教学指导委员会、住房和城乡建设部中等职业教育专业指导委员会应做好规划教材的指导、协调和审稿等工作，保证编写质量；（4）规划教材出版单位应积极配合，做好编辑、出版、发行等工作；（5）规划教材封面和书脊应标注“住房和城乡建设部‘十四五’规划教材”字样和统一标识；（6）规划教材应在“十四五”期间完成出版，逾期不能完成的，不再作为《住房和城乡建设领域学科专业“十四五”规划教材》。

住房和城乡建设领域学科专业“十四五”规划教材的特点，一是重点以修订教育部、住房和城乡建设部“十二五”“十三五”规划教材为主；二是严格按照专业标准规范要求编写，体现新发展理念；三是系列教材具有明显特点，满足不同层次和类型的学校专业教学要求；四是配备了数字资源，适应现代化教学的要求。规划教材的出版凝聚了作者、主审及编辑的心血，得到了有关院校、出版单位的大力支持，教材建设管理过程有严格保障。希望广大院校及各专业师生在选用、使用过程中，对规划教材的编写、出版质量进行反馈，以促进规划教材建设质量不断提高。

住房和城乡建设部“十四五”规划教材办公室

2021 年 11 月

前　言

随着我国建筑业的转型升级发展，现已进入建筑工业化、建筑信息化及绿色化的“三化”融合时代。产业转型人才先行，装配式建筑人才的培养已成为建筑产业发展的强有力支撑和重要条件。职业院校作为装配式建筑推行的重要人力资源支撑基地，本教材编写团队深入企业一线，结合企业的用人需求和装配式建筑行业发展的趋势，探索装配式建筑人才培养，开发与装配式建筑相关课程配套的项目化新形态教材。

本教材根据新型建筑类职业岗位群应具备精确建模与识图核心能力的要求，结合新型建筑工业化工作过程中所必须具备“能识图、懂工艺、会安装”的任职要求，将教材分为6大学习性项目，包括初识装配式建筑、识读装配式混凝土建筑结构总说明、识读装配式混凝土建筑预制构件布置图、识读装配式混凝土建筑预制竖向构件详图、识读装配式混凝土建筑预制水平构件详图、综合识读装配式混凝土建筑施工图，每个项目下设多个学习性工作任务。通过装配式建筑构造、制图规则、识图方法等知识的学习，培养学生装配式建筑施工图识图与构造处理能力，拓展学生专业知识结构，提升学生综合职业能力，为今后从事装配式建筑相关工作打下基础。

本教材的特色有：

1. 立足建筑工业化相关岗位，以满足装配式生产、品质、现场装配工程师人才培养为目标。在“装配式混凝土结构识图与构造”课程开发的基础上，编写本项目化教材，既遵循了学生认知规律，又具有系统性和逻辑连贯性。

2. 引领装配式建筑教材结构和形态双创新，助力教育教学模式改革。对装配式建筑项目化课程进行任务拆分，以任务为单元，并在教材中嵌入二维码，链接视频、拓展资源等数字资源，既可满足学生全方位个性化移动学习，又为师生开展线上线下混合教学、翻转课堂等课堂教学创新奠定了基础，助力“移动互联”教育教学模式改革。

3. 校企合作编写，助推学用对接。对接装配式建筑实际建造工作需要，围绕装配式相关工作岗位培养目标，突出“适用、实用、应用”原则，与建筑工业化领航企业合作，校企精选精兵强将共同研讨制订教材大纲及编写标准，共同完成教材编写任务，有效助推学用对接。

本教材由浙江广厦建设职业技术大学林丽担任主编，金梅珍、朱维香、王丽君、倪斌担任副主编，杨云芳、王春福担任主审。具体分工如下：浙江广厦建设职业技术大学韩亚梅老师编写任务1.1及拍摄配套教学视频；浙江广厦建设职业技术大学宋玲凤老师编写任务1.2及拍摄配套教学视频；浙江广厦建设职业技术大学金梅珍老师编写项目2；明珠建设集团有限公司任常强拍摄项目2教学视频和编写项目2的部分内容；浙江省建筑设计研究院楼映珠编写项目3；浙江广厦建设职业技术大学林丽编写项目3，任务4.2、4.3、5.2、6.1～6.3，附录及拍摄配套教学视频；浙江广厦建设职业技术大学王丽君编写任务4.1、5.1及拍摄配套教学视频；浙江广厦建设职业技术大学朱维香编写任务4.4、5.4、

5.5 及拍摄配套教学视频；东阳市财政局财政项目预算审核中心陈懿莉编写任务 5.3 及拍摄配套教学视频；中国二十二冶集团有限公司姜军拍摄制作构件生产和安装视频；品茗科技股份有限公司倪斌参与审定教材并提供部分资源。

本教材在编写过程中参考了相关教材和资料，在此向有关作者表示感谢。由于编者水平有限，教材中的缺点、错误难免，恳请使用本教材的教师和广大读者批评指正。

目　录

项目1 初识装配式建筑

Modular 01

通过本项目的学习，使读者认识装配式建筑，明确装配式建筑的特点、建筑形式、结构类型体系，了解国内外装配式建筑的发展概况，了解装配式混凝土建筑的连接方式及适用条件，了解装配式建筑所涉及的结构主材、连接材料、辅助材料等，为后续学习装配式混凝土结构建筑施工图的识读和构造处理做好铺垫。

任务 1.1 认识装配式建筑

任务描述

通过本任务的学习，使读者掌握装配式建筑的概念、特点，了解国内外装配式建筑的发展概况，掌握装配式混凝土建筑形式，掌握装配式混凝土建筑结构类型体系，进而使读者认识到装配式混凝土结构建筑与传统现浇混凝土结构建筑相比的优势，及在设计与建造方式上的不同。

能力目标

（1）能叙述装配式建筑的特点和发展脉络。
（2）能叙述装配式混凝土建筑结构类型体系。

知识目标

（1）掌握装配式建筑的概念。
（2）掌握装配式建筑的主要特点。
（3）了解国内外装配式建筑的发展概况。
（4）掌握装配式混凝土建筑形式。
（5）掌握装配式混凝土建筑结构类型体系。

学习性工作任务

（1）叙述装配式建筑的主要特点、建筑形式和结构类型体系。
（2）完成某区域装配式建筑应用情况的调研报告。

完成任务所需的支撑知识

1.1.1 装配式建筑基本概念

装配式混凝土建筑即预制混凝土建筑，英文为 Precast Concrete，因此装配式混凝土建筑又称 PC 建筑。与传统现浇混凝土建筑相比，装配式混凝土建筑是将建筑各个部件先划分预制，再现场装配。即建筑经过设计（建筑、结构、给水排水、电气、设备、装饰）后，由工厂对建筑构件进行工业化生产，生产后的建筑构件运到指定地点（工地）进行装配，组装完成整个建筑，如图 1-1 所示。

1-1 装配式建筑基本概念

由于装配式建筑可以分为构件生产和构件组装，因此，建筑行业的转型就是建筑构件浇筑向工业化方式转型、施工方式向集成化方式转型。装配式建筑的构件生产和现场组装如图 1-2 所示。

建筑集成化设计
(建筑、结构、给水排水、电气、设备、装饰)

建筑构件集成化生产
(柱、梁、板、墙、楼梯)
(生产过程集成装饰、强电、弱电、给水排水、计算机网络)

工厂进行构件组装
(装配完成整个建筑)

图 1-1　装配式建筑概念图

(a) 构件生产图

(b) 构件现场组装图

图 1-2　构件生产和组装图

近些年来，国家相继出台各种政策，把建筑产业化推到了国家战略高度。装配式建筑在促进我国建筑产业化发展方面具有积极推动作用，在提高社会、环境、质量及其间接经济效益方面也发挥着重要的影响。

1.1.2　装配式建筑的特点

与传统建筑业生产方式相比，装配式建筑具有以下优点：

1. 有利于提高施工质量

装配式建筑生产企业中，人员较稳定、工作分工较明确。通过上岗培训，职工素质通常比建筑施工单位的人员高，这为提升建筑工程的质量提供了保证。同时，装配式建筑用的预制构件是在工厂里预制的，环境因素可控、制作精密，能够最大限度地改善传统建筑墙体开裂、渗漏等质量通病，提高建筑整体安全等级、防火性和耐久性。装配整体式卫浴和传统卫浴的对比如图 1-3 所示。

2. 有利于保障施工安全

传统施工作业现场有大量的工人，而预制装配式建筑施工工艺能够使施工现场的工作量大大减少，现场只需留少量工人即可，大大提高了施工建设的安全系数。

(a) 装配整体式卫浴

(b) 传统卫浴

图 1-3　卫浴的对比

3. 有利于加快工程进度

PC构件在工厂预制，构件运输至施工现场后通过大型起重机械吊装就位。操作工人只需进行扶板就位、临时固定等工作，施工效率远比现场施工方式高，特别是在一些多雨地区和寒冷地区，这种优越性更为突出，如图 1-4 所示。

(a) 装配式建筑工地

(b) 传统工地

图 1-4　工地现场对比图

4. 有利于环境保护、节约资源

目前，我们国家很多行业都坚持可持续发展的生态环保理念，坚持建筑的绿色化、低碳化和环保化。装配式建筑现场原始现浇作业极少，能够维持施工现场的整洁和干净，有效地控制住建筑垃圾，可避免了大规模的生态环境污染。此外，钢模板等重复利用率提高，也可降低材料损耗。

1.1.3　国内外装配式建筑的发展概况

1. 国内装配式建筑的发展概况

我国从 20 世纪五六十年代就开始研究装配式混凝土建筑的设计施工技术，在 70 年代达到装配式建筑发展繁荣时期，但在 20 世纪 80 年代末期，受当时经济条件和技术水平的限制，我国装配式建筑的发展陷入停滞。现如今，国家相继出台各种政策，国务院、国家发展改革委、住房和城乡建设部等明确表示要大力推广装配式建筑体系，把建筑产业化推到了国家战略高度。在国家的强力推动下，全国大多数省市都建立了装配式建筑的地区性指导意见和相关奖罚措施，不少地方更是提出了发展装配式建筑的具体建设目标。比如，上海市规定，对建筑面积达到一定要求的工程，同时预制装配率满足了相关最低的要求，对建筑每平方米给予 60～100 元不等的奖励，单个项目最高补贴 1000 万元，另外对自愿实施装配式建筑的项目给予不超过 3%的容积率奖励；北京市明文规定纳入保障性住房年度建设计划的项目，要全面推行装配式装修成品房交房。通过上述激励性政策，极大地调动了装配式建筑的发展，可以预见，未来几年将是我国装配式建筑发展的黄金时期。我国的一些装配式建筑形式如图 1-5 所示。

(a) 集装箱结构装配式建筑

(b) 剪力墙结构装配式建筑

(c) 框架结构装配式建筑1

(d) 框架结构装配式建筑2

图 1-5　我国装配式建筑形式

国内装配式建筑经过几年的发展，一些企业已经取得了一定的成绩。部分介绍如下：

(1) 上海城建（集团）有限公司

上海城建（集团）有限公司以制作高预制率的“框剪结构”及“剪力墙结构”为主，拥有“预制装配住宅设计与建造技术体系”、“全生命周期虚拟仿真建造与信息化管理体系”和“预制装配式住宅检测及质量安全控制体系”三大核心技术体系，并建立国内首个“装配式建筑标准化部件库”。该集团实行 BIM 信息化集成管理，已实现了利用 RFID 芯片，以 PC 构件为主线的预制装配式建筑 BIM 应用构架建设工作，并在构件生产制造环节全面应用实施。

(2) 中南控股集团有限公司

该公司成立了国家级“可装配式关键部品产业化技术研究与示范”生产基地，NPC

技术（全预制装配楼宇技术）是一种新型混凝土结构预制装配技术，该技术用于解决装配式混凝土结构上下层竖向预制构件之间的钢筋连接。利用该技术，在已完工程中，经专家鉴定测算，整体预制装配率达到 90%以上，每平方米木模板使用量减少 87%、耗水量减少 63%、垃圾产生量减少 91%，并避免了传统施工产生的噪声，技术达到国内领先水平。

(3) 远大住宅工业集团股份有限公司

该公司是国内第一家以“住宅工业”行业类别核准成立的新型住宅制造企业，是我国综合性的“住宅整体解决方案”制造商，现已推出第五代集成建筑体系（BH5），运用当今世界前沿的预制混凝土构件生产技术、应用开放的 BIM 技术平台，建立健全并丰富和发展了工业化研发体系、设计体系、制造体系、施工体系、材料体系与产品体系，具有质量可控、成本可控、进度可控等多项技术优势。

2. 国外装配式建筑的发展概况

国外装配式建筑的起源，可以追溯到古埃及的金字塔。古埃及的金字塔是用石料构成，先把原生石进行人工加工，制成金字塔的石料构件（长、宽、高尺寸不同的构件），然后在选定的地方（场地）进行装配，最后形成完整的金字塔建筑，如图 1-6 所示。

图 1-6　金字塔建筑

1851 年，用铁骨架嵌玻璃建成的水晶宫是世界上第一座大型装配式建筑，如图 1-7 所示。第二次世界大战后，欧洲一些国家以及日本房荒严重，迫切要求解决住宅问题，促进了装配式建筑的发展。

图 1-7　英国伦敦水晶宫

部分发达国家的装配式住宅经过几十年甚至上百年的时间，已经发展到了相对成熟、完善的阶段，日本、美国、法国、瑞典等是最具典型性的国家之一。各国按照各自的经济、社会、工业化程度、自然条件等特点，选择了不同的道路和方式。日本是率先在工厂中批量生产住宅的国家；美国注重住宅的舒适性、多样性、个性化；法国是世界上推行工业化建筑最早的国家之一；瑞典是世界上住宅装配化应用最广泛的国家，其 80%的住宅采用以通用部件为基础的住宅通用体系；丹麦发展住宅通用体系化的方向是“产品目录设计”，是世界上第一个将模数法制化的国家。这些国家的经验都为我国装配式住宅的发展提供了借鉴。

1.1.4　装配式混凝土建筑的形式

目前常见的装配式混凝土建筑形式包括以下几种：

1. 砌块建筑

用预制的块状材料砌成墙体的装配式建筑，适于建造 3～5 层建筑，若提高砌块强度或配置钢筋，还可适当增加层数。砌块建筑具有适应性强、生产工艺简单、施工简便、造价较低、可利用地方材料和工业废料等特点，如图 1-8 所示。建筑砌块有小型、中型、大型之分：小型砌块适于人工搬运和砌筑，工业化程度较低、灵活方便、使用较广；中型砌块可用小型机械吊装，可节省砌筑劳动力；大型砌块现已被预制大型板材所代替。

1-2　装配式建筑的形式

(a) 小型空心砖砌块

(b) 砌块建筑施工现场

图 1-8　建筑砌块

砌块有实心和空心两类，实心砌块多采用轻质材料制成。砌块的接缝是保证砌体强度的重要环节，一般采用水泥砂浆砌筑，小型砌块还可用套接（不用砂浆）的干砌法，可减少施工中的湿作业。有的砌块表面经过处理，可作清水墙。

2. 板材建筑

由预制的大型内外墙板、楼板和屋面板等板材装配而成，又称大板建筑。它是工业化体系建筑中全装配式建筑的主要类型。板材建筑可以减轻结构重量，提高劳动生产率，扩大建筑的使用面积和防震能力。板材建筑的内墙板多为钢筋混凝土的实心板或空心板；外墙板多为带有保温层的钢筋混凝土复合板，也可用轻骨料混凝土、泡沫混凝土或大孔混凝土等制成带有外饰面的墙板。建筑内的设备常采用集中的室内管道配件或盒式卫生间等，以提高装配化的程度。

板材建筑的关键问题是节点设计，在结构上应保证构件连接的整体性（板材之间的连接方法主要有焊接、螺栓连接和后浇混凝土整体连接），妥善解决外墙板接缝的防水，以及预制板缝处、角部的热工处理等问题。板材建筑的主要缺点是对建筑物造型和布局有较大制约性，小开间横向承重的大板建筑内部分隔缺少灵活性（纵墙式、内柱式和大跨度楼板式的内部可灵活分隔）。

3. 盒式建筑

盒式建筑（图 1-9）是从板材建筑的基础上发展起来的一种装配式建筑。这种建筑工厂化的程度很高、现场安装快。一般情况在工厂不但完成盒子的结构部分，而且也已完成内部装修和设备安装，甚至可连家具、地毯等一概安装齐全，故盒子吊装完成、接好管线后即可使用。盒式建筑的装配形式有：

图 1-9　盒式建筑施工现场

（1）全盒式：完全由承重盒子重叠组成建筑。

（2）板材盒式：将小开间的厨房、卫生间或楼梯间等做成承重盒子，再与墙板和楼板等组成建筑。

（3）核心体盒式：以承重的卫生间盒子作为核心体，四周再用楼板、墙板或骨架组成建筑。

（4）骨架盒式：用轻质材料制成的许多住宅单元或单间式盒子，支承在承重骨架上形成建筑。也有用轻质材料制成包括设备和管道的卫生间盒子，安置在其他结构形式的建筑内。盒子建筑工业化程度较高，但投资大，运输不便，且需用重型吊装设备，因此，发展受到限制。

4. 骨架板材建筑

图 1-10　骨架板材建筑

骨架板材建筑（图 1-10）是由预制的骨架和板材组成。其承重结构一般有两种形式：一种是由柱、梁组成承重框架，再搁置楼板和非承重的内外墙板的框架结构体系；另一种是柱子和楼板组成承重的板柱结构体系，内外墙板是非承重的。承重骨架一般多为重型的钢筋混凝土结构，也有采用钢和木作成骨架和板材组合，常用于轻型装配式建筑中。骨架板材建筑结构合理、可以减轻建筑物的自重、内部分隔灵活，适用于多层和高层的建筑。

钢筋混凝土框架结构体系中，骨架板材建筑有全装配式、预制和现浇相结合的装配整体式两种。保证这类建筑的结构具有足够的刚度和整体性的关键是构件连接。柱与基础、柱与梁、梁与梁、梁与板等的节点连接，应根据结构的需要和施工条件，通过计算进行设计和选择。节点连接的方法，常见的有榫接法、焊接法、牛腿搁置法和留筋现浇成整体的叠合法等。

板柱结构体系中，骨架板材建筑是方形或接近方形的预制楼板同预制柱组合的结构系统。楼板多数为四角支撑在柱子上，也有在楼板接缝处留槽，从柱子预留孔中穿钢筋，张拉后灌混凝土。

5. 升板和升层建筑

升板（图 1-11）和升层建筑是板柱结构体系的一种，这种建筑是在底层混凝土地面上重复浇筑各层楼板和屋面板，竖立预制钢筋混凝土柱子，以柱为导杆，用放在柱子上的油压千斤顶把楼板和屋面板提升到设计高度，加以固定。外墙可用砖墙、砌块墙、预制外墙板、轻质组合墙板或幕墙等，也可以在提升楼板时提升滑动模板、浇筑外墙。升板建筑施工时大量操作在地面进行，减少了高空作业和垂直运输，节约模板和脚手架，还减少施工现场面积。升板建筑多采用无梁楼板或双向密肋楼板，楼板同柱子连接节点常采用后浇柱帽或采用承重销、剪力块等无柱帽节点。升板建筑一般柱距较大，楼板承载力也较强，多用作商场、仓库、工场和多层车库等。

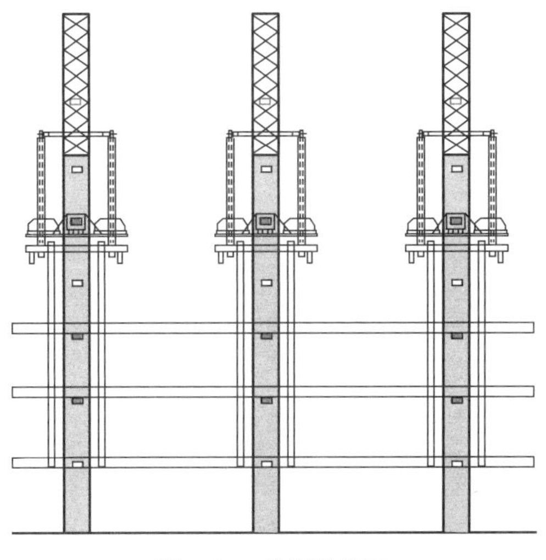

图 1-11　升板法施工

1-3　装配式混凝土建筑的结构类型体系

升层建筑是在升板建筑每层的楼板还在地面时，先安装好内外预制墙体，并一起提升的建筑。升层建筑可以加快施工速度，比较适用于场地受限制的地方。

1.1.5　装配式混凝土建筑结构类型体系

装配式混凝土建筑按结构体系可分为两大类，即通用结构体系与专用结构体系。通用结构体系与现浇结构类似，可分为三类：第一类是装配式混凝土框架结构体系，第二类是装配式混凝土剪力墙结构体系，第三类是预制外挂墙板体系。结合具体建筑功能、性能要求等通用结构体系可以发展为专用结构体系。下文将详细阐述我国比较典型的几种特殊混凝土工业化建筑结构体系。

1. 大板结构体系

20 世纪 70 年代，我国主要是采用装配式大板住宅体系的预制装配式混凝土结构，预制构件主要包括大型屋面板、预制圆孔板、楼梯、槽形板等。大板结构体系多用于低层、多层建筑。大板结构体系存在着很多不足，包括：构件的生产、安装施工与结构的受力模型、构件的连接方式等方面存在难以克服的缺陷；建筑抗震性能、物理性能、建筑功能等方面存在一定的隐患；隔声性能差、外观单一、不方便二次装修等；由于交通运输方式的不同、经营成本的不同、工厂用地的不同，也会对大板结构体系造成影响。故，此结构体系在 20 世纪末已经逐步淘汰。

2. 装配式混凝土框架结构

装配式混凝土框架结构是指全部或者部分的框架梁、柱采用预制构件建成的装配式混凝土结构，如图 1-12 所示。框架结构中部分或全部梁、柱在预制构件厂制作好后，先运输至现场进行安装，再进行节点区及其他结构部位后浇混凝土，形成装配式混凝土框架结构。装配式混凝土框架-现浇剪力墙结构与装配式混凝土框架中预制构件的种类相似，其中框架梁、柱采用预制，剪力墙采用现浇的形式。

装配式混凝土框架结构的预制构件类型可分为：预制梁、预制柱、预制楼梯、预制楼板、预制外挂墙板等。装配式混凝土框架结构不仅具有清晰的结构传力路径，高效的装配效率，而且现场浇湿作业比较少，符合预制装配化的结构要求，是最合适的结构形式之一。这种结构形式在需要开敞大空间的建筑中比较常见，比如仓库、厂房、停车场、商场、教学楼、办公楼、商务楼、医务楼等，最近几年也开始在民用建筑中使用，比如居民住宅等，如图 1-12 所示。

图 1-12　装配式混凝土框架结构

装配式混凝土框架结构的节点连接类型可分为干式连接和湿式连接。根据节点的连接方式的不同，结构按照等同现浇和不等同现浇设计。等同现浇结构时，节点通常采用湿式连接，节点区采用后浇混凝土进行整体浇筑，结构的整体性好，具有和现浇结构相同的结构性能，结构设计时可采用与现浇混凝土相同的方法进行结构分析；不等同现浇连接通常采用螺栓等干式连接方式，此种连接方式的耗能机制、整体性能和设计方法具有不确定性，需要适当考虑节点的性能。

3. 装配式混凝土剪力墙结构

在我国，装配式建筑的最主要结构形式是装配式混凝土剪力墙结构体系。它可以分为四种：①装配整体式剪力墙结构；②多层装配式剪力墙结构；③双面叠合剪力墙结构；④单面叠合剪力墙结构。

（1）装配整体式剪力墙结构。装配整体式剪力墙结构主要指内墙采用现浇、外墙采用预制的形式，如图 1-13 所示。由于内墙现浇致使结构性能与现浇结构差异不大，因此适用范围较广，适用高度也较大。部分或全预制剪力墙结构是目前采用较多的一种结构体系。全预制剪力墙结构的剪力墙全由预制构件拼装而成，预制墙体之间的连接方式采取湿式连接，其结构性能小于或等于现浇结构。该结构体系具有较高的预制化率，但存在某些缺点，比如具有较大的施工难度、具有较复杂的拼缝连接构造等。

（2）多层装配式剪力墙结构。考虑到我国城镇化与新农村建设的发展，顺应各方需求可以适当地降低房屋的结构性能，开发一种新型多层预制装配剪力墙结构体系。这种结构对于预制墙体之间的连接也可以适当降低标准，只进行部分钢筋的连接。具有速度快、施工简单的优点，可以在各地区不超过 6 层的房屋中大量地使用。

（3）双面叠合混凝土剪力墙结构。双面叠合混凝土剪力墙结构是由叠合墙板和叠合楼板（现浇楼板），辅以必要的现浇混凝土剪力墙、边缘构件、梁共同形成的剪力墙结构，如图 1-14 所示。在工厂生产叠合墙板和叠合楼板时，在叠合墙板和叠合楼板内设置钢筋桁架，钢筋桁架既可作为吊点，又能增加构件平面外刚度，防止起吊时构件的开裂。同时钢筋桁架作为连接双面叠合墙板的内外叶预制板与二次浇筑夹心混凝土之间的拉结筋，作为叠合楼板的抗剪钢筋，保证预制构件在施工阶段的安全性能，提高结构整体性能和抗剪性能。在进行双面叠合剪力墙结构分析时，采用等同现浇剪力墙的结构计算方法设计。双面叠合剪力墙结构的建筑高度通常在 80m 以下，当超过 80m 时，需进行专项评审。双面叠合混凝土结构中的预制构件采用全自动机械化生产，构件摊销成本明显降低；现场装配率、数字信息化控制精度高；整体性与结构性能好，防水性能与安全性能得到有效保证。

图 1-13　装配式混凝土剪力墙结构

图 1-14　双面叠合混凝土剪力墙结构

（4）单面叠合混凝土剪力墙结构。单面叠合混凝土剪力墙结构是指建筑物外围剪力墙采用钢筋混凝土单面预制叠合剪力墙，其他部位剪力墙采用一般钢筋混凝土剪力墙的一种结构形式。单面叠合剪力墙是实现剪力墙结构住宅产业化、工厂化生产的一种方式。和预制混凝土构件相同，预制剪力墙板在工厂加工制作、养护，达到设计强度后运抵施工现场，安装就位后和现浇部分整浇形成预制叠合剪力墙。带建筑饰面的预制剪力墙板不仅可作为预制叠合剪力墙的一部分参与结构受力，浇筑混凝土时还可兼作外墙模板，外墙立面也不需要二次装修，可完全省去施工外脚手架。这种工法节省成本、提高效率、保证质量，可明显提高剪力墙结构住宅建设的工业化水平。单面叠合剪力墙的受力变形过程、破坏模式和普通剪力墙相同，故剪力墙结构外墙采用单面叠合剪力墙不改变房屋主体的结构形式，在进行单面叠合剪力墙结构分析时，依然采用等同现浇剪力墙的结构计算方法进行设计。

4. 预制外挂墙板体系

图 1-15　预制外挂墙板体系

安装在主体结构上，起围护、装饰作用的非承重预制混凝土外墙板为预制外挂墙板，简称外挂墙板，如图 1-15 所示。预制外挂混凝土墙板被广泛应用于混凝土或钢结构的框架结构中。一般情况下预制外挂墙板作为非结构承重构件可起围护、装饰、外保温的作用。建筑外挂墙板饰面种类可分为面砖饰面外挂板、石材饰面外挂板、清水混凝土饰面外挂板、彩色混凝土饰面外挂板等，被用于各种建筑物的外墙，如公寓、办公室、商业建筑和教育和文化设施等。

近年来，由于预制外挂墙板有设计美观、施工环保、造型变化灵活等优点，已应用广泛，其可以达到许多高质量的建筑外观效果，例如：石灰岩或花岗石、砖砌体的复杂纹理和外轮廓以及仿石材等，而这些效果如果在现场采用传统的方法是非常昂贵的。

5. 盒子结构体系

工业化程度较高的一种装配式建筑形式是盒子结构，其预制程度能够达到 90%。这种体系是在工厂中将房间的墙体和楼板连接起来，预制成箱形整体，甚至门窗、卫浴、厨房、电器、暖通、家具等设备的装修工作都已经在箱体内完成，运至现场后直接组装成整体。

该结构体系能够把现场工作量控制在最低限度。单位面积混凝土的消耗量很小，只有 $0.3m^3$，与传统建筑相对比，不仅可以明显节省 20%的钢材与 22%的水泥，而且其自重也会减轻大半。盒子构件预制工厂投资花费高昂，若要控制成本在一定额度内，可以通过扩大预制工厂的规模来实现。

任务训练

1. 与传统建筑业生产方式相比，装配式建筑具有的优点包括（　　）。

A. 有利于提高施工质量，保障施工安全

B. 有利于加快工程进度

C. 有利于环境保护、节约资源

D. 以上都是

2. 板材建筑的内墙板材质多为（　　）。

A. 带保温层的钢筋混凝土复合板　　　　B. 泡沫混凝土

C. 钢筋混凝土实心板或空心板　　D. 轻骨料混凝土

3. 板材建筑由（　　）装配而成，又称大板建筑，它是工业化体系建筑中全装配式混凝土建筑的主要类型。

A. 中型内外墙板、现浇楼板和预制屋面板等板材

B. 预制内外墙板、楼板和现浇屋面板材

C. 预制的大型内外墙板、楼板和屋面板等板材

D. 现浇内外墙、预制楼板和屋面板等板材

4. 装配式混凝土建筑主要形式有（　　）。

A. 砌块建筑、板材建筑　　B. 盒式建筑、骨架板材建筑

C. 升板升层建筑　　D. 以上都是

5. 装配式混凝土建筑按结构体系可分为（　　）。

A. 通用结构体系和专用结构体系　　B. 装配式混凝土框架结构体系

C. 装配式混凝土剪力墙结构体系　　D. 预制外挂墙板体系

6. 通用结构体系与现浇结构类似，又可分为三类，不包括（　　）。

A. 装配式混凝土框架结构体系　　B. 装配式混凝土剪力墙结构体系

C. 装配式框架-剪力墙结构体系　　D. 预制外挂墙板体系

7. 装配式混凝土框架结构等同现浇结构时节点通常采用（　　）。

A. 干式连接　　B. 湿式连接

C. 螺栓连接　　D. 焊接连接

8. 装配式剪力墙结构体系可以分为（　　）。

A. 装配整体式剪力墙结构、多层装配式剪力墙结构

B. 双面叠合剪力墙结构

C. 单面叠合剪力墙结构

D. 以上都是

9. 双面叠合剪力墙结构的建筑高度超过（　　）m 时，需进行专项评审。

A. 60　　B. 80　　C. 100　　D. 120

10. 双面叠合剪力墙结构，在叠合墙板和叠合楼板内设置钢筋桁架，钢筋桁架的作用包括（　　）。

A. 作为吊点

B. 增加构件平面外刚度，防止起吊时构件的开裂

C. 保证预制构件在施工阶段的安全性能，提高结构整体性能和抗剪性能

D. 以上都是

拓展训练

观看装配式建筑相关视频，以小组为单位就某区域装配式建筑应用情况开展调研，并完成调研报告一份。

任务 1.2　认识装配式混凝土建筑材料

任务描述

通过介绍某教师公寓项目所涉及的结构主材、连接材料、辅助材料，使读者掌握混凝土、钢筋等结构主材的性能要求，认识灌浆套筒、套筒灌浆料、浆锚孔波纹管、浆锚搭接灌浆料、灌浆导管、灌浆孔塞、灌浆堵缝材料、机械套筒、注胶套筒、保温连接件、锚固板等连接材料，认识螺母、螺栓、内埋式螺母、内埋式吊钉、脱模斜撑、斜支撑、吊环、密封胶、保温材料等辅助材料。

能力目标

（1）能合理选用装配式混凝土建筑结构主材。

（2）能识别装配式混凝土建筑的连接材料。

（3）能识别装配式混凝土建筑的辅助材料。

知识目标

（1）掌握装配式混凝土建筑结构主材的性能要求。

（2）熟悉装配式混凝土建筑常用的连接材料类型与用途。

（3）了解装配式混凝土建筑常用的辅助材料类型与用途。

学习性工作任务

（1）识读附录某教师公寓项目4号楼施工图，识别其中各类建筑材料，并对其性能和应用位置进行总结。

（2）收集装配式建筑连接材料和辅助材料的课外资料，整理后进行汇报。

完成任务所需的支撑知识

1.2.1　装配式混凝土建筑结构主材

装配式混凝土建筑结构主材主要有混凝土、钢材等，本节主要介绍它们的性能要求。

1. 混凝土

混凝土是当代最主要的土木工程材料之一。它是由胶凝材料、颗粒状集料（也称为骨料）、水，以及必要时加入的外加剂和掺合料按一定比例配制，经均匀搅拌、密实成型、养护硬化而成的一种人工石材。混凝土的性质有和易性、强度、变形及耐久性等。

1-4　混凝土

（1）和易性

和易性是指混凝土易于各工序施工操作（例如搅拌、运输、浇筑、捣实等）并能获得质量均匀、成型密实的性能，也称混凝土的工作性。和易性包括流动性、黏聚性及保水性。①流动性：混凝土拌合物在自重或机械作用下，能产生流动，并均匀密实地填满模板的性能。流动性根据施工要求而有所不同，对于泵送混凝土，一般要求坍落度大于100mm。对于普通混凝土，一般要求坍落度为50～70mm。②黏聚性：混凝土拌合物趋于聚集在一起的性能。黏聚性不良将产生分层、离析，主要表现为水泥浆上浮、骨料下沉，硬化后会出现蜂窝、麻面。③保水性：混凝土拌合物保持水分不致泌水的能力。

（2）强度

强度是混凝土的重要力学性能，体现了混凝土抵抗荷载的能力。混凝土的强度有抗拉强度、抗压强度、抗剪强度和握裹强度。其中以抗压强度为主，抗压强度又分为立方体抗压强度和轴心抗压强度两类。

混凝土强度等级是指按混凝土立方体抗压强度标准值划分的级别。以字母“C”和混凝土立方体抗压强度标准值表示，常见的混凝土强度等级有C20、C30、C40、C45和C50等。混凝土在调制时，加入的原材料比例不一样，强度也就会不一样，使用的区域也会不同，所以要根据使用的要求，来调配相应强度的混凝土。

（3）变形

混凝土在凝结、硬化和使用过程中，受物理、化学及力学等因素的影响，往往会发生各种变形，这些变形是导致混凝土产生裂缝的主要原因之一，混凝土变形会影响混凝土的强度及其耐久性。混凝土的变形包括非荷载作用下的变形和荷载作用下的变形。非荷载下的变形，分为混凝土的化学收缩、干湿变形及温度变形；荷载作用下的变形，分为短期荷载作用下的变形及长期荷载作用下的变形。

（4）耐久性

混凝土的耐久性是指混凝土在实际使用条件下抵抗各种破坏因素的作用，长期保持强度和外观完整性的能力，包括混凝土的抗渗性、抗冻性、抗侵蚀性及抗碳化性等。①抗渗性，混凝土抗渗等级一般为P4、P6、P8、P10、P12五个等级，分别表示能抵抗0.4、0.6、0.8、1.0、1.2MPa的静水压力而不渗透。②抗冻性，混凝土抗冻性指混凝土在饱水状态下，经受多次冻融循环而保持强度和外观完整性的能力。抗冻等级：以28d龄期的混凝土标准试件，在饱水后承受反复冻融循环，以抗压强度损失不超过25%，且质量损失不超过5%时所能承受的最大循环次数来确定。包括F10、F15、F25、F50、F100、F150、F200、F250和F300等九个等级。③抗侵蚀性，混凝土的抗侵蚀性是指混凝土抵抗外界侵蚀性介质破坏作用的能力，主要包括软水侵蚀、硫酸盐侵蚀、镁盐侵蚀和碳酸侵蚀。与所用水泥品种、混凝土的密实程度和孔隙特征等有关。可以通过合理选择水泥品种、降低水灰比、提高混凝土密实度和改善孔结构进而提高混凝土抗侵蚀性。④抗碳化性，碳化是指环境中的CO_2与混凝土水泥石中的$Ca(OH)_2$作用生成碳酸钙和水，从而降低混凝土中碱度的现象。

1-5 钢材

2. 钢材

钢材是钢锭、钢坯或钢材通过压力加工制成的一定形状、尺寸和性能的材料。大部分钢材加工都是通过压力加工，使被加工的钢（坯、锭等）产生塑性变形。钢材的力学性能主要有抗拉性能、冲击韧性、耐疲劳性和硬度。

（1）抗拉性能

抗拉性能是钢筋的主要性能，因为钢筋在大多数情况下是作为抗拉材料来使用的，表征抗拉性能的技术指标主要是屈服点、抗拉强度和伸长率。通过低碳钢轴向拉伸的应力-应变曲线图（图 1-16）可以了解钢材抗拉性能的特征指标及其变化规律。

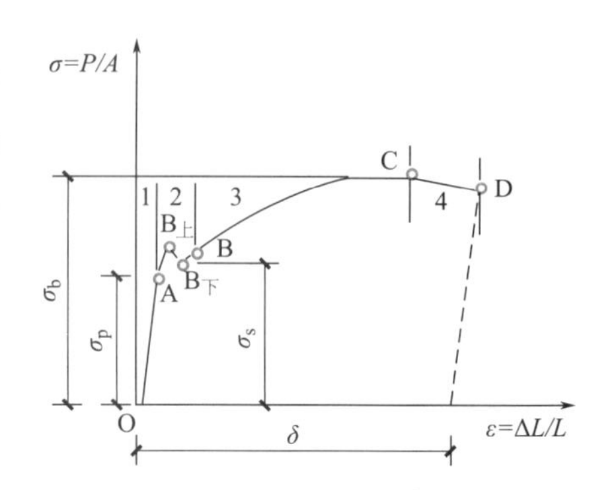

图 1-16　低碳钢轴向拉伸的应力-应变曲线

1）弹性阶段（OA 段）

$$E=\frac{\sigma}{\varepsilon} \tag{1-1}$$

弹性模量 E 反映了材料抵抗变形的能力。数值越大，表示在相同应力下产生的弹性变形越小。

2）屈服阶段（AB 段）

当荷载继续增加，试件应力超过弹性极限时，应变增加很快，而应力基本不变，这种现象称为屈服。此时应力-应变曲线呈现波动，期间最大应力与最小应力分别称为屈服上限和屈服下限。鉴于屈服下限数值较为稳定，规范规定以屈服下限的应力值定义为钢材的屈服强度，用 σ_s 表示。屈服强度是钢材设计强度取值的依据，是工程结构计算的最重要技术参数之一。

3）强化阶段（BC 段）

强化阶段是指钢筋在屈服以后直至到达颈缩前的阶段。在此阶段应变有所增加，相应的应力也增加了。说明钢筋在屈服后恢复了抵抗变形的能力，在应力-应变曲线图上呈上升趋势，直至到达最高点，即达到了钢筋的强度极限。曲线最高点（C 点）的应力是钢材受拉时所能承受的最大应力，称为抗拉强度，用 σ_b 表示。抗拉强度不能直接作为工程设计时的计算依据。钢材的屈服强度与抗拉强度之比（σ_s / σ_b）称为屈强比，它可以反映钢材的利用率和结构的安全可靠度。

4）颈缩阶段（CD 段）

当钢材经过强化阶段达到最高点后，如果继续增加荷载，试件局部截面将急剧缩小，呈杯状变细，此现象称为颈缩。由于试件截面急剧缩小，试件的塑性变形迅速增大，直至断裂，如图 1-17 所示。断后伸长率是指试件拉断后，试件标距内的伸长量占原始标距的百分率，它是反映钢材塑性性能的重要指标，用 δ_n 表示。

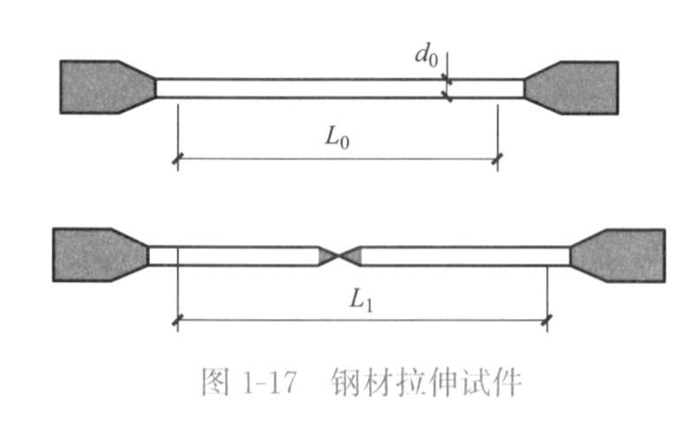

图 1-17　钢材拉伸试件

断后伸长率按式（1-2）计算：

$$\delta_n=\frac{L_1-L_0}{L_0}\times 100\% \tag{1-2}$$

式中　δ_n ——伸长率（%），n 为长或短试件的标识，$n=10$ 或 $n=5$；

L_0 ——试件原始标距长度；

L_1 ——试件拉断后标距部分的长度。

高碳钢和中碳钢的拉伸曲线与低碳钢不同，屈服现象不明显。为便于应用，规定产生残余变形为原标距长度的 0.2%时，所对应的应力值作为此类钢材的屈服强度，也称为条件屈服点，用 $\sigma_{0.2}$ 表示，如图 1-18 所示。

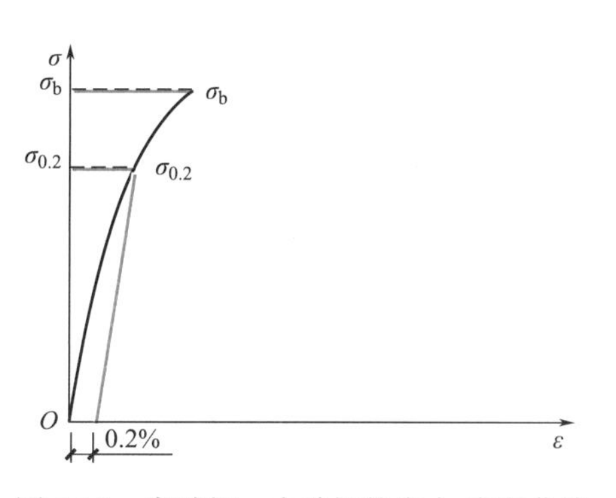

图 1-18　高碳钢、中碳钢的应力-应变曲线

（2）冲击韧性

冲击韧性是指材料在冲击载荷作用下吸收塑性变形功和断裂功的能力，反映材料内部的细微缺陷和抗冲击性能。冲击韧性指标的实际意义在于揭示材料的变脆倾向，是反映金属材料对外来冲击负荷的抵抗能力，通过标准试件的冲击韧性试验，以试件冲断时单位面积上所吸收的能量来表示钢材的冲击韧性指标，按式（1-3）计算。

$$\alpha_k = \frac{W}{A} \tag{1-3}$$

式中　α_k ——冲击韧性值（J/cm^2）；

W ——试件冲断时所吸收的冲击能（J）；

A ——试件槽口处最小横截面面积（cm^2）。

冲击韧性值越大，钢材的冲击韧性越好。随着时间的延长，钢材的强度与硬度升高、塑性与韧性降低的现象称为时效。

（3）耐疲劳性

钢材在交变荷载（方向、大小循环变化的力）的反复作用下，往往在应力远小于其抗拉强度时就发生破坏，这种现象称为钢材的疲劳破坏。试验证明，钢材承受的交变应力 σ 越大，则钢材断裂时经受的交变应力循环次数 N 越少，反之越多。当交变应力 σ 降低至一定值时，钢材可经受交变应力循环达无限次而不发生疲劳破坏。疲劳破坏过程一般要经历疲劳裂纹萌生、缓慢发展和迅速断裂三个阶段。钢材的疲劳破坏，先在应力集中的地方出现疲劳微裂纹，由于荷载反复作用，裂纹尖端产生应力集中使微裂纹逐渐扩展成肉眼可见的宏观裂缝，直到最后导致钢材突然断裂。

（4）硬度

硬度是指钢材抵抗硬物压入表面的能力，它是衡量钢材软硬程度的一个指标。测定钢材硬度的方法主要有布氏法、洛氏法。

钢材的工艺性能是指钢材在投入生产的过程中，能承受各种加工制造工艺而不产生瑕疵或废品而应具备的性能。良好的工艺性能，可以保证钢材顺利通过各种加工，而使钢材制品的质量不受影响。钢材的工艺性能主要包括：冷弯性能和焊接性能。

1）冷弯性能

冷弯性能是指材料在常温下能承受弯曲而不破裂的能力。弯曲程度一般用弯曲角度（α）或弯心直径（d）与试件厚度（或直径）的比值（d/a）来表示，如图 1-19 所示。

试验时弯曲角度越大，弯心直径与试件厚度（或直径）的比值越小，表示对冷弯性能的要求越高。冷弯试验是按规定的弯曲角度和弯心直径进行试验，若试件的弯曲处不发生裂缝、裂断或起层，即判定冷弯性能合格。

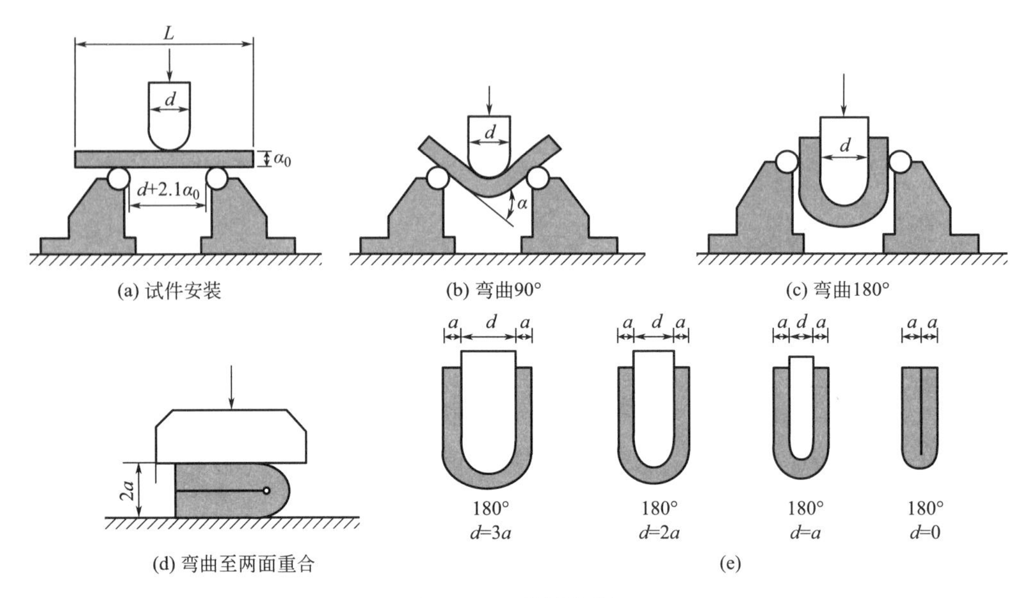

图 1-19　钢筋冷弯

2）焊接性能

焊接性能是指钢材适应焊接方法和焊接工艺的能力。焊接是各种型钢、钢板、钢筋的重要连接方式。焊接结构质量取决于焊接工艺、焊接材料及钢材本身的焊接性能，焊接性能好的钢材，焊接后焊头牢固、硬脆倾向小，特别是强度不低于原有钢材。

1.2.2　装配式混凝土建筑连接方式及连接材料

1-6　连接材料

连接材料是装配式混凝土结构连接用的材料和部件。主要有钢筋套筒、灌浆料、夹心保温板拉结件等。装配式混凝土结构需要“可靠”地连接起来，常见的连接方式有：钢筋套筒灌浆连接、浆锚搭接连接、后浇混凝土连接、螺栓连接、焊接连接等。

1. 钢筋套筒灌浆连接

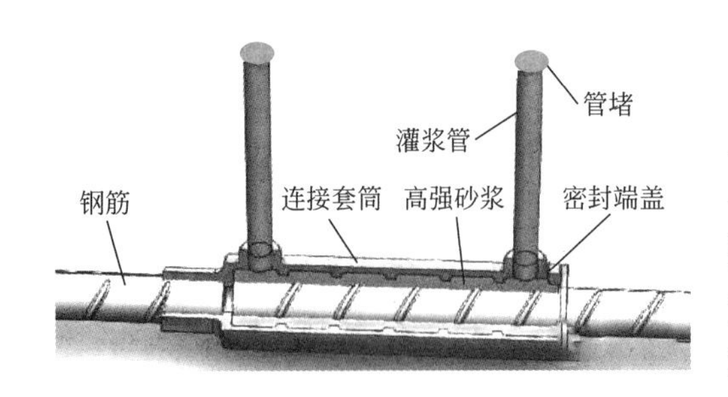

图 1-20　钢筋套筒灌浆连接示意图

钢筋套筒灌浆连接技术是指带肋钢筋插入内腔为凹凸表面的灌浆套筒，通过向套筒与钢筋的间隙灌注专用高强水泥基灌浆料，灌浆料凝固后将钢筋锚固在套筒内实现针对预制构件的一种钢筋连接技术，如图 1-20 所示。该技术将灌浆套筒预埋在混凝土构件内，在安装现场从预制构件外通过注浆管将灌浆料注入套筒，完成预制构件钢筋的连接，是预制构件中受力钢筋连接的主要形式，主要用于各种装配整体式混凝土结构的受力钢筋连接。钢筋套筒灌浆连接接头由钢筋、灌浆套筒、灌浆料三种材料组成。

灌浆套筒分为全灌浆套筒和半灌浆套筒，其中全灌浆套筒是指套筒的两端均插入钢筋并灌浆形成整体连接，主要用于水平钢筋的连接；半灌浆套筒是指套筒一端与连接钢筋为螺纹紧固连接，另一端为插筋灌浆连接，主要用于纵向钢筋的连接。灌浆套筒是由专门加工的套筒、配套灌浆料和钢筋组装的组合体，在连接钢筋时通过注入快硬无收缩灌浆料，依靠材料之间的粘结咬合作用连接钢筋与套筒，如图 1-21 所示。套筒灌浆接头具有性能可靠、适用性广、安装简便等优点。

图 1-21　灌浆套筒

灌浆料是一种由水泥、细骨料、多种混凝土外加剂预拌而成的水泥基干混材料，现场按照要求加水搅拌均匀后形成自流浆体，具有黏度低、流动性好、强度高、微膨胀不收缩等优点，适合于产业化、装配式住宅预制构件的连接，也可用于大型设备基础的二次灌浆、钢结构柱脚的灌浆等。

灌浆套筒是具有进浆通道的管体，管体的出口部固定连接有出浆导管，出浆导管内设置单向阀，单向阀具有进浆口，进浆口与进浆通道相连通，单向阀瓣之间具有呈缝隙状的吐浆口。灌浆料进入单向阀瓣的内腔中，由于灌浆料的挤压作用使得单向阀瓣之间的吐浆口张开，灌浆料即从张开的吐浆口中向外流出，而灌浆料回流时，受灌浆料的挤压作用又使得吐浆口闭合，从而即可防止灌浆料从管体中回流。管堵是指用于堵塞管道端部内螺纹的外螺纹管件。

机械连接套筒，机械连接套筒与钢筋连接的方式有螺纹连接和挤压连接，常用的是螺纹连接。对接的两根受力钢筋端部为螺纹端头，将机械套筒安装在两根钢筋的端部，从而实现两根钢筋之间的机械连接。

注胶连接套筒，常用于连接后浇区受力钢筋，特别是梁的纵向钢筋的连接。注胶套筒连接的方法是将套筒安装在一根钢筋上，等另一根钢筋就位后，套筒移至其长度一半的位置，即两根钢筋在套筒内的长度一样。最后从灌胶口进行灌胶。

2. 浆锚搭接连接

钢筋浆锚连接是在预制构件中预留孔洞，受力钢筋分别在孔洞内外通过间接搭接实现钢筋间应力的传递，如图 1-22 所示。约束浆锚连接在接头范围预埋螺旋箍筋，并与构件钢筋同时预埋在模板内；通过抽芯制成带肋孔道，并通过预埋 PVC 软管制成灌浆孔与排气孔，用于后续灌浆作业；待不连续钢筋伸入孔道后，从灌浆孔压力灌注无收缩、高强度水泥基灌浆料；不连续钢筋通过灌浆料、混凝土，与预埋钢筋形成搭接连接接头。金属波纹管浆锚搭接连接采用预埋金属波纹管成孔，在预制构件模板内，波纹管与构件预埋钢筋紧贴，并通过扎丝绑扎固定；波纹管在高处向模板外弯折至构件表面，作为后续灌浆料灌注口；待不连续钢筋伸入波纹管后，从灌注口向管内灌注无收缩、高强度水泥基灌浆料；不连续钢筋通过灌浆料、金属波纹管及混凝土，与预埋钢筋形成搭接连接接头。浆锚搭接灌浆连接的关键技术在于灌浆料，灌浆料应具有稳定、高强、早强、无收缩、易流动等特点。

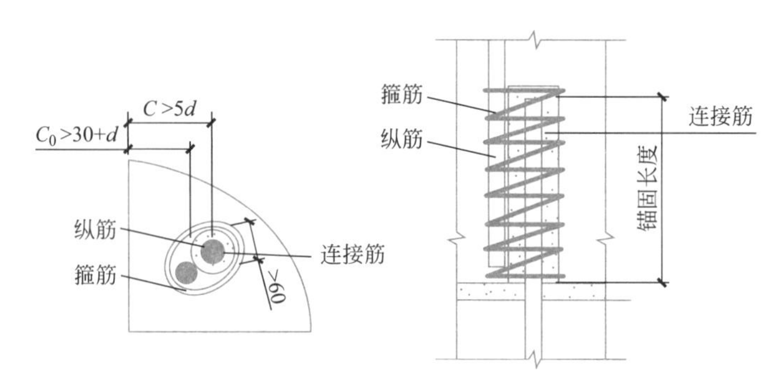

图 1-22　浆锚搭接示意图

金属波纹管是一种外形呈规则波浪样的管材，常用的金属波纹管有碳钢、不锈钢、钢质衬塑、铝质等，如图 1-23 所示。其主要用于：需要很小的弯曲半径非同心轴向传动；不规则转弯、伸缩；吸收管道的热变形等；不便于用固定弯头安装的场合做管道与管道的连接；管道与设备的连接使用等。

注浆导管，具有一定柔性的加筋塑料管，与注浆管连接，起到导浆或者排气的作用，如图 1-24 所示。注浆管分为两大类：一类以硬质塑料、橡胶或螺纹管为骨架，单侧或四周设置出浆孔，出浆孔外侧覆盖泡沫橡胶层，泡沫橡胶层与骨架采用胶粘或者尼龙丝网固定；另一类以不锈钢弹簧管为骨架，周边包裹一层特制无纺布滤布层，较外层用尼龙丝网包裹。预埋注浆管包括一次性注浆管和可重复性注浆管。

图 1-23　金属波纹管

图 1-24　注浆导管

灌浆孔塞，用于封堵灌浆套筒和浆锚孔的灌浆口和出浆口，避免孔道被异物堵塞。灌浆孔塞可用橡胶塞或木塞。灌浆封堵材料用于灌浆构件的接缝，有橡胶、木材和封堵速凝砂浆等。封堵速凝砂浆是一种高强度水泥基砂浆，具有可塑性好、成型后不塌落、凝结速度快和干缩变形小等特点。灌浆封堵材料要求封堵密实、不漏浆、作业便利。

3. 后浇混凝土连接

后浇混凝土是指预制构件安装后，在预制构件连接区或叠合层现场浇筑的混凝土。在装配式建筑中，基础、首层、裙楼、顶层等部位的现浇混凝土，称为现浇混凝土；连接和叠合部位的现浇混凝土，称为后浇混凝土。预制混凝土构件与后浇混凝土的接触面须做成粗糙面或键槽面，或两者兼有，以提高抗剪能力。

4. 螺栓连接

螺栓连接是用螺栓和预埋件将预制构件与预制构件或预制构件与主体结构进行连接。前面介绍的套筒灌浆连接、浆锚搭接连接、后浇混凝土连接都属于湿连接，而螺栓连接属于干连接。螺栓连接是全装配式混凝土结构的主要连接方式，可以连接结构柱、梁。非抗震设计或低抗震设防烈度设计的低层或多层建筑，当采用全装配式混凝土结构时，可用螺栓连接主体结构。

5. 焊接连接

焊接连接方式是在预制混凝土构件中预埋钢板，构件之间如钢结构一样用焊接方式连接。与螺栓连接一样，焊接连接方式在装配整体式混凝土结构中仅用于非结构构件的连接，在全装配式混凝土结构中可用于结构构件的连接。

6. 保温构件连接件

连接件是连接预制混凝土夹心保温体内、外混凝土墙板与中间保温层的关键构件，主要作用是抵抗两片混凝土墙板之间的相互作用（包括层间剪切、拉拔等），如图1-25所示。连接件的特点是导热系数低、耐久性好、造价低、强度高、避免冷（热）桥效应，分为板式、棒式和格构式三种。非金属连接件材质由高强玻璃纤维和树脂制成（FRP），质轻而硬、不导电、机械强度高、回收利用少、耐腐蚀。

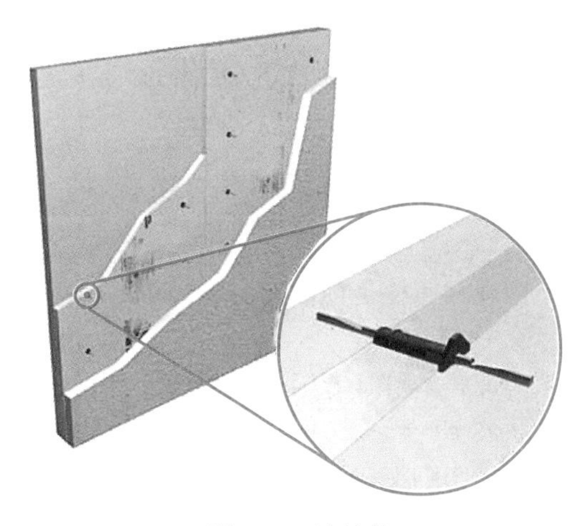

图1-25　连接件

7. 钢筋锚固板

钢筋锚固板是解决钢筋拥堵的新方法，减少锚固长度的新措施。其特点有安全可靠、锚固性能好、可充分发挥钢筋强度、有利于更高强度钢筋的使用等。钢筋锚固板工艺简单、功效高、螺母与垫板合二为一，与钢筋直螺纹连接，操作方便，加快了钢筋工程的施工速度。钢筋锚固板可减少或取消钢筋锚固长度，节约40%～50%的锚固用钢材，降低成本。钢筋锚固板克服传统钢筋锚固拥挤和混凝土浇筑困难问题，提高了工程质量。

1.2.3　装配式混凝土建筑辅助材料

装配式混凝土建筑的辅助材料是指与预制构件有关的材料和配件，如内埋式螺母、螺栓、吊钉、脱模斜撑、吊环、密封胶、保温材料等。

1-7　辅助材料

1. 螺母

螺母是将机械设备紧密连接起来的零件，通过内侧的螺纹，同等规格螺母和螺栓才能连接在一起，如图 1-26 所示。例如 M4-P0.7 的螺母只能与 M4-P0.7 系列的螺栓进行连接（在螺母中，M4 指螺母内径大约为 4mm，0.7 指两个螺纹牙之间的距离为 0.7mm）；1/4-20 的螺母只能与 1/4-20 的螺杆搭配（1/4 指螺母内径大约为 0.25 英寸，20 指每一英寸中，有 20 个牙）。

内埋式螺母在装配式混凝土构件中应用较多，如吊顶悬挂、设备管线悬挂、安装临时支撑、吊装和翻转吊点、后浇区模具固定等。

2. 螺栓

螺栓是配用螺母的圆柱形带螺纹的紧固件是由头部和螺杆（带有外螺纹的圆柱体）两部分组成的一类紧固件，需与螺母配合，用于紧固连接两个带有通孔的零件，如图 1-27 所示。这种连接形式称螺栓连接。螺母可从螺栓上旋下，使这两个零件分开，故螺栓连接是属于可拆卸连接。

图 1-26　螺母　　　　图 1-27　螺栓

内埋式螺栓是预埋在混凝土中的螺栓，螺栓端部焊接锚固钢筋。

3. 吊钉

内埋式吊钉是专用于吊装的预埋件，吊钩卡具连接非常方便，被称为快速起吊系统，如图 1-28 所示。圆头吊钉是保证混凝土预制件在生产和运输过程安全的重要保障。圆头吊钉通过圆脚把载荷转移到混凝土，从而用相对较短的吊钉也能获得较高的允许载荷。即使在薄墙中，载荷也能有效传递到混凝土与钢筋上。圆头吊钉通过半圆凹型套头（俗称“胶波”或“半球胶套”）放置在模具中，凹型套头起固定吊钉作用并在预制件成型后形成一个用于连接万向接头（俗称“起重接驳器”“起重离合器”）的凹面。

4. 脱模斜撑

脱模斜撑是一种预制外墙模板的斜撑和脱模兼用预埋件，包括预埋件本体，预埋件本体上固定设有连接板，连接板上固定设有内螺纹套筒，如图 1-29 所示。还包括用于安装斜撑杆件的斜撑连接件，斜撑连接件与连接板通过螺栓连接。

斜支撑结构包括用于设置在地面与竖向布置的预制墙板之间的至少一组斜支撑单元，每组斜支撑单元均包括第一支撑角码、第二支撑角码以及连接在第一支撑角码与第二支撑角码的支撑。第一支撑角码用于与部分预埋在预制墙板内且部分相对预制墙板伸出的预埋元件固定相连，第二支撑角码用于与部分预埋在地面且部分伸出地面的预埋元件固定相连。一般支撑上具有调节其长度的调节机构，如图 1-30 所示。

图 1-28　内埋式吊钉与卡具

图 1-29　脱模斜撑

5. 吊环

装配式建筑吊装用吊环，包括连接柱和转动在其顶面的转动柱，转动柱的顶面固定连接有固定连接环，固定连接环上连接有活动连接环，连接柱的底面固定连接有连接板，连接板的轴心与所述连接柱的轴心位于同一轴线，如图 1-31 所示。

图 1-30　可调装配式墙板斜支撑

图 1-31　吊环

6. 密封胶

装配式混凝土建筑的外墙板和外墙构件在接缝时，需要用到建筑密封胶，如图 1-32 所示。密封胶是指随密封面形状而变形、不易流淌，有一定粘结性的密封材料，是用来填充构形间隙、以起到密封作用的胶粘剂，具有防泄漏、防水、防振动及隔声、隔热等作用。密封胶通常以沥青物、天然树脂或合成树脂、天然橡胶或合成橡胶等干性或非干性的黏稠物为基

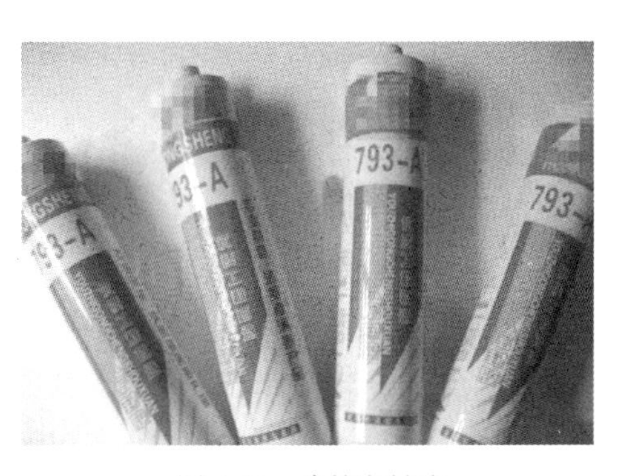

图 1-32　建筑密封胶

料，配合滑石粉、白土、炭黑、钛白粉和石棉等惰性填料，再加入增塑剂、溶剂、固化剂、促进剂等制成，可分为弹性密封胶、液体密封垫料和密封腻子三大类。装配式混凝土建筑所用密封橡胶条用于板缝节点，与建筑密封胶共同构成防水体系。密封橡胶条一般是环形空心橡胶条，具有较好的弹性、可压缩性和耐久性。

7. 保温材料

外墙中用到的保温材料主要有膨胀型聚苯乙烯板（EPS）、挤塑型聚苯乙烯板（XPS）、硬质聚氨酯泡沫塑料（PUR）等，如图 1-33～图 1-35 所示。①EPS 复合式保温技术是一项高效经济、应用广泛的外墙外保温技术，它由承重或围护墙体、EPS 复合式保温层、耐碱玻纤网布抗裂砂浆保护层、弹性腻子、外墙涂料或瓷砖面层组成。②挤塑板（XPS）是通过加热挤塑而制成的硬质泡沫材料。相对于挤塑板，聚苯板具有强度较高、导热系数较小、隔汽性能较好、吸水性低等优点。30mm 厚的挤塑板保温板，其效果相当于 50mm 厚聚苯板、120mm 厚水泥珍珠岩。挤塑板的性能优于聚苯板，但价格也高出 1 倍以上，其施工工艺与聚苯板基本相同。③硬质聚氨酯泡沫塑料是目前最理想的保温防水一体化材料，导热系数仅为聚苯板的 1/2。超强的自粘性能（无需任何中间粘结材料），与屋面及外墙粘结牢固，抗风揭和抗负风压性能良好，离明火自熄，燃烧时只炭化不滴淌。聚氨酯硬泡喷涂是用聚氨酯黑白两种料胶体采用高压（大于 10MPa）无气喷涂机，混合式高速旋转及剧烈撞击在枪口上形成均匀细小雾状点滴喷涂在物体表面，几秒内产生无数微小的相连但独立的封闭泡孔结构，整个屋面形成无缝的渗透深的粘结牢固的保温防水层，其均匀喷涂在外墙或屋面表面，硬质泡沫形成无缝屋盖和整体外墙保温壳体，防水抗渗性能优异。

图 1-33　膨胀型聚苯乙烯板

图 1-34　挤塑型聚苯乙烯板

图 1-35　聚氨酯硬泡体

任务训练

一、填空题

1. 普通混凝土一般由________、________、________、________等组成。它以________为主要胶凝材料，必要时加入________和________，按照一定比例配合，经过均匀搅拌、密实成型及凝结硬化而成的人造石材。

2. ________是混凝土的重要力学性能，反映了混凝土抵抗荷载的能力。

3. 混凝土的变形包括________作用下的变形和________作用下的变形。

4. 混凝土抵抗环境作用并保持其良好的使用性能和外观完整性，从而维持混凝土结构的安全、正常使用的能力称为________。

5. 钢材的力学性能主要有________、________、________、________和________等。

6. ________反映了材料抵抗变形的能力。数值越大，表示在相同应力下产生的弹性变形越小。

7. ________是反映钢材塑性性能的重要指标。

8. 灌浆套筒分为________和________。

9. 套筒灌浆料具有黏度低、流动性好、________、________不收缩等优点。

10. 钢筋________是在预制构件中预留孔洞，受力钢筋分别在孔洞内外通过间接搭接实现钢筋间应力的传递。

11. ________是指带肋钢筋插入内腔为凹凸表面的灌浆套筒，通过向套筒与钢筋的间隙灌注专用高强水泥基灌浆料，灌浆料凝固后将钢筋锚固在套筒内实现针对预制构件的一种钢筋连接技术。

12. ________是用螺栓和预埋件将预制构件与预制构件或预制构件与主体结构进行连接。

13. ________是连接预制混凝土夹心保温体内、外混凝土墙板与中间保温层的关键构件，主要作用是抵抗两片混凝土墙板之间的相互作用。

14. ________克服传统弯筋锚固拥挤和混凝土浇筑困难问题，提高了工程质量。

15. ________、________用于紧固连接两个带有通孔的零件，这种连接形式称为螺栓连接。

16. ________是专用于吊装的预埋件，吊钩卡具连接非常方便，被称为快速起吊系统。

17. ________是一种预制外墙模板的斜撑和脱模兼用预埋件。

18. ________结构包括用于设置在地面与竖向布置的预制墙板之间的至少一组斜支撑单元。

19. 挤塑板（XPS）的性能________于聚苯板（EPS）。

20. ________复合式保温技术是一项高效经济、应用广泛的外墙外保温技术。

21. 装配式混凝土建筑的外墙板和外墙构件在接缝时，需要用到建筑________。

二、选择题

1. 混凝土的（　　）强度最大。

A. 抗拉　　B. 抗压　　C. 抗弯　　D. 抗剪

2. （　　）是钢材设计强度取值的依据，是工程结构计算的最重要技术参数。

A. 抗拉强度　　B. 屈强比　　C. 屈服强度　　D. 弹性模量

3. 混凝土和易性是一项综合性能指标，包括（　　）等方面。

A. 流动性　　B. 黏聚性　　C. 保水性　　D. 泌水性

E. 离析性

4. 钢材的工艺性能主要包括（　　）。

A. 抗拉强度　　B. 冷弯性能　　C. 硬度　　D. 焊接性能

E. 伸长率

5. （　　）是预制构件中受力钢筋连接的主要形式，主要用于各种装配整体式混凝土结构的受力钢筋连接。

A. 螺栓连接　　B. 浆锚搭接连接

C. 钢筋套筒灌浆连接　　D. 焊接连接

6.（　　）是解决钢筋拥堵的新方法，减少锚固长度的新措施。

A. 螺栓连接　　B. 浆锚搭接连接

C. 钢筋套筒灌浆连接　　D. 钢筋锚固板

7. 钢筋套筒灌浆连接接头由（　　）三种材料组成。

A. 管堵　　B. 钢筋　　C. 灌浆套筒　　D. 灌浆管

E. 灌浆料

8.（　　）是目前最理想的保温防水一体化材料。

A. 膨胀型聚苯乙烯板　　B. 挤塑型聚苯乙烯板

C. 硬质聚氨酯泡沫塑料　　D. 保温砂浆

9. 外墙中用到的保温材料主要有（　　）。

A. 膨胀型聚苯乙烯板　　B. 密封胶

C. 沥青　　D. 挤塑型聚苯乙烯板

E. 硬质聚氨酯泡沫塑料

三、思考题

1. 混凝土的性质有哪些?

2. 通过低碳钢轴向拉伸的应力-应变曲线图，可以了解哪些钢材抗拉性能的特征指标及其变化规律?

3. 钢筋套筒灌浆连接是如何实现的?

4. 装配式混凝土结构中常见的几种连接方式应如何选择?

5. 外墙中用到的保温材料应如何选择?

6. 装配式混凝土建筑的外墙板和外墙构件在接缝时应如何处理?

拓展训练

通过网络查询或实地调查等方式收集装配式建筑材料相关信息，制作一份 PPT 进行汇报，并撰写一份简单的调研报告。

项目2 Modular 02

识读装配式混凝土建筑结构总说明

项目描述

通过本项目学习，了解装配式混凝土建筑的设计内容，初步认识装配式混凝土建筑施工图的组成，熟悉装配式建筑中常见的构件类型、常见图例，能区分装配式建筑与传统建筑识图的异同点。理解工程概况、设计依据、图纸表述，掌握识图基本步骤，能识读PC专项说明的总则、了解装配率概念、熟悉构件在生产、检验、运输、堆放、现场吊装施工的有关规定。

任务2.1　认识装配式混凝土建筑识图基本知识

任务描述

通过本任务训练与学习，对照某教师公寓项目4号楼，能描述装配式混凝土建筑施工图的类型；能说出装配式混凝土建筑施工图组成、作用以及图纸编排。明确各施工图的特点，掌握图示有关规定和识图基本步骤。

能力目标

(1) 能说出装配式混凝土建筑施工图的种类、形成。

(2) 能正确认识装配式建筑中常见构件，能说出施工图图示内容及有关规定。

知识目标

(1) 熟悉装配式建筑的有关规范。

(2) 理解装配式建筑施工图的组成与图示内容。

(3) 掌握装配式建筑构件类型、图示相关规定。

学习性工作任务

识读某教师公寓项目4号楼，说出图纸的类型和组成。对比传统建筑结构施工图，说出异同点。

完成任务所需的支撑知识

2.1.1　装配式建筑施工图的内容和组成

建造一幢装配式混凝土建筑先要有施工图纸，根据房屋建筑简易或复杂程度，少则几张、十几张，多则几十张甚至上百张。装配式混凝土建筑设计不仅需要经过传统建筑的初步设计、技术设计及施工图绘制等设计阶段，而且需要增加装配式混凝土构件深化设计环节，设计更复杂，图样也更多。因此，从事装配式建筑专业的各类人员必须了解装配式建筑的相关制图标准规范，熟悉施工图类型、各图样的图示内容，掌握识读方法，能识读与绘制装配式建筑施工图。

2-1　装配式建筑施工图的用途与内容

装配式建筑施工图就是把建筑的内外形状和大小，以及各部分的构造、结构、装修、设备等内容，按照建筑、结构及装配式建筑的相关标准和规范要求，在传统施工图设计的基础上，对房屋结构部分进行合理拆分，将各拆分的预制构件进行深化设计，详细准确地绘制的一整套图纸，用以指导装配式建筑构件的预制、运输、安装等环节的实施。

识读和绘制装配式建筑施工图，需要先了解装配式建筑施工图类型、各图样的形成与作用、图纸编排，明确各施工图的特点，掌握图示有关规定和识图基本步骤。能查阅《房屋建筑制图统一标准》GB/T 50001—2017、《建筑结构制图标准》GB 50105—2010、《混凝土结构施工图平面整体表示方法制图规则和构造详图》22G101-1～3 等。装配式混凝土结构施工图表达形式是在结构平面图上表达各构件的布置，与构件详图、构造详图相结合，形成一套完整的装配式混凝土结构设计文件。与之配套的国家建筑标准设计系列图集包括：15G365-1、15G365-2、15G366-1、15G367-1、15G368-1、15G369-1、15G107-1、15G301-1、15G301-2 等。

1. 装配式建筑施工图的种类和用途

一套完整的装配式建筑施工图应包括以下几方面内容：

（1）图纸目录

图纸目录说明该项工程图纸组成的专业类型，各专业图纸的名称、图号等。便于查找相关图纸。

（2）建筑施工图（简称：建施）

建筑施工图主要说明该项工程的概貌和总体要求，以及专门针对装配式建筑产业化设计说明。表达建筑物的内外形状、尺寸、建筑构造、材料做法和施工要求等。

种类：包括建筑设计总说明书、总平面图、建筑平面图、立面图、剖面图和建筑详图。

用途：建筑施工图可了解建筑的基本工程概况、设计依据、有关构造做法、构件制作、安装施工注意事项等。是房屋施工时定位放线，砌筑墙身，制作楼梯、安装门窗、固定设施以及室内外装饰的主要依据，也是编制工程预算和施工组织计划等的主要依据。

（3）结构施工图（简称：结施）

结构施工图主要是对该项工程的结构形式和结构构造要求等的总体概述，包括各种承重构件的平面布置，构件的类型、大小、做法以及其他专业对结构设计的要求等。

种类：包括结构设计总说明以及预制混凝土构件设计和结构的专项说明、基础图、结构平面图，预制混凝土构件平面拆分图和预制混凝土构件详图。

用途：结构施工图是了解装配式建筑设计概况、设计依据、主要结构材料、构件安装施工方法。是房屋施工时开挖地基，制作构件，绑扎钢筋，设置预埋件，钢筋混凝土预制梁、板、柱等构件的制作、运输、安装的主要依据，也是编制工程预算和施工组织计划等的重要依据。

（4）设备施工图（简称：设施）

主要表达给水排水管道的布置和设备安装、建筑采暖通风施工图以及表达供暖、通风管道的布置和设备安装。

种类：设备施工图包括建筑给水排水施工图、采暖通风施工图，电气照明施工图。

用途：设备施工图是建筑配套给水排水、供暖、通风管道的布置和采暖通风等设备布置安装的依据，也是编制工程预算和施工组织计划等的重要依据。

施工图编排顺序一般为：图纸目录、建筑施工图（施工总说明、装配式建筑产业化设计说明、总平面图、平面图、立面图、剖面图、建筑详图）、结构施工图（结构设计总说明以及预制混凝土构件设计和结构的专项说明、基础图、结构平面图、预制混凝土构件平面拆分图和预制混凝土构件详图）、设备施工图（给水排水施工图、采暖通风施工图、电气照明施工图）。各类别图纸均将基本图编排在前，详图在后。

2. 装配式建筑施工图的特点

（1）装配式建筑施工图中各图样，除水暖管道系统图是用斜投影法绘制之外，其余图样均采用正投影法绘制，因此所绘图样符合正投影特性。

（2）由于房屋和构件体型都较大，图纸幅面有限，所以一般采用缩小的比例绘制。根据图样大小和图纸幅面选择合适的比例，通常总图选 1∶500、1∶1000、1∶2000；基本图选 1∶50、1∶100、1∶200；详图选 1∶5、1∶10、1∶20 等，并在图样中配上文字、符号和图例等详细说明。

（3）采用各种国标规定的图例、符号来表示预制构件、现浇构件、配料和材料，以简化装配式建筑施工图。国标中未作规定的，需自行设计，并加以说明。

（4）装配式建筑中许多预制构件和配件已经有标准的定型设计，并配有标准设计图集，如《预制混凝土剪力墙外墙板》15G365-1、《桁架钢筋混凝土叠合板（60mm 厚底板）》15G366-1 等可供参考。

2.1.2 装配式建筑各施工图的相关符号和有关规定

1. 建筑施工图中常用的符号及画法规定

房屋建筑施工图应按《房屋建筑制图统一标准》GB/T 50001—2017 等标准的有关规定绘制。

（1）定位轴线及其编号

定位轴线是确定建筑物主要结构构件位置及其标志尺寸的基准线，同时是施工放线、砌筑墙身、浇筑梁柱、安装构件等的依据。用于平面时，称其为平面定位轴线；用于竖向时，称其为竖向定位轴线。

2-2 PC 构件识读

定位轴线应用细单点长画线绘制。定位轴线一般应编号，编号应注写在轴线端部的圆内。圆用细实线绘制，直径为 8～10mm。定位轴线圆的圆心，应在定位轴线的延长线上或延长线的折线上。平面图上定位轴线的编号，宜标注在图样的下方与左侧。横向编号应用阿拉伯数字，从左至右顺序编写；竖向编号应用大写拉丁字母，从下至上顺序编写。拉丁字母的 I、O、Z 不得用作轴线编号，如图 2-1、图 2-2 所示。

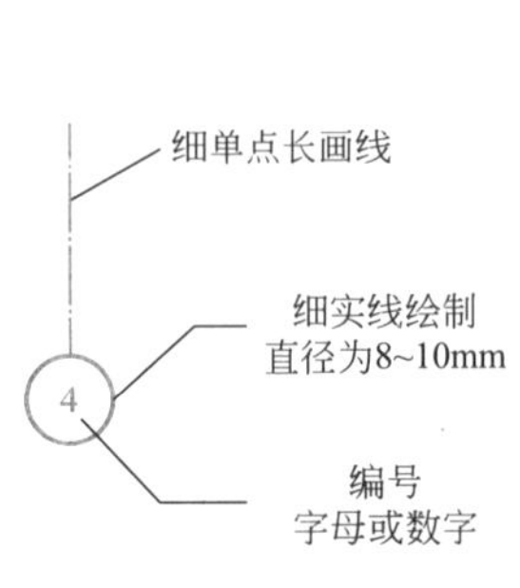

图 2-1　定位轴线的符号

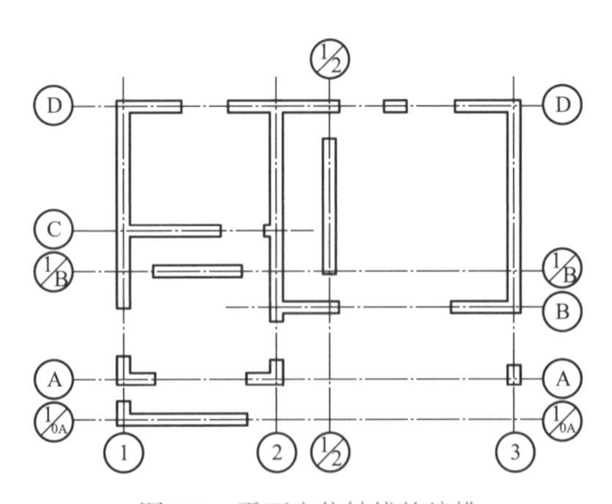

图 2-2　平面定位轴线的编排

对非承重墙或次要承重构件，编写附加定位轴线。附加定位轴线的编号采用分数表示，分母表示前一轴线的编号、分子表示后面附加轴线编号，并用阿拉伯数字顺序注写，①轴或Ⓐ轴前的附加轴线分母以 01 或 0A 表示，某轴之后附加轴线以及某轴之前附加轴线的示例如图 2-3 所示。

(a) 表示2号轴线后附加的第一根轴线　　(b) 表示A号轴线前附加的第一根轴线

图 2-3　附加定位轴线

（2）标高符号

标高是标注建筑物高度方向的一种尺寸形式，可分为绝对标高和相对标高。我国以黄海平均海平面为基准面（标高零点），而得出的标高称为绝对标高；标高的基准面根据工程需要而自行选定的，这类标高称为相对标高。在建筑上常用相对标高，即把房屋底层主要的室内地坪定为相对标高的零点（±0.000）。

标高符号应以直角等腰三角形表示。用细实线绘制，标高符号的尖端应指至被注高度的位置，标高数字应注写在标高符号的左侧或右侧。标高数字应以“米”为单位，注写到小数点以后第三位，在总平面图中可注写到小数点以后第二位。不同情况下的标高标注，如图 2-4 所示。

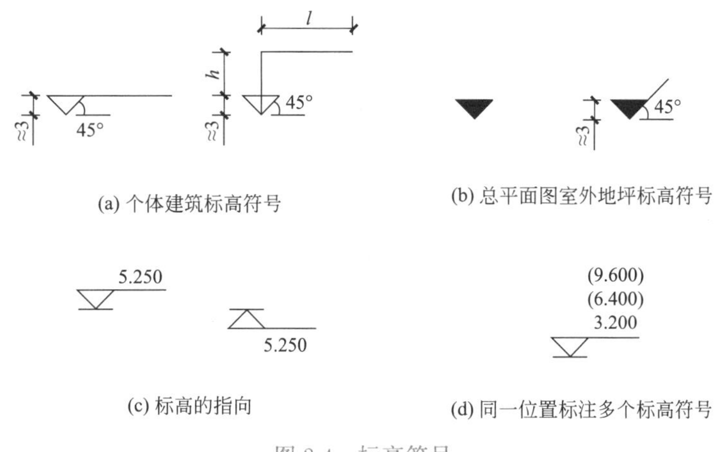

(a) 个体建筑标高符号　　(b) 总平面图室外地坪标高符号

(c) 标高的指向　　(d) 同一位置标注多个标高符号

图 2-4　标高符号

（3）索引符号和详图符号

图样中的某一局部或某构件，如需另见详图，应以索引符号索引。索引符号是用直径为 10mm 的圆和直径位置水平线组成，圆及直径位置水平线均应以细实线绘制，如图 2-5 所示。

详图的位置和编号，应以详图符号表示，详图符号为直径 14mm 的粗实线圆，如图 2-6 所示。

（4）标注说明引出线

标注说明引出线应以细实线绘制，采用水平方向的直线与成 30°、45°、60°或 90°的直线。文字说明注写在横线的上方或横线的端部，如图 2-7 所示。

多层构造共用引出线，应通过被引出的各层，文字说明注写在横线的上方或横线的端部。说明的顺序应由上至下，并应与被说明的由上至下层次一致；如层次为横向排序，则由上至下的说明顺序应与由左至右的层次相一致，如图 2-8 所示。

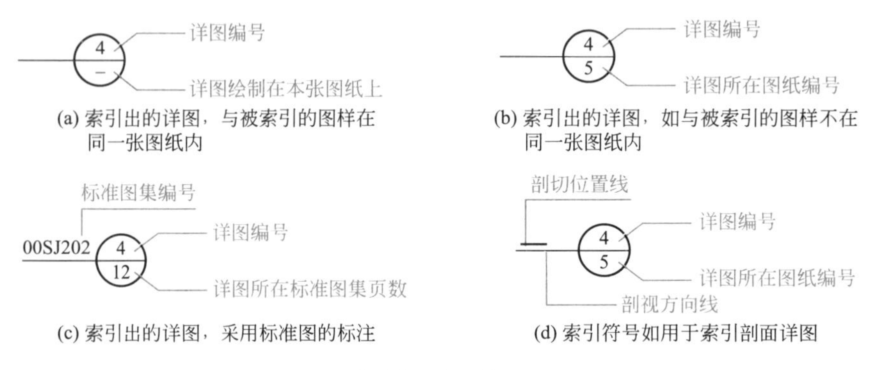

(a) 索引出的详图，与被索引的图样在同一张图纸内
(b) 索引出的详图，如与被索引的图样不在同一张图纸内
(c) 索引出的详图，采用标准图的标注
(d) 索引符号如用于索引剖面详图

图 2-5　索引符号

(a) 详图与被索引的图样在一张图纸内
(b) 详图与被索引的图样不在同一张图纸内

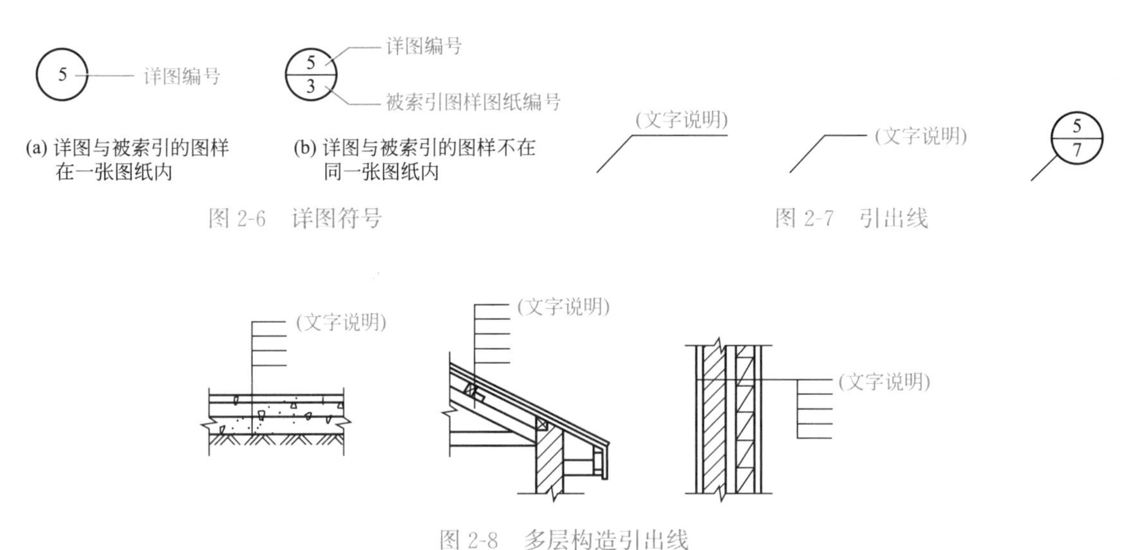

图 2-6　详图符号

图 2-7　引出线

图 2-8　多层构造引出线

（5）指北针与风向频率玫瑰图

总平面图用指北针或风向频率玫瑰图表示建筑物的朝向，指北针宜用细实线绘制，圆的直径宜为 24mm，指北针的尾部宽度宜为 3mm，风向频率玫瑰图中实线为全年风向玫瑰图，虚线为夏季风向玫瑰图，如图 2-9 所示。

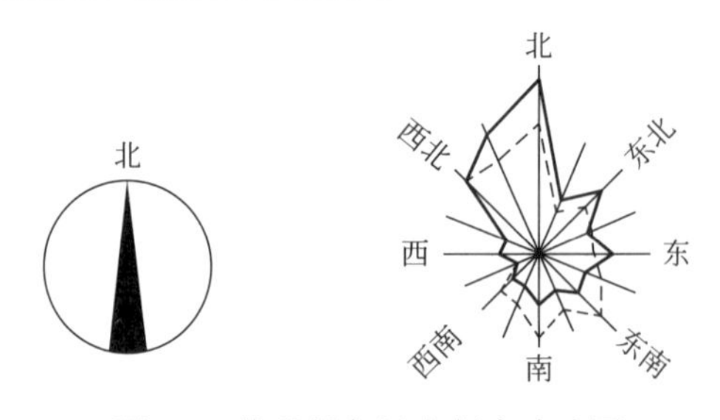

图 2-9　指北针与风向频率玫瑰图

（6）常用建筑构配件

建筑平面图的绘图比例较小，所以在平面图中某些建筑构造、配件都不能按照真实投影画出，而是按照标准中规定的图例表示，见表 2-1。

建筑构配件图例　　表 2-1

名称	图例	说明	名称	图例	说明
楼梯	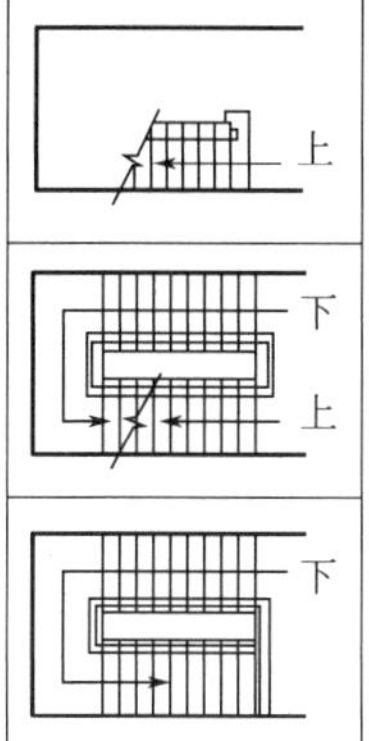	1. 上图为底层楼梯平面，中图为中间层楼梯平面，下图为顶层楼梯平面。 2. 楼梯及栏杆扶手的形式和步数应按实际情况绘制	单扇门（包括平开或单面弹簧）	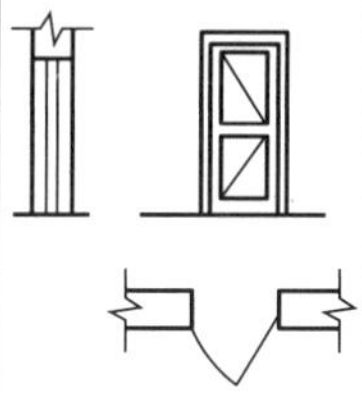	1. 门的名称代号用 M 表示。 2. 图例中剖面图左为外、右为内，平面图下为外、上为内。 3. 立面图上开启方向线交角的一侧为安装合页的一侧。实线为外开，虚线为内开。 4. 平面图上门线 90°或 45°开启，开启弧线宜绘出。 5. 立面图上的开启线在一般设计图中可不表示，在详图及室内设计图上应表示。 6. 立面形式应按实际情况绘制
检查孔		左图为可见 右图为不可见	双扇门（包括平开或单面弹簧）	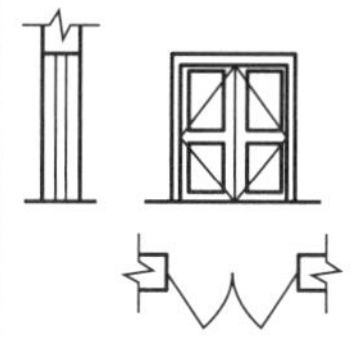	
孔洞		阴影部分可以涂色代替	对开折叠门	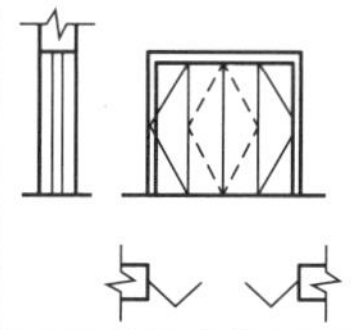	
坑槽		—			
烟道	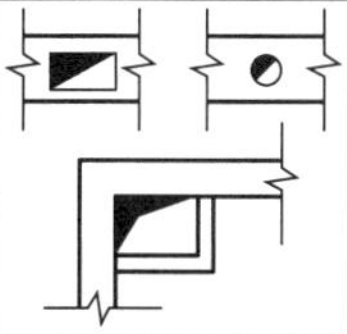	1. 阴影部分可以涂色代替。 2. 烟道与墙体为不同材料时，其相接处墙身线应断开	墙中单扇推拉门	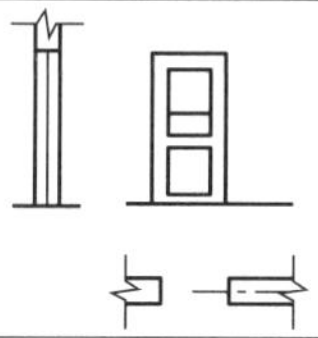	同单扇门等的说明
通风道	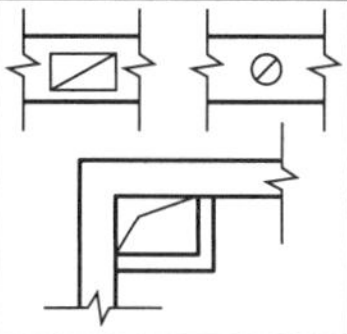	同单扇门等的说明	单扇双侧弹簧门		同单扇门等的说明
双扇双侧弹簧门		同双扇门等的说明	单层中悬门	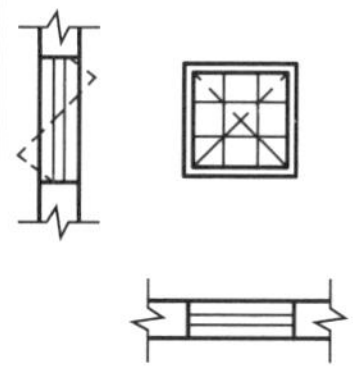	1. 图例中，剖面图所示左为外，右为内，平面图所示下为外，上为内。 2. 平面、剖面图上的虚线，仅说明开关方式，在设计图中不需要表示。 3. 窗的立面形式应按实际绘制。 4. 小比例绘图时，平面、剖面的窗线可用单粗实线表示
固定窗	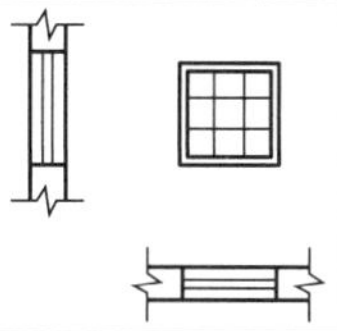	1. 窗的名称代号用 C 表示。 2. 立面图中的斜线表示窗的开启方向，实线为外开，虚线为内开；开启方向线交角的一侧为安装合页的一侧，一般设计图中可不表示	单层外开平开门	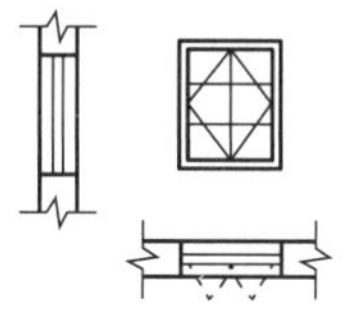	
上悬窗	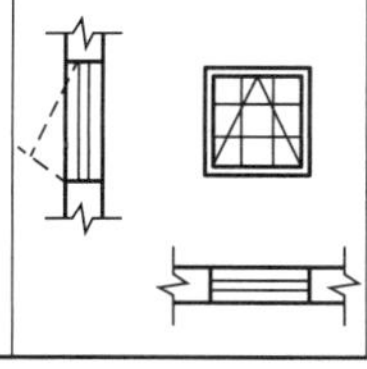		双扇推拉窗	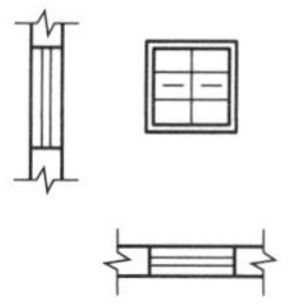	同单层固定窗等的说明

2. 结构施工图中常用的符号及画法规定

房屋结构施工图是根据房屋建筑中的承重构件进行结构设计后绘制的图样，结构图与建筑必须密切配合，因此在建筑结构专业制图中，除应遵循《房屋建筑制图统一标准》GB/T 50001—2017 的基本规定外，还必须遵守《建筑结构制图标准》GB/T 50105—2010 的规定。

（1）图线

结构施工图中各种图线的用法，见表 2-2。

结构施工图中各种图线的用法　　表 2-2

名称		线型	线宽	用途
实线	粗	━━━━	b	螺栓、主钢筋线、结构平面图中的单线结构构件线、钢木支撑及系杆线，图名下横线、剖切线
	中粗	━━━━	$0.7b$	结构平面图及详图中剖到或可见的墙身轮廓线，基础轮廓线，钢、木结构轮廓线，钢筋线
	中	────	$0.5b$	结构平面图及详图中剖到或可见的墙身轮脚线，基础轮廓线，可见的钢筋混凝土构件轮廓线、钢筋线
	细	────	$0.25b$	标注引出线、标高符号线、索引符号线、尺寸线
虚线	粗	━ ━ ━ ━	b	不可见的钢筋线、螺栓线，结构平面图中的不可见的单线结构构件线及钢、木支撑线
	中粗	━ ━ ━ ━	$0.7b$	结构平面图的不可见构件、墙身轮廓线及不可见钢、木结构构件线及钢、木支撑线
	中	─ ─ ─ ─	$0.5b$	结构平面图中的不可见构件、墙身轮廓线及不可见钢、木结构构件线、不可见的钢筋线
	细	─ ─ ─ ─	$0.25b$	基础平面图中的管沟轮廓线、不可见的钢筋混凝土构件轮廓线
单点长画线	粗	━━ · ━━	b	柱间支撑、垂直支撑、设备基础轴线图中的中心线
	细	── · ──	$0.25b$	定位轴线、中心线、对称线、重心线
双点长画线	粗	━━ ·· ━━	b	预应力钢筋线
	细	── ·· ──	$0.25b$	原有结构轮廓线
折断线	细	──╲╱──	$0.25b$	断开界线
波浪线	细	～～～	$0.25b$	断开界线

（2）构件代号

在结构施工图中，构件种类繁多、布置复杂，为了方便阅读，简化标注，构件的名称应用代号来表示。代号后应用阿拉伯数字标注该构件的型号或编号，也可为构件的顺序号。构件的顺序号采用不带角标的阿拉伯数字连续编排。常用的结构构件代号，见表 2-3。

结构构件代号　　表 2-3

代号	构件名称	代号	构件名称	代号	构件名称
L	梁	WL	屋面梁	DL	吊车梁、单坡梁
QL	圈梁	GL	过梁	LL	连梁
KJL	框架梁	TL	楼梯梁	LL(JA)	连梁(有交叉暗撑)
KZL	框支梁	WKL	屋面框架梁	LL(JG)	连梁(有交叉钢筋)
JL	基础梁	XL	悬挑梁	AL	暗梁
JSL	井式梁	B	板	WB	屋面板
KB	空心板	CB	槽形板	TB	楼梯板
XB	悬挑板	GB	盖板、沟盖板	ZB	折板
MB	密肋板	Z	柱	KJZ	框架柱
GZ	构造柱	KZZ	框支柱	XZ	芯柱
QZ	剪力墙上柱	YDZ	约束边缘端柱	YAZ	约束边缘暗柱
YYZ	约束边缘翼柱	YJZ	约束边缘转角柱	GAZ	构造暗柱
GDZ	构造端柱	GJZ	构造边缘转角柱	GYZ	构造边缘翼墙柱
AZ	墙边缘暗柱	Q	剪力墙墙身	WJ	屋架
TJ	托架	JD	矩形洞口	YD	圆形洞口

（3）钢筋混凝土构件

混凝土的抗压强度高、抗拉强度低，在外力荷载作用下，受拉处开裂而损坏。若在混凝土构件中加入一定数量的钢筋，可有效地提高其抗拉强度，而形成钢筋混凝土构件，如图 2-10 所示。

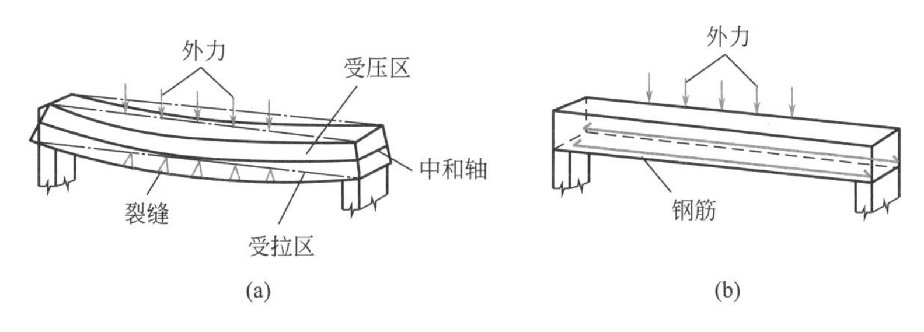

图 2-10　钢筋混凝土构件受力示意图

为了提高构件的抗拉和抗裂性能，可在制作构件过程中通过张拉钢筋对混凝土预加一定的压力，制成预应力钢筋混凝土构件。

钢筋混凝土构件按施工方法的不同，又可分为现浇钢筋混凝土构件和预制钢筋混凝土构件。

1）混凝土强度等级

普通混凝土按立方体抗压强度标准值划分为 C15、C20、C25、C30、C35、C40、C45、C50、C55、C60、C65、C70、C75、C80 共 14 个强度等级。

2）常用钢筋强度等级和钢筋符号

普通钢筋混凝土结构及预应力钢筋混凝土结构的钢筋：纵向受力普通钢筋采用

HRB400、HRB500 、HRBF400、HRBF500 钢筋，也可采用 HRB335、HRBF335、HPB300、RRB400 钢筋（但 RRB400 钢筋不应用于重要部位受力钢筋）；箍筋宜采用 HRB400、HRBF400、HPB300、HRB500、HRBF500 钢筋，也可采用 HRB335、HRBF335 钢筋。预应力钢筋宜采用预应力钢丝、钢绞线和预应力螺纹钢筋。

常用钢筋的种类与符号，见表 2-4。

常用钢筋种类与符号 表 2-4

钢筋符号	Φ	Φ	$Φ^F$	Φ	$Φ^F$	$Φ^R$	Φ	$Φ^F$
牌号	HPB300	HRB335	HRBF335	HRB400	HRBF400	RRB400	HRB500	HRBF500

在钢筋混凝土构件中，需要标注出钢筋的数量、类别、直径或钢筋中心距。常用两种表达方式，如图 2-11 所示。

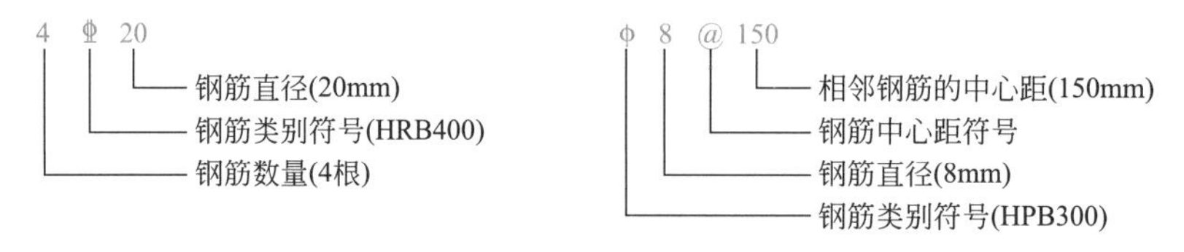

图 2-11 钢筋表示方法

（4）钢筋的作用与分类

根据钢筋在构件中的位置与作用不同，可分为：受力筋、架立筋、箍筋、分布筋和其他钢筋，如图 2-12 所示。

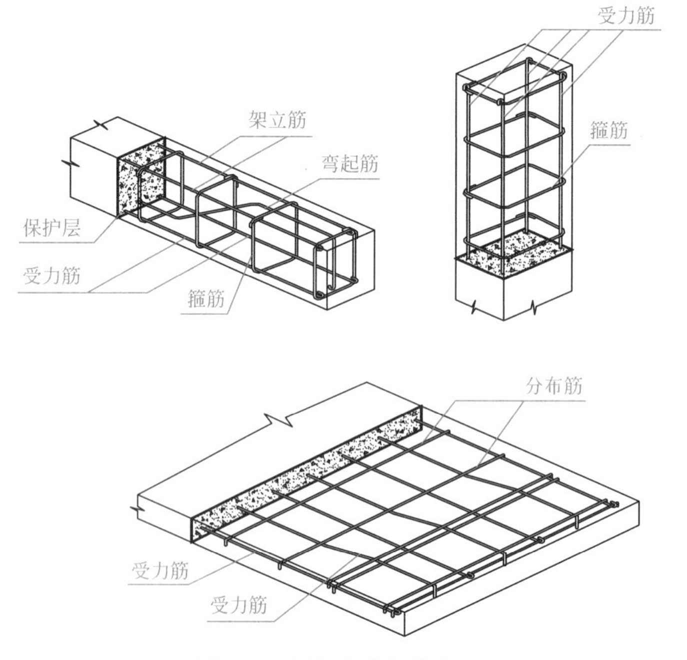

图 2-12 梁板柱内钢筋类型

1）受力筋。承受拉力或压力的钢筋，在梁、板、柱等各种钢筋混凝土构件中都有配置。

2）架立筋。一般只在梁中使用，与受力筋、钢箍一起形成钢筋骨架，用以固定钢筋的位置。

3）箍筋。也称钢箍，一般用于梁和柱内用以固定受力筋位置，并承受一部分斜拉力。

4）分布筋。一般用于板内，与受力筋垂直，布置于受力钢筋的内侧，用以固定受力筋的位置，与受力筋一起构成钢筋网，使力均匀分布到受力筋，并抵抗热胀冷缩所引起的温度变形。

5）其他钢筋。因构造或施工需要而设置在混凝土中的钢筋，如锚固钢筋、腰筋、构造筋、吊钩等。

（5）钢筋的弯钩及保护层

1）钢筋弯钩的作用

钢筋弯钩可以增强钢筋与混凝土的粘结力、防止钢筋在受力时滑动（一般光圆钢筋做弯钩，带肋钢筋不做）。钢筋弯钩形状，如图 2-13 所示。

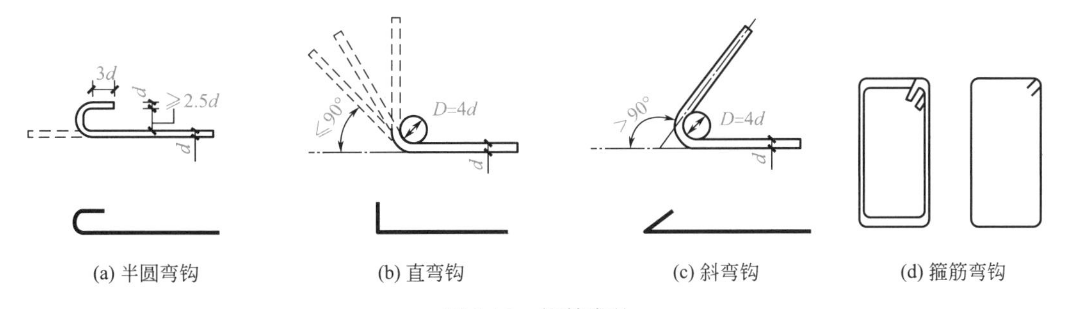

(a) 半圆弯钩　(b) 直弯钩　(c) 斜弯钩　(d) 箍筋弯钩

图 2-13　钢筋弯钩

2）钢筋的保护层

为了防止钢筋在空气中锈蚀，并使钢筋与混凝土有足够的粘结性，钢筋外边缘和混凝土构件外表面应有一定厚度的混凝土，该混凝土层即为钢筋的保护层。保护层的厚度与钢筋的作用及其位置有关，详见表 2-5。

混凝土保护层最小厚度（单位：mm）　　表 2-5

环境类别		板、墙、壳			梁			柱		
		≤C20	C25～C45	≥C50	≤C20	C25～C45	≥C50	≤C20	C25～C45	≥C50
一		20	15	15	30	25	25	30	30	30
二	A	—	20	20	—	30	30	—	30	30
二	B	—	25	20	—	35	30	—	35	30
三		—	30	25	—	40	35	—	40	35

注：构件中受力钢筋的保护层厚不应小于钢筋的公称直径 d；设计使用年限为 50 年的混凝土结构，最外层钢筋保护层厚度见表 2-5；设计年限为 100 年的混凝土结构，最外层钢筋保护层厚度应不小于表 2-5 的 1.4 倍；当混凝土强度等级不大于 C25 时，保护层厚度在表 2-5 的基础上应增加 5mm。钢筋混凝土基础的钢筋保护层厚度不小于 40mm。

（6）钢筋图示方法与标注

在结构施工图中，为了突出钢筋的位置、形状和数量，钢筋一般用粗实线绘制，具体表示与画法，见表 2-6 和表 2-7。

一般钢筋的表示方法　　表 2-6

名称	图例及说明	名称	图例及说明
钢筋横断面		无弯钩的钢筋搭接	
无弯钩的钢筋端部	下图表达长短钢筋投影重叠时，短钢筋的端部用45°斜短线表示	带半弯钩的钢筋搭接	
带半圆弯钩的钢筋端部		带直钩的钢筋搭接	
带直钩的钢筋端部		花篮螺栓钢筋接头	
带丝扣的钢筋端部		机械连接的钢筋接头	用文字说明机械连接的方式
钢筋焊接		端部带锚固板的钢筋	

钢筋画法　　表 2-7

序号	说明	图例
1	在平面图中配置钢筋时，底层钢筋弯钩应向上或向左，顶层钢筋则向下或向右	底层　顶层
2	配双层钢筋的墙体，在配筋立面图中，远面钢筋的弯钩应向上或向左，而近面钢筋的弯钩则向下或向右	近面　远面
3	如在断面图中不能表示清楚钢筋的配置，应在断面图外面增加钢筋大样图	
4	图中所表示的箍筋、环筋，应加画钢筋大样图及说明	或
5	每组相同的钢筋、箍筋或环筋，可以用粗实线画出其中一根来表示，同时用一横穿的细线表示其余的钢筋、箍筋或环筋，横线的两端带斜短线表示该号钢筋的起止范围	

（7）钢筋混凝土构件的图示内容与方法

钢筋混凝土梁、板、柱、基础等构件详图是钢筋混凝土构件施工的依据，一般包括模板图、配筋图、钢筋表和文字说明，如图 2-14 所示。

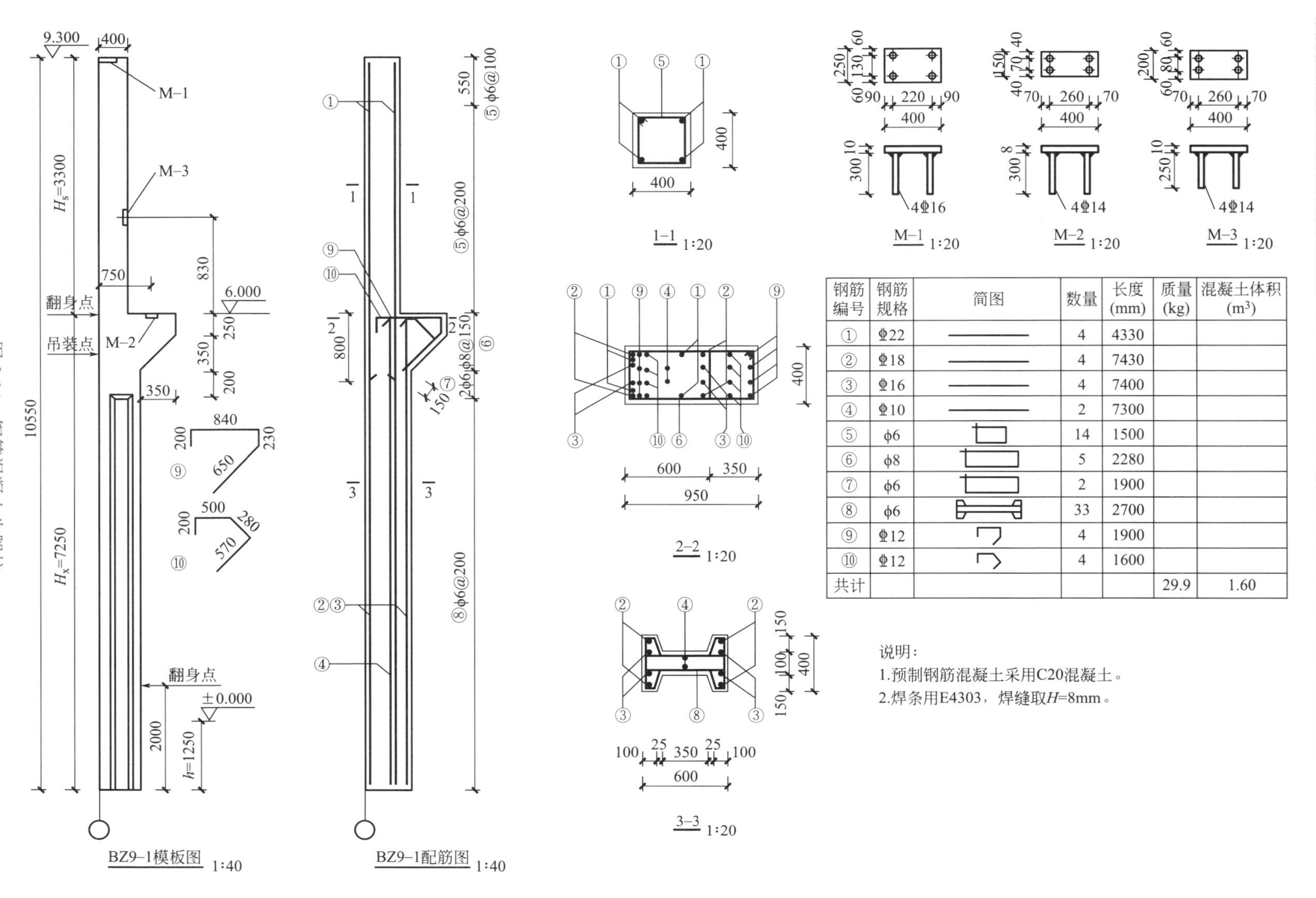

钢筋编号	钢筋规格	简图	数量	长度(mm)	质量(kg)	混凝土体积(m³)
①	Φ22		4	4330		
②	Φ18		4	7430		
③	Φ16		4	7400		
④	Φ10		2	7300		
⑤	φ6		14	1500		
⑥	φ8		5	2280		
⑦	φ6		2	1900		
⑧	φ6		33	2700		
⑨	Φ12		4	1900		
⑩	Φ12		4	1600		
共计					29.9	1.60

说明：
1.预制钢筋混凝土采用C20混凝土。
2.焊条用E4303，焊缝取H=8mm。

图 2-14　钢筋混凝土牛腿柱

1）模板图

模板图用于表明构件的外形、预埋件、预留插筋、预留孔洞的位置及各部尺寸，有关标高以及构件与定位轴线的位置关系等。一般在构件较复杂或有预埋件时才画模板图，模板图用细实线绘制。

模板图通常由构件的立面图和剖面图组成。模板图是模板制作和安装的主要依据。

2）配筋图

配筋图着重表达构件内部钢筋的配置情况，需标记钢筋的规格、级别数量、形状大小。配筋图是钢筋下料以及绑轧钢筋骨架的依据，是构件详图的主要图样。配筋图通常由构件立面图、断面图和钢筋详图组成。

3）钢筋表

为了便于钢筋下料、制作和方便预算，通常在每张图纸中都有钢筋表。钢筋表的内容包括钢筋名称、钢筋简图、钢筋规格、长度、数量和重量等。

3. 结构平面整体表达制图规则

混凝土结构施工图平面整体表示方法（简称平法）是把结构构件的尺寸和钢筋等，按照平面整体表示方法制图规则，整体直接表示在各类构件的结构平面布置图上，再与标准构造详图相配合，即构成一套完整的结构施工图的方法。

国家建筑标准设计图集《混凝土结构施工图平面整体表示方法制图规则和构造详图》22G101 表明在结构平面布置图上表示各构件尺寸和配筋的方式，分平面注写方式、列表注写方式和截面注写方式三种。

（1）柱平法施工图制图规则

柱平法施工图制图规则是在柱平面图布置图上用列表注写方式或截面注写方式表达的规则。

1）列表注写方式

列表注写方式是在柱平面布置图上，分别在同一编号的柱中选择一个截面标注几何参数代号，在柱表中注写柱编号、柱段起止标高、几何尺寸与配筋的具体数值，并配以各种柱截面形状及其箍筋类型图的方式，来表达柱平法施工图。柱列表注写内容，如图 2-15 所示。

① 注写柱编号。

注写柱编号由类型代号和序号组成，见表 2-8。

柱编号　　表 2-8

柱类型	类型代号	序号
框架柱	KZ	××
转换柱	ZHZ	××
芯柱	XZ	××

注：编号时，当柱的总高、分段截面尺寸和配筋均对应相同，仅截面与轴线的关系不同时，仍可将其编为同一柱号，但应在图中注明截面与轴线的关系。

② 注写各段柱的起止标高

注写各段柱的起止标高，是自柱根部往上以变截面位置或截面未变但配筋改变处为界分段注写。

梁上起框架柱的根部标高指梁顶面标高；剪力墙上起框架柱的根部标高为墙顶面标高。从基础起的柱，其根部标高指基础顶面标高。当屋面框架梁上翻时，框架柱顶标高应为梁顶面标高。芯柱的根部标高指根据结构实际需要而定的起始位置标高。

③ 截面尺寸

对于矩形柱，注写截面尺寸 $b \times h$ 及与轴线关系的几何参数代号 b_1、b_2 和 h_1、h_2 的具体数值，需对应于各段柱分别注写。其中 $b=b_1+b_2$，$h=h_1+h_2$。当截面的某一边收缩变化至与轴线重合或偏到轴线另一侧时，b_1、b_2、h_1、h_2 中的某项为零或为负值。对于圆柱，表中 $b \times h$ 栏改用在圆柱直径数字前加 d 表示，$d=b_1+b_2=h_1+h_2$。

④ 注写柱纵筋

当柱纵筋直径相同，各边根数也相同时（包括矩形柱、圆柱和芯柱），将纵筋注写在“全部纵筋”一栏中；除此之外，柱纵筋分角筋、截面 b 边中部筋和 h 边中部筋三项分别注写（对于采用对称配筋的矩形截面柱，可仅注写一侧中部筋，对称边省略不注；对于采用非对称配筋的矩形截面柱，必须每侧均注写中部筋）。

⑤ 注写箍筋类型号及箍筋肢数

箍筋肢数可有多种组合，应在表中注明具体的数值：m、n 及 Y 等，见表 2-9。

箍筋类型　　表 2-9

箍筋类型编号	箍筋肢数	复合方式
1	$m \times n$	肢数m 肢数n h b
2	—	h b
3	—	h b
4	Y+$m \times n$ （Y 表示圆形箍）	肢数m 肢数n d

⑥ 注写柱箍筋

包括钢筋级别、直径与间距。例如Φ10@100/250 表示箍筋为 HPB300 钢筋，直径 10mm，加密区间距为 100mm，非加密区间距为 250mm。当箍筋沿柱全高为一种间距时，则不使用“/”线。当圆柱采用螺旋箍筋时，需在箍筋前加“L”。

2）截面注写方式

截面注写方式是在柱平面布置图的柱截面上，分别在同一编号的柱中选择一个截面，

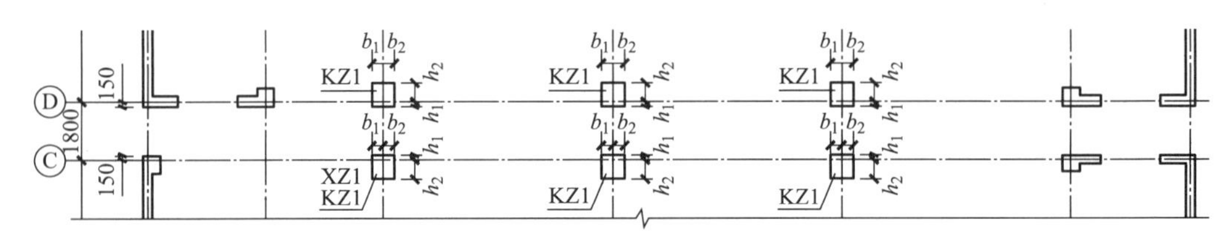

柱表

柱编号	标高(m)	$b \times h$ (mm×mm) (圆柱直径D)	b_1 (mm)	b_2 (mm)	h_1 (mm)	h_2 (mm)	全部纵筋	角筋	b边一侧中部筋	h边一侧中部筋	箍筋类型号	箍筋	备注
KZ1	–4.530~–0.030	750×700	375	375	150	550	28Φ25				1(6×6)	ϕ10@100/200	–
	–0.030~19.470	750×700	375	375	150	550	24Φ25				1(5×4)	ϕ10@100/200	
	19.470~37.470	650×600	325	325	150	450		4Φ22	5Φ22	4Φ20	1(4×4)	ϕ10@100/200	
	37.470~59.070	550×500	275	275	150	350		4Φ22	5Φ22	4Φ20	1(4×4)	ϕ8@100/200	
XZ1	–4.530~8.670						8Φ25				按标准构造详图	ϕ10@100	⑤×Ⓒ轴KZ1中设置

–4.530~59. 070柱平法施工图(局部)

图 2-15　柱列表注写方式的示例

以直接注写截面尺寸和配筋具体数值的方式来表达柱平法施工图，如图 2-16 所示。

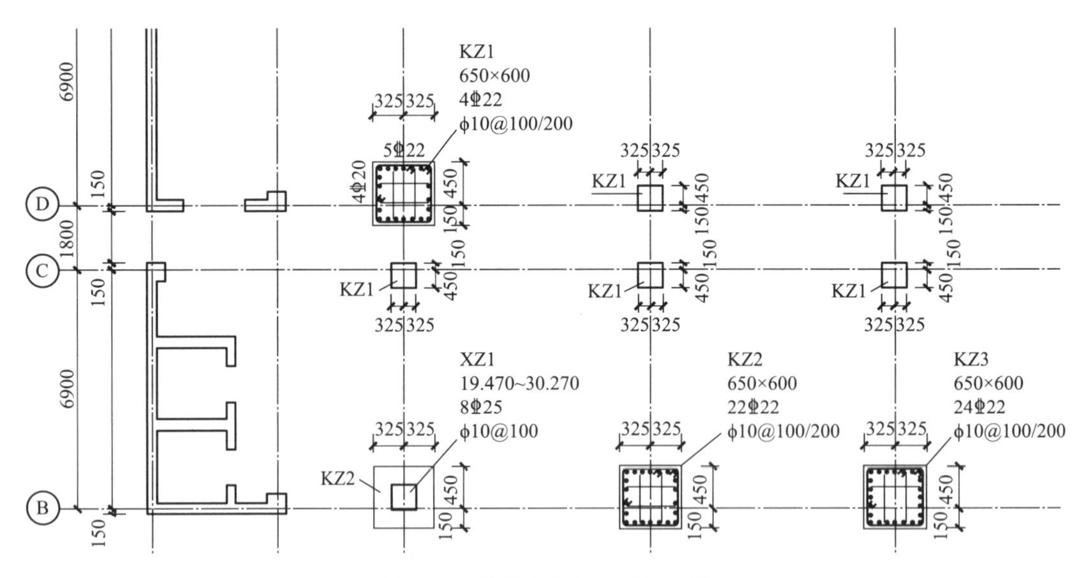

图 2-16　柱截面注写方式的示例

表达方法是除芯柱之外的所有柱截面从相同编号的柱中选择一个截面，按另一种比例原位放大绘制柱截面配筋图，并在各配筋图上继其编号后再注写截面尺寸 $h \times b$、角筋和全部纵筋、箍筋的具体数值，以及在柱截面配筋图上标注柱截面与轴线关系 b_1、b_2、h_1、h_2 的具体数值。

（2）梁平法施工图制图规则

梁平法施工图是在梁平面布置图上采用平面注写方式或截面注写方式表达的施工图。

1）平面注写方式

平面注写方式是在梁平面布置图上，分别在不同编号的梁中各选一根梁，通过在其上注写截面尺寸和配筋具体数值表达梁平法施工图的方式。

平面注写包括集中标注和原位标注，集中标注表达梁的通用数值，原位标注表达梁的特殊数值。当集中标注中某项数值不适用于梁的某部位时，则将该数值原位标注，施工时原位标注取值优先，如图 2-17 所示。

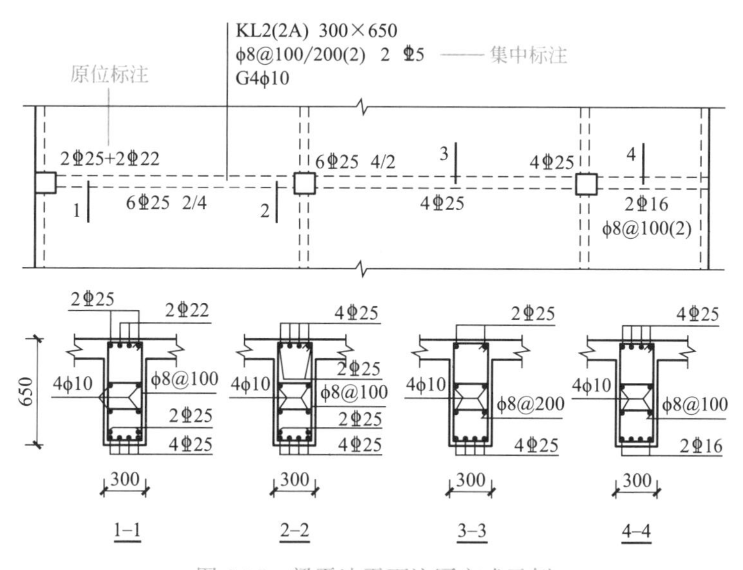

图 2-17 梁平法平面注写方式示例

注：图 2-17 中四个梁截面为采用传统表示方法绘制，用于对比按平面注写方式表达的图样内容。实际采用平面注写方式表达时，不需绘制梁截面配筋图和相应截面符号。

① 集中注写

梁集中标注的内容有五项必注值和一项选注值，集中标注可以从梁的任意一跨引出。

A. 梁编号，该项为必注值。由梁类型、代号、序号、跨数及有无悬挑代号几项组成，并符合表 2-10 的规定。

梁编号　　表 2-10

梁类型	代号	序号	跨数及是否带有悬挑
楼层框架梁	KL	××	(××)、(××A)或(××B)
楼层框架扁梁	KBL	××	(××)、(××A)或(××B)
屋面框架梁	WKL	××	(××)、(××A)或(××B)
框支梁	KZL	××	(××)、(××A)或(××B)
托柱转换梁	TZL	××	(××)、(××A)或(××B)
非框架梁	L	××	(××)、(××A)或(××B)
悬挑梁	XL	××	(××)、(××A)或(××B)
井字梁	JZL	××	(××)、(××A)或(××B)

注：表中（××A）为一端悬挑，（××B）为两端为悬挑，悬挑不计入跨数。

B. 梁截面尺寸，该项为必注值。当为等截面梁时，用 $b \times h$ 表示；当为竖向加腋梁时，用 $b \times h$ Y$c_1 \times c_2$ 表示，c_1 为腋长、c_2 为腋高；当为水平加腋梁时，一侧加腋时用 $b \times h$ PY$c_1 \times c_2$ 表示，c_1 为腋长、c_2 为腋宽，加腋部分应在平面图中绘制；当有悬挑梁，且根部和端部的高度不相同时，用 $b \times h_1/h_2$（根部/端部）表示，如图 2-18 所示。

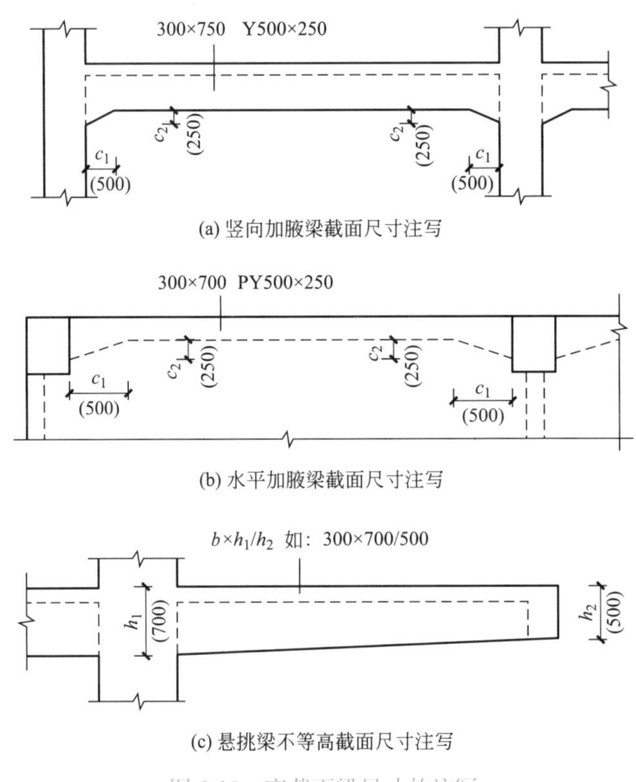

(a) 竖向加腋梁截面尺寸注写

(b) 水平加腋梁截面尺寸注写

(c) 悬挑梁不等高截面尺寸注写

图 2-18 变截面梁尺寸的注写

C. 梁箍筋，该项为必注值。包括箍筋级别、直径、加密区与非加密区间距及肢数。箍筋加密区与非加密区的不同间距及肢数需用“/”分隔，箍筋肢数应写在括号内。

【例】 Φ10@100/200（4），表示箍筋为 HPB300 钢筋，直径 10mm，加密区间距为 100mm，非加密区间距为 200mm，均为四肢箍。

D. 梁上部通长筋或架立筋，此项为必注值。当同排纵筋中既有通长筋又有架立筋时，应用“+”将通长筋和架立筋相联。注写时将角部纵筋写在加号的前面，架立筋写在加号后面的括号内，以表示不同直径及与通长筋的区别，当全部采用架立筋时，则将其写入括号内。

【例】 2Φ22+（4Φ12），表示用于六肢箍，其中 2Φ22 为通长筋，4Φ12 为架立筋。

当梁的上部纵筋和下部纵筋为全跨相同，且多数跨配筋相同时，此项可加注下部纵筋的配筋值，用分号“;”将上部与下部的配筋值分隔开。

【例】 3Φ22；3Φ20，表示梁上部配置 3Φ22 的通长筋、下部配置 3Φ20 的通长筋。

E. 梁侧面纵向构造钢筋或受扭钢筋配置，该项为必注值。当梁腹板高度 $h_w \geq 450$mm 时，需配置纵向构造钢筋，注写值以大写字母 G 打头，接续注写在梁两个侧面的总配筋值，且对称配置。

【例】G4ф12，表示梁的两侧面共配置 4ф12 的纵向构造钢筋，每侧各配置 2ф12。

当梁侧面需配置受扭纵向钢筋时注写以大写字母 N 打头。

【例】N6Φ22，表示梁的两侧面共配置 6Φ22 的受扭纵向钢筋，每侧各配置 3Φ22。

F. 梁顶面标高高差，该项为选注值。梁顶面标高高差是指相对于结构层楼面标高的高差值。有高差时，将高差写入括号内，无高差时不注。当梁的顶面高于所在结构层的楼面标高时，其标高高差为正值、反之为负值。

② 原位标注

内容规定如下：

A. 梁支座上部纵筋，该部位含通长筋在内的所有纵筋。

a. 当上部纵筋多于一排时用“/”将各排纵筋自上而下分开；

【例】梁支座上部纵筋注写 6Φ25　4/2，表示上排纵筋为 4Φ25、下排纵筋为 2Φ25。

b. 当同排纵筋有两种直径时，用“+”将两种直径的纵筋相联，注写时将角部纵筋写在前面。

【例】2Φ25+2Φ22，表示 2Φ25 放在角部、2Φ22 放在中部。

c. 当梁中间支座两边的上部纵筋不同时，须在支座两边分别标注；当梁中间支座两边的上部纵筋相同时，可仅在支座的一边标注配筋值，另一端省去不注，如图 2-19 所示。

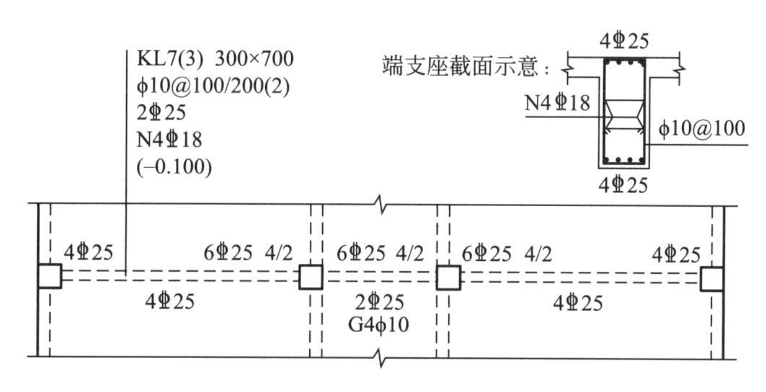

图 2-19　大小跨梁的注写示例

d. 对于端部带悬挑的梁，其上部纵筋注写在悬挑梁根部支座部位。当支座两边的上部纵筋相同时，可仅在支座的一边标注配筋值。

B. 梁支座下部纵筋。

a. 当下部纵筋多于一排时或者同排纵筋有两种直径时，表达方法同上部纵筋，用“/”或“+”符号连接。

b. 当梁下部纵筋不全部伸入支座时，将不伸入梁支座的下部纵筋数量写在括号内。

【例】 梁下部纵筋注写为 6⌀25　2（-2）/4，表示上排纵筋为 2⌀25，且不伸入支座；下排纵筋为 4⌀25，全部伸入支座。

【例】 梁下部纵筋注写为 2⌀25+3⌀22（-3）/5⌀25，表示上排纵筋为 2⌀25 和 3⌀22，其中 3⌀22 不伸入支座；下排纵筋为 5⌀25，全部伸入支座。

c. 当在梁上集中标注的内容不适用于某跨或某悬挑部分时，则将其不同数值原位标注在该跨或该悬挑部位，施工时应按原位标注数值取用。

d. 当梁设置竖向加腋时，加腋部位下部斜向纵筋应在支座下部以 Y 打头注写在括号内，如图 2-20 所示。

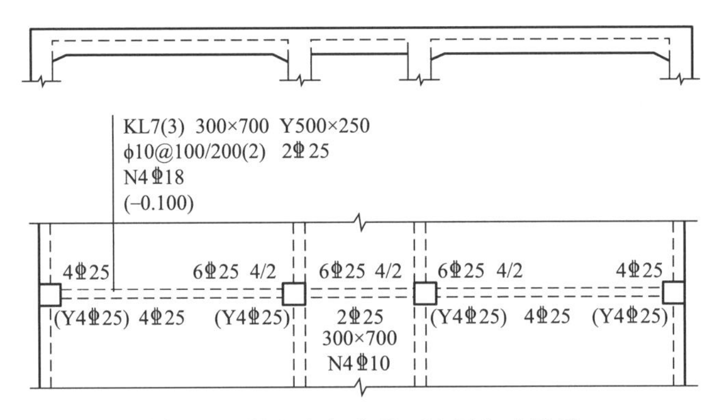

图 2-20　梁竖向加腋平面注写方式示例

e. 当梁设置水平加腋时，水平加腋内上、下部斜纵筋应在加腋支座上部以 Y 打头注写在括号内，上、下部斜纵筋之间用“/”分隔，如图 2-21 所示。

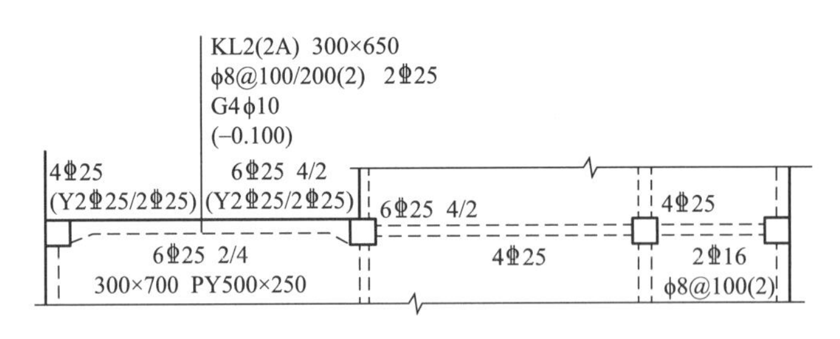

图 2-21　梁水平加腋平面注写方式示例

f. 当在多跨梁的集中标注中已注明加腋，而该梁某跨的根部却不需要加腋时，则应在该跨原位标注等截面的 $b \times h$ 以修正集中标注中的加腋信息，如图 2-20 所示。

C. 附加箍筋和吊筋。将其直接画在平面图中的主梁上，用线引注总配筋值（附加箍筋的肢数注写在括号内），如图 2-22 所示。

D. 代号为 L 的非框架梁，当某一端支座上部纵筋为充分利用钢筋的抗拉强度时；对于一端与框架柱相连、另一端与梁相连的梁（代号为 KL），当其与梁相连的支座上部纵筋为充分利用钢筋的抗拉强度时，在梁平面布置图上原位标注，以符号“g”表示，如图 2-23

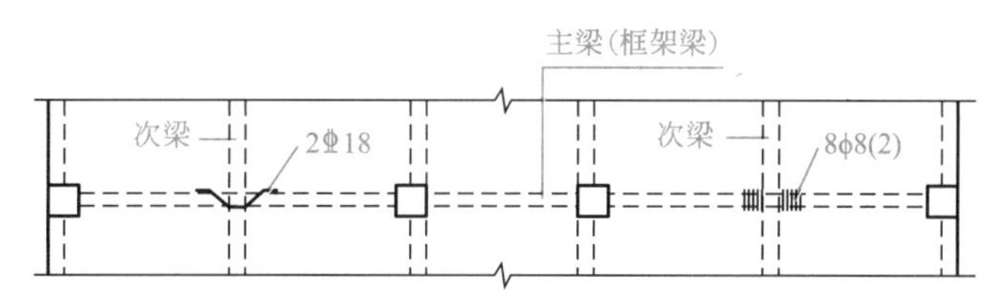

图 2-22　附加箍筋和吊筋的画法

所示。梁平法施工图平面注写方式示例，如图 2-24 所示。

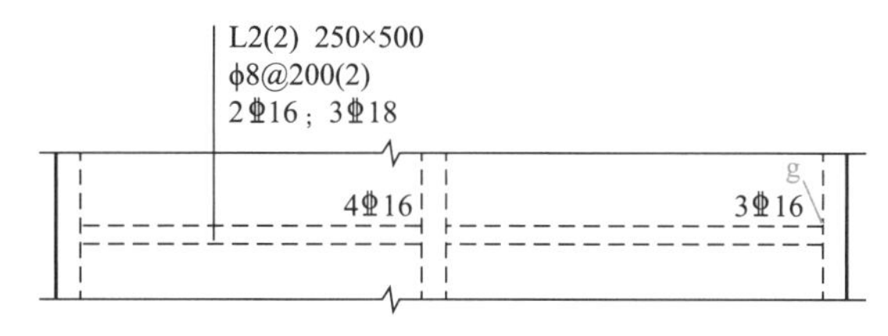

图 2-23　梁一端采用充分利用钢筋的抗拉强度方式的注写示例

注：“g”表示右端支座按照非框架梁 Lg 配筋构造

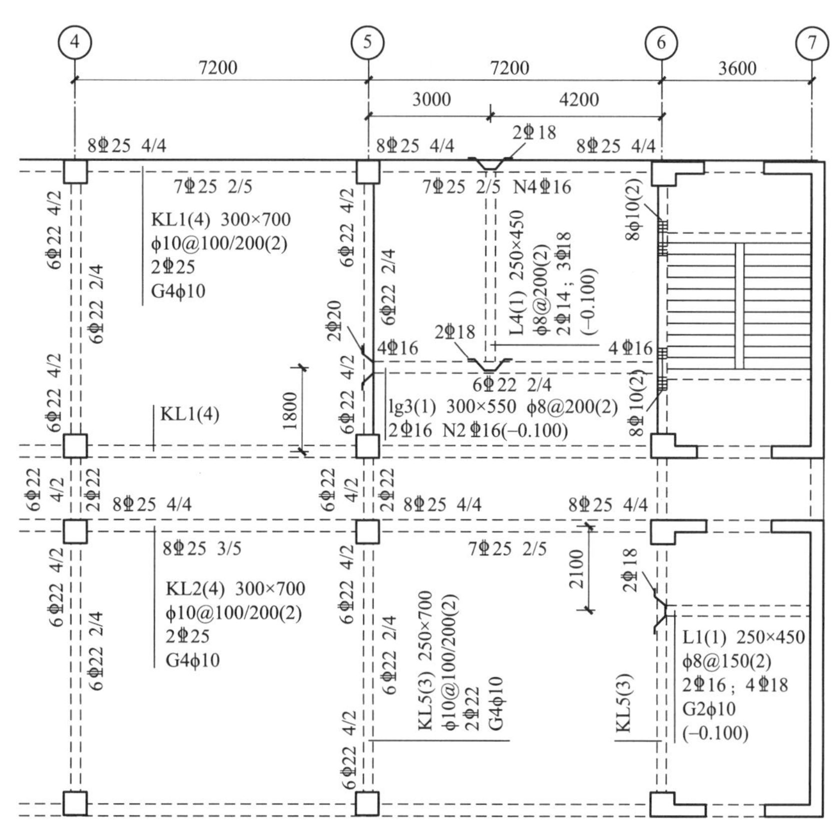

图 2-24　某梁平法平面注写方式（局部）

2）截面注写方式

截面注写方式是在梁平面布置图上，分别在不同编号的梁中各选择一根梁用剖面号引出配筋图，并在其上注写截面尺寸和配筋具体数值的方式来表达梁平法施工图。梁平法施工图截面注写方式示例，如图 2-25 所示。

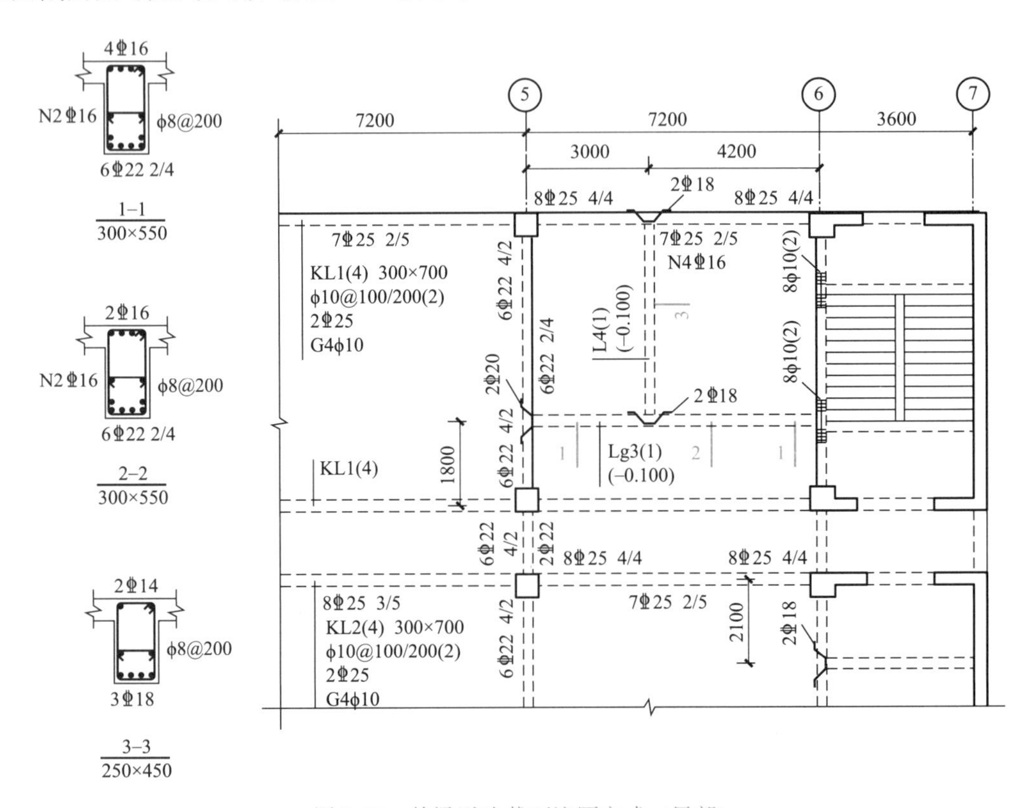

图 2-25 某梁平法截面注写方式（局部）

对所有梁进行编号，从相同编号的梁中选择一根梁，先将“单边截面号”画在该梁上，再将截面配筋详图画在本图或其他图上。

在截面配筋图上注写截面尺寸 $b \times h$、上部筋、下部筋、侧面构造筋和受扭筋，以及箍筋的具体数值时，其表达方式与平面注写方法相同。

截面注写方式既可以单独使用，也可与平面注写方式结合使用。

（3）板平法施工图制图规则

主要介绍有梁楼盖板的平法标注。有梁楼盖板是指以梁为支座的楼面与屋面板。有梁楼盖板平法施工图是在楼面板和屋面板布置图上，采用平面注写的表达图样。

板平面注写主要包括板块集中标注与板支座原位标注。

为方便设计表达和施工识图，规定结构平面的坐标方向为：当两向轴网正交布置时，图面从左至右为 x 向，从下至上为 y 向；当轴网转折时，局部坐标方向顺轴网转折角进行相应转折；当轴网向心布置时，切向为 x 向，径向为 y 向。

1）板块集中注写

板块集中标注的内容为：板块编号、板厚、贯通纵筋，以及当板面标高不同时的标高高差等。

① 板块编号

对于普通楼面，两向均以一跨为一板块；对于密肋楼盖，两向主梁（框架梁）均以一跨为一板块（非主梁密肋不计）。所有板块应逐一编号，相同编号的板块可择其一做集中标注，其他仅注写置于圆圈内的板编号，以及当板面标高不同时的标高高差。板块编号规定，见表 2-11。

板块编号　　表 2-11

板类型	代号	序号
楼面板	LB	××
屋面板	WB	××
纯悬挑板	XB	××

注：延伸悬挑板的上部受力钢筋应与相邻跨内板的上部纵筋连通配置。

② 板厚

板厚注写为 h=×××（为垂直于板面的厚度）；当悬挑板的端部改变截面厚度时，用斜线分隔根部与端部的高度值，注写为 h=×××/×××；当设计已在图注中统一注明板厚时，此项可不注。

③ 纵筋

纵筋按板块的下部纵筋和上部贯通纵筋分别注写（当板块上部不设贯通纵筋时则不注），并以 B 代表下部纵筋，以 T 代表上部贯通纵筋，B&T 代表下部与上部；x 向纵筋以 X 打头，y 向纵筋以 Y 打头，两向纵筋配置相同时则以 X&Y 打头。

当为单向板时，分布筋可不必注写，而在图中统一注明。

当在某些板内（例如悬挑板 XB 的下部）配置有构造钢筋时，则 x 向以 Xc，y 向以 Yc 打头注写。

当 y 向采用放射配筋时（切向为 x 向、径向为 y 向）应注明配筋间距的定位尺寸。

当纵筋采用两种规格钢筋“隔一布一”方式时，表达为 xx/yy@×××，表示直径为 xx 的钢筋和直径为 yy 的钢筋间距相同，两者组合后的实际间距为×××。直径 xx 的钢筋的间距为×××的 2 倍，直径 yy 的钢筋的间距为×××的 2 倍。

④ 板面标高高差

板面标高高差指相对于结构层楼面标高的高差，应将其注写在括号内，且有高差则注，无高差不注。

【例】 有一楼面板块注写为：LB5　h=110

B：X⌀12@125；Y⌀10@110

表示 5 号楼面板，板厚 110mm，板下部配置的纵筋 x 向为⌀12@125，y 向为⌀10@110；板上部未配置贯通纵筋。

【例】 有一楼面板块注写为：LB5　h=110

B：X⌀10/12@100；Y⌀10@110

表示 5 号楼面板，板厚 110mm，板下部配置的纵筋 x 向为⌀10、⌀12 隔一布一，⌀10 与⌀12 之间间距为 100mm；y 向为⌀10@110；板上部未配置贯通纵筋。

【例】有一悬挑板注写为：XB2　h＝150/100

B：Xc&Yc Φ 8@200

表示 2 号悬挑板，板根部厚 150mm、端部厚 100mm，板下部配置构造钢筋双向均为Φ 8@200（上部受力钢筋见板支座原位标注）。

2）板支座原位标注

板支座原位标注的内容为：板支座上部非贯通纵筋和悬挑板上部受力钢筋。

板支座原位标注的钢筋，应在配置相同跨的第一跨表达（当在梁悬挑部位单独配置时则在原位表达）。在配置相同跨的第一跨（或梁悬挑部位），垂直于板支座（梁或墙）绘制一段适宜长度的中粗实线（当该筋通长设置在悬挑板或短跨板上部时，实线段应画至对边或贯通短跨），以该线段代表支座上部非贯通纵筋，并在线段上方注写钢筋编号（如①、②等）、配筋值、横向连接布置的跨数（注写在括号内，当为一跨时可不注），以及是否横向布置到梁的悬挑端。

【例】（××）为连续布置的跨数，（××A）为连续布置的跨数及一端的悬挑梁部位，（××B）为连续布置的跨数及两端的悬挑梁部位。

板支座上部非贯通筋自支座中线向跨内的伸出长度，注写在线段的下方位置。

① 对称：当中间支座上部非贯通纵筋向支座两侧对称伸出时，可仅在支座一侧线段下方标注延伸长度，另一侧不注，如图 2-26a 所示。

② 非对称：当向支座两侧非对称伸出时，应分别在支座两侧线段下方注写伸出长度，如图 2-26b 所示。

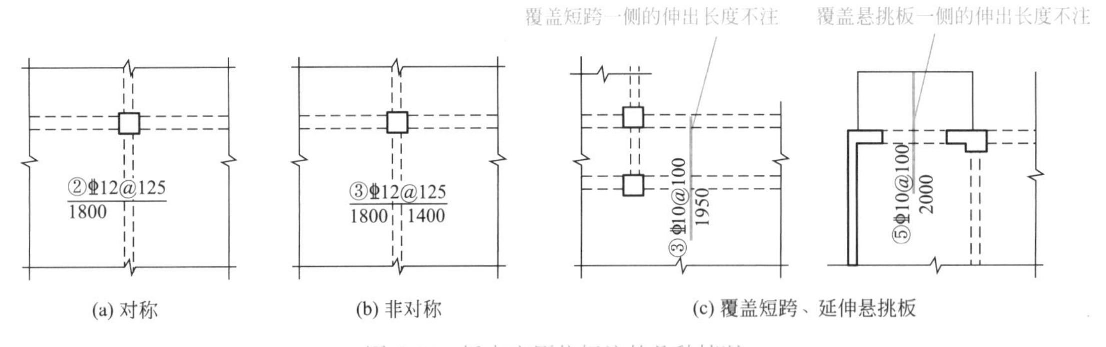

(a) 对称　(b) 非对称　(c) 覆盖短跨、延伸悬挑板

图 2-26　板支座原位标注的几种情况

对线段画至对边贯通全跨或贯通全悬挑长度的上部通长纵筋，贯通全跨或延伸至全悬挑一侧的长度值不注，只注明非贯通筋另一侧的延伸长度值，如图 2-26c 所示。板平法施工图示例，如图 2-27 所示。

4. 装配式建筑深化设计图纸常用的符号及画法规定

装配式建筑深化施工图是在传统施工图设计的基础上，对房屋结构部分进行合理拆分，各拆分的预制构件进行深化设计，而得到的设计文件。

预制混凝土构件深化设计文件一般应包括下述内容：

① 专门针对装配式建筑和预制混凝土构件设计和结构的专项说明；

2-3　构件图中的编号及符号

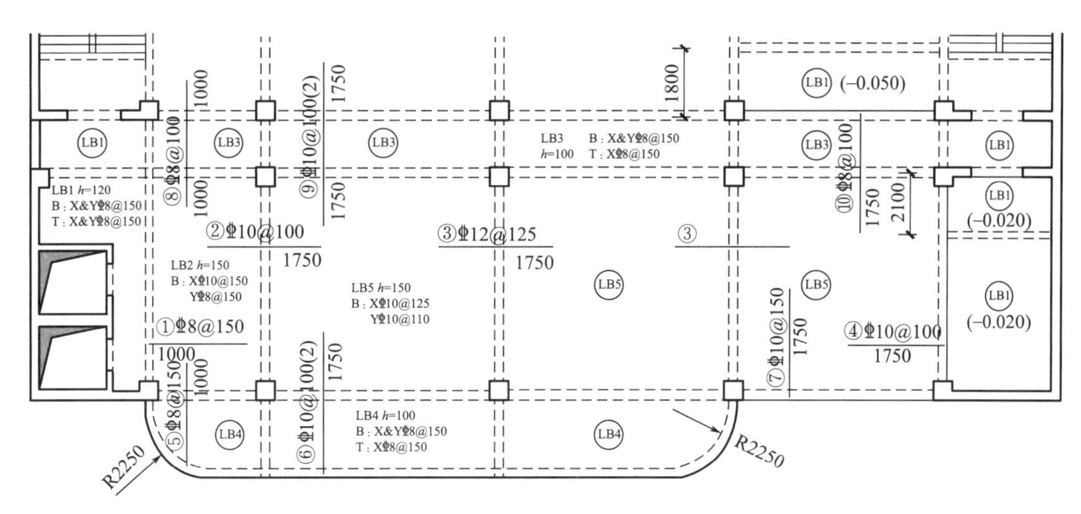

图 2-27　15.870～26.670m 板平法施工图（局部）

注：未注明分布筋为Φ 8@250

② 预制构件平面和立面布置图；

③ 预制件模板图、配筋图、材料和配件明细表；

④ 预制件布置图和细部构造详图；

⑤ 带瓷砖饰面构件的排砖图；

⑥ 内外叶墙板拉结件布置图和保温板排板图；

⑦ 反映预制构件之间及预制构件与现浇构件连接的节点构造的节点图；

⑧ PC 生产、施工用到的所有金属件的加工图；

⑨ 根据《混凝土结构工程施工规范》GB 50666—2011 的有关规定，根据设计要求和施工方案对脱模、吊运、运输、安装等环节进行施工验算计算书。

深化设计文件应根据本项目施工图设计文件及选用的标准图集、生产制作工艺、运输条件和安装施工要求等进行编制。预制构件详图中的各类预留孔洞、预制件和机电预留管必须与相关专业图纸仔细核对无误后方可下料制作。深化设计文件应经设计单位确认后方可作为生产依据。

（1）国家建筑标准设计图集

装配式混凝土结构施工图表达形式，是在结构平面图上表达各结构构件的布置，与构件详图、构造详图相配合，形成一套完整的装配式混凝土结构设计文件。

配套的国家建筑标准设计系列图集，主要包括 22G101-1《混凝土结构施工图平面整体表示方法制图规则和构造详图（现浇混凝土框架、剪力墙、框架-剪力墙、梁、板）》，以及由住房城乡建设部建质函［2015］47 号批准的《预制混凝土剪力墙外墙板》等 9 项国家建筑标准设计图集，见表 2-12。

建筑产业现代化国家建筑标准设计图集名称及编号表　　表 2-12

序号	标准设计号	标准设计图集名称
1	15G365-1	预制混凝土剪力墙外墙板
2	15G365-2	预制混凝土剪力墙内墙板

续表

序号	标准设计号	标准设计图集名称
3	15G366-1	桁架钢筋混凝土叠合板（60mm 厚底板）
4	15G367-1	预制钢筋混凝土板式楼梯
5	15G368-1	预制钢筋混凝土阳台板、空调板及女儿墙
6	15J939-1	装配式混凝土结构住宅建筑设计示例（剪力墙结构）
7	15G107-1	装配式混凝土结构表示方法及示例（剪力墙结构）
8	15G310-1	装配式混凝土结构连接节点构造（楼盖结构和楼梯）
9	15G310-2	装配式混凝土结构连接节点构造（剪力墙结构）

装配式结构施工过程中应采取安全措施、并应符合现行行业标准《建筑施工高处作业安全技术规范》JGJ 80—2016、《建筑机械使用安全技术规程》JGJ 33—2012 和《施工现场临时用电安全技术规范》JGJ 46—2005 等的有关规定。

（2）装配式混凝土构件的图例

装配式混凝土构件类型较多，为简化作图与有利识图，在图纸中需要用相应的图例来表达，有关图例见表 2-13。

图例　　表 2-13

名称	图例	名称	图例
预制钢筋混凝土（包括内墙、外墙、内叶墙、外叶墙）		后浇段、边缘构件	
保温层	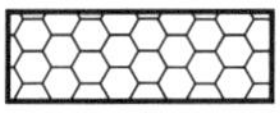	夹心保温外墙	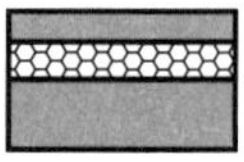
现浇钢筋混凝土墙体		预制外墙模板	
预制构件		预制构件钢筋	
后浇混凝土	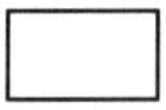	后浇混凝土钢筋	
灌浆部位		附加或重要钢筋（红色）	
空心部位		钢筋灌浆套筒连接	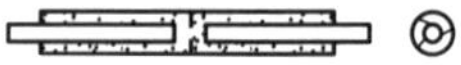
橡胶支垫或坐浆	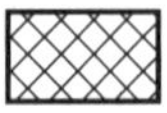	钢筋机械连接	
粗糙面结合面	 C	钢筋焊接	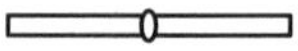
键槽结合面	 J	钢筋锚固板	
模板面	 M	预留洞	

（3）装配式混凝土构件的编号规则

预制构件与构造种类繁多、布置复杂，为了方便阅读，简化标注，构件的名称应用代号来表示。用阿拉伯数字标注该构件与构造的型号或编号，也可为构件的顺序号，构件的顺序号采用不带角标的阿拉伯数字连续编排。常用装配式混凝土的构件代号，见表2-14。

常用装配式混凝土的构件代号　　表2-14

预制构件名称	代号	预制构件名称	代号
预制外墙板	YWQ	叠合楼面板	DLB
预制内墙板	YNQ	叠合屋面板	DWB
预制隔墙板	GQ	叠合悬挑板	DXB
预制女儿墙	YNEQ	预制单向叠合底板	DBD
预制双跑楼梯	ST	预制单向叠合底板	DBS
预制剪刀楼梯	JT	预制阳台板	YYTB
预制叠合梁	DL	预制空调板	YKTB
预制叠合连梁	DLL	预制外墙模板	JM
约束边缘构件后浇带	YHJ	预埋件	M
构造边缘构件后浇带	GHJ	预留洞	D
非边缘构件后浇带	AHJ	叠合板底板接缝	JF
水平后浇带	SHJD	叠合板底板密拼接缝	MF
预制框架柱	YKZ	—	—

（4）预埋件编号规则

预制装配式建筑由各预制构件吊装、安装就位、连接而成，预制构件内需要预埋吊装用的吊钉和吊钩、安装就位时临时支撑用的套筒、构件间连接用的连接件、设备安装用的各种电器线管等预埋件，因此在装配式建筑中预埋件种类较多。预埋件编号一般为埋件代号和编号组成，如MJ1、MJ2、MJ3、MJ4等。根据每个构件特性不同，设计图中会给出该预埋件规格和尺寸。

电气预埋件编号一般为DH，主要是电气插座和开关底盒的预埋（相关型号设计图中已标明）。特殊的电气箱体预埋件，如配电箱、电位箱等作特殊注明。

① 吊钉：脱模及吊装，常用型号：1.5（起吊吨位）×90（长）、1.5×170、5×240。

② 套筒：临时支撑，常用套筒：M16×80、M16×100、M16×135（双横杆）；现场连接，常用套筒：M16×50、M16×80、M16×100。

③ 其他：自制吊装或连接件、灌浆套筒（仅剪力墙）、波纹管、线管等。

预埋件包括吊钉、套筒、拉结件、灌浆套筒、线管、金属波纹管、预埋件，实物图示例如图2-28所示。某YNQ11模板图中预埋件表的示例，见表2-15。

(a) 吊钉

(b) 套筒

(c) 拉结件

(d) 灌浆套筒

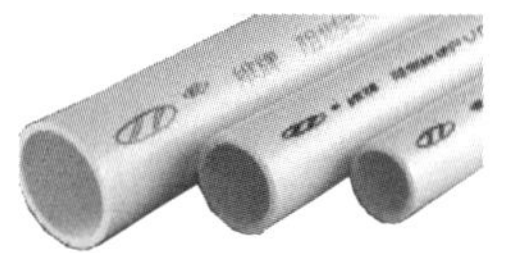

(e) 线管

(f) 金属波纹管

(g) 预埋件

图 2-28　预埋件实物图

预埋件示例表　　　　表 2-15

配件编号	MJ1	MJ2	TT1	TT2	DH1
配件名称	吊装件	螺母	套筒	套筒	电器盒
配件型号、承载力	25kN	M16	M12	M12	86H70
配件数量	2	4	6	6	1
备注	动力系数 1.5	临时斜撑用	尺寸选用	尺寸选用	铁盒、PVC

注：示例选于 15G107-1 第 F-19 页 YNQ11 模板图。

任务训练

1. 表示减重板的图例是（　　）。

A.　　　　B.

C.　　　　D.

2. 牌号 HRB400 钢筋符号为（　　）。

A. Φ　　B. Φ　　C. Φ　　D. Φ

3. 由受力筋、架立筋、箍筋组成的钢筋混凝土构件通常是（　　）。

A. 梁　　B. 板　　C. 柱　　D. 墙

4.（　　）的保护层通常是 15mm。

A. 梁　　B. 板　　C. 柱　　D. 基础

5. 钢筋混凝土构件图中用粗实线绘制的是（　　）。

A. 钢筋　　B. 构件外轮廓线　　C. 尺寸线　　D. 材料图例

6. 以下属于装配式构件深化设计图纸的组成部分的是（　　）。

A. 建筑详图　　B. 梁平法图　　C. 柱平法图　　D. 预制剪力墙详图

7. 在结构施工图中，代号“M”表示（　　）。

A. 门　　B. 密肋板　　C. 预埋件　　D. 屋面板

8. 钢筋混凝土构件详图中“⌐——¬”表示（　　）。

A. 无弯钩的钢筋搭接　　B. 带斜钩的钢筋搭接

C. 带直钩的钢筋搭接　　D. 钢筋机械连接

9. 对于编号 2ф25＋2ф20，表示（　　）。

A. 上部配置 2 根直径 25mm 的钢筋、下部配置 2 根直径 20mm 的钢筋

B. 上部配置 2 根直径 20mm 的钢筋、下部配置 2 根直径 25mm 的钢筋

C. 同排两边配置 2 根直径 25mm 的钢筋、中间配置 2 根直径 20mm 的钢筋

D. 同排两边配置 2 根直径 20mm 的钢筋、中间配置 2 根直径 25mm 的钢筋

10. 表示预制内墙板的构件代号是（　　）。

A. YWQ　　B. GQ

C. YNQ　　D. YNEQ

拓展训练

课外查找资料，收集若干个给水排水施工图、电气施工图有关图例和编号，并写出该图例和编号表达的含义。

任务 2.2　识读结构总说明

任务描述

通过本任务训练与学习，对照附录某教师公寓项目 4 号楼结构设计总说明，明确图示内容，了解装配式混凝土建筑与普通混凝土建筑在结构总说明上的异同点。掌握识读方法，能识读并理解工程概况、设计依据、图纸表述，能识读并理解 PC 专项说明的总则，了解装配率概念，理解构件在生产、检验、运输、堆放、现场吊装施工的有关规定。

能力目标

（1）能正确识读传统结构设计总说明。

（2）能正确识读装配式建筑结构总说明。

（3）能区别传统设计总说明与装配式建筑的不同之处。

知识目标

（1）了解传统结构设计总说明的主要内容。

（2）理解装配式建筑结构总说明的主要内容。

（3）掌握传统设计总说明与装配式建筑的不同之处。

阅读附录某教师公寓项目4号楼的结构设计总说明，说出传统设计总说明与装配式建筑的预制混凝土构件设计总说明不同之处，描述出装配率概念，并说出构件在生产、检验、运输、堆放、现场吊装施工的有关规定。

完成任务所需的支撑知识

预制装配式结构总说明，包括传统结构设计总说明、装配式结构专项说明和预制混凝土构件设计总说明。

2-4 装配式建筑识图与传统建筑识图结构设计说明的区别

1. 传统结构设计总说明

（1）结构设计总说明的主要内容

结构设计总说明是对一个建筑物的结构形式和结构构造要求等的总体概述，在结构施工图中占有重要的地位。结构设计总说明里的内容与施工都比较密切，如抗震等级、结构等级，与钢筋的锚固、搭接长度有关；要求选用的钢筋种类，采用的接头方法，以及构造柱、开洞等的方法等，在施工中避免出错，造成不必要的返工。

（2）识读结构设计总说明

识读附录某教师公寓项目4号楼结构设计总说明，结构设计总说明位于结构施工图纸的最前面，详见教材附录。

1）工程概况：本工程位于××市，本单体为教工楼4号楼，地下1层，地面6层+跃层。工程设计使用年限50年，建筑结构安全等级二级，建筑物耐火等级二级，结构体系为框架结构，嵌固部位是承台顶面，基础类别为桩基础、设计等级甲级等一般说明和建筑分类等级。

2）工程结构设计的主要依据：政府职能部门就本工程的相关批文，设计遵循的规范、规程、技术规定及标准图集，岩土工程勘察报告，抗震设防类别丙类和框架抗震等级四级，自然条件，本工程主要使用的荷载标准值等。

3）主要结构材料的技术指标：混凝土（混凝土强度等级、混凝土外加剂、混凝土的环境类别及耐久性要求）；钢筋、钢材、焊条；墙体材料（在±0.000以下墙体：采用MU20水泥砖、WM10水泥砂浆砌筑；±0.000以上墙体：外墙、楼梯间采用预制墙板；卫生间采用MU10页岩多孔砖，DM5.0混合预拌砂浆；其余内隔墙和管道井采用砂加气混凝土砌块，强度等级为A3.5，密度等级为B06，砂浆均采用预拌砂浆）等。

4）本工程混凝土保护层、钢筋锚固与连接：①混凝土保护层最小厚度，纵向受力钢筋的混凝土保护层不应小于钢筋的公称直径并应符合规定，普通混凝土构件保护层最小厚度见表2-16；②钢筋锚固，纵向受拉钢筋的最小锚固长度 L_a 和 L_{ae} 详见图集《22G101-1》；钢筋连接应优先采用机械接头钢筋直径 $d \geqslant 28$mm 时应采用机械连接，$d = 25$mm 时宜采用机械连接。

普通混凝土构件的纵向受力钢筋混凝土保护层最小厚度（单位：mm）　　表 2-16

环境类别		板、墙、壳		梁		柱
		≤C25	C30～C45	≤C25	C30～C45	C35
一		20	15	25	20	35
二	a	25	20	30	25	35
	b	30	25	40	35	35

5）基础工程：场地地质条件（详见本工程岩土工程勘察报告）、基础类型、围护方案、基础（地下室）施工、后浇带施工缝、基坑回填等要求与节点做法。

6）现浇钢筋混凝土框架、楼板的构造要求：钢筋混凝土梁、钢筋混凝土柱、现浇钢筋混凝土板等要求及做法。

7）砌体工程：砌体填充墙平面位置预留墙体插筋情况；砌体填充墙沿框架柱（包括构造柱）或钢筋混凝土墙全高拉筋要求；砌体填充墙内构造柱的设置原则；砌体填充墙高度大于4m时，半高处或门洞上皮设水平圈梁的尺寸及配筋要求；水平圈梁遇过梁则兼作过梁时的配筋处理；柱（墙）施工时，与圈梁纵筋连接预留钢筋的要求；填充墙不砌至梁板底时，墙顶增设圈梁的尺寸与配筋情况；填充墙内的构造柱做法；框架柱（或构造柱）边的砖墙垛处理；砌块墙体开设管线槽做法；外墙窗台处窗台梁的要求；混凝土墙与柱在相应位置上预留钢筋要求；楼梯间和人流通道及顶层的填充墙情况；填充墙与混凝土构件周边接缝处的处理方法。

8）采用平法施工图的补充说明：引用的国家建筑标准设计图集；图中未交代的有关构造；图中有关构件的特殊编号要求；梁侧向纵筋数量表（施工图另有注明时按施工图）；梁侧构造纵筋与拉筋的设置图等。

9）其他说明：其他未尽事宜的说明。

2. 装配式结构专项说明

（1）装配式结构专项说明的主要内容

装配式结构专项说明是整个装配式建筑项目的指导说明文件，可对装配式结构基本概况、是对预制构件的生产、运输、安装以及管理、验收等方面进行指导说明，在识读整套图纸时要先通读与领会设计总说明的相关内容。

1）总述：装配式结构体系概况，预制构件生产加工方案，专项施工方案，相关标准、规范、规程、地方标准，监理施工等管理要求等。

2）预制构件在构件加工厂的生产、检验和验收：预制构件使用的主要建筑材料和制成品性能的设计要求、预制构件的深化设计、预制构件生产应采用定型钢制模具要求、预制构件表面要求、预制构件生产误差控制等。

3）预制构件的运输与堆放：运输与堆放的保护措施、运输和堆放具体措施。

4）预制构件的吊装与施工：预制构件进场要求，预制构件的存储、吊装、安装定位和连接浇筑混凝土等工序施工工艺、灌浆工艺，预制构件在吊装、安装就位和连接施工中的误差控制等。

5）验收：装配式结构部分验收规范、子分部工程验收时应提供的资料。

6）连接节点：叠合楼板连接大样、框架预制外管板连接节点、梁柱连接节点、次梁连接节点、现浇次梁连接节点、预制柱连接节点、预制楼梯连接节点、窗底外墙板大样及图例表。

（2）识读装配式结构专项说明

识读装配式建筑某教师公寓项目4号楼，装配式结构专项说明，详见附录。

1）结构体系

《装配式混凝土结构技术规程》JGJ 1—2014按照结构体系将预制装配式混凝土结构分为了框架结构、剪力墙结构和框架-剪力墙结构。除此外，还有叠合板式剪力墙结构体系、现浇外挂体系等。

在装配式结构专项说明中，注明项目所采用的结构体系。以某教师公寓项目4号楼为例，识读项目装配式结构专项说明：本项目采用装配式整体式框架结构体系，建筑共6层+跃层，主体结构高度21.55m。结构体系构成：竖向预制、水平叠合（混凝土叠合梁、预应力叠合板、梁墙节点现浇区域、预制楼梯等）。

2-5 装配率、预制率

2）装配率

装配率是评价装配式建筑的重要指标之一，也是政府制定装配式建筑扶持政策的主要依据指标。根据《装配式建筑评价标准》GB/T 51129—2017定义，装配率是指单体建筑室外地坪以上的主体结构、围护墙和内隔墙、装修和设备管线等采用预制部品部件的综合比例。

① 基本规定

A. 装配率计算和装配式建筑等级评价应以单体建筑作为计算和评价单元，并应符合下列规定：单体建筑应按项目规划批准文件的建筑编号确认；建筑由主楼和裙房组成时，主楼和裙房可按不同的单体建筑进行计算和评价；单体建筑的层数不大于3层，且地上建筑面积不超过500m^2时，可由多个单体建筑组成建筑组团作为计算和评价单元。

B. 装配式建筑评价应符合下列规定：设计阶段宜进行预评价，并应按设计文件计算装配率；项目评价应在项目竣工验收后进行，并应按竣工验收资料计算装配率和确定评价等级。

C. 装配式建筑应同时满足下列要求：主体结构部分的评价分值不低于20分；围护墙和内隔墙部分的评价分值不低于10分；采用全装修，装配率不低于50%。

D. 装配式建筑宜采用装配化装修。

② 装配率计算

A. 装配率评价分值计算

装配率应根据表2-17中实际评价项分值，评价分值按式（2-1）计算。

装配率评价分值计算计算公式：

$$P=\frac{Q_1+Q_2+Q_3}{100-Q_4}\times 100\% \tag{2-1}$$

式中 P——装配率；

Q_1——主体结构指标实际得分值；

Q_2——围护墙和内隔墙指标实际得分值；

Q_3——装修和设备管线指标实际得分值；

Q_4——评价项目中缺少的评价项分值总和。

装配式建筑评分表　　表 2-17

<table>
<tr><th colspan="2">评价项</th><th>评价要求</th><th>评价分值</th><th>最低分值</th></tr>
<tr><td rowspan="2">主体结构
（50 分）</td><td>柱、支撑、承重墙、延性墙板等竖向构件</td><td>35%≤比例≤80%</td><td>20～30 *</td><td rowspan="2">20</td></tr>
<tr><td>梁、板、楼梯、阳台、空调板等构件</td><td>70%≤比例≤80%</td><td>10～20 *</td></tr>
<tr><td rowspan="4">围护墙和内隔墙
（20 分）</td><td>非承重围护墙非砌筑</td><td>比例≥80%</td><td>5</td><td rowspan="4">10</td></tr>
<tr><td>围护墙与保温、隔热、装饰一体化</td><td>50%≤比例≤80%</td><td>2～5 *</td></tr>
<tr><td>内隔墙非砌筑</td><td>比例≥50%</td><td>5</td></tr>
<tr><td>内隔墙与管线、装修一体化</td><td>50%≤比例≤80%</td><td>2～5 *</td></tr>
<tr><td rowspan="5">装修和设备管线
（30 分）</td><td>全装修</td><td>—</td><td>6</td><td>6</td></tr>
<tr><td>干式工法楼面、地面</td><td>比例≥70%</td><td>6</td><td rowspan="4">—</td></tr>
<tr><td>集成厨房</td><td>70%≤比例≤90%</td><td>3～6 *</td></tr>
<tr><td>集成卫生间</td><td>70%≤比例≤90%</td><td>3～6 *</td></tr>
<tr><td>管线分离</td><td>50%≤比例≤70%</td><td>4～6 *</td></tr>
</table>

注：表中带“ * ”项的分值采用“内插法”计算，计算结果取小数点后 1 位。

B. 预制部品部件应用比例计算

a. 柱、支撑、承重墙、延性墙板等主体结构竖向构件主要采用混凝土材料时，预制部品部件的应用比例=柱、支撑、承重墙、延性墙板等主体结构竖向构件中预制混凝土体积之和÷主体结构竖向构件混凝土总体积×100%。

当符合下列规定时，主体结构竖向构件间连接部分的后浇混凝土可计入预制混凝土体积计算：预制剪力墙板之间宽度不大于 600mm 的竖向现浇段和高度不大于 300mm 的水平后浇带、圈梁的后浇混凝土体积；预制框架柱和框架梁之间柱梁节点区的后浇混凝土体积；预制柱间高度不大于柱截面较小尺寸的连接区后浇混凝土体积。

b. 梁、板、楼梯、阳台、空调板等构件中预制部品部件的应用比例=各楼层中预制装配梁、板、楼梯、阳台、空调板等构件的水平投影面积之和÷各层平面总面积×100%。

预制装配式楼板、屋面板的水平投影面积可包括：预制装配式叠合楼板、屋面板的水平投影面积；预制构件间宽度不大于 300mm 的后浇混凝土带水平投影面积；金属楼承板和屋面板、木楼盖和屋盖及其他在施工现场免支模的楼盖和屋盖的水平投影面积。

c. 非承重围护墙中非砌筑墙体的应用比例=各楼层非承重围护墙中非砌筑墙体的外表面积之和（计算时可不扣除门、窗及预留洞口等的面积）÷各楼层非承重围护墙外表面总面积（计算时可不扣除门、窗及预留洞口）×100%。

d. 围护墙采用墙体、保温、隔热、装饰一体化的应用比例=各楼层围护墙采用墙体、保温、隔热、装饰一体化的墙面外表面积之和（计算时可不扣除门，窗及预留洞口等的面积）÷各楼层围护墙外表面总面积（计算时可不扣除门、窗及预留洞口等的面积）×100%。

e. 内隔墙中非砌筑墙体的应用比例=各楼层内隔墙中非砌筑墙体的墙面面积之和（计算时可不扣除门、窗及预留洞口等的面积）÷各楼层内隔墙墙面总面积×100%。

f. 干式工法楼面、地面的应用比例=楼层采用干式工法楼面、地面的水平投影面积之和÷各楼层楼面、地面的水平投影总面积×100%。

g. 集成厨房的橱柜和厨房设备等应全部安装到位，墙面、顶面和地面中干式工法的应用比例＝各楼层厨房墙面、顶面和地面采用中干式工法的面积之和÷各楼层厨房墙面、顶面和地面总面积×100％。

h. 集成卫生间的洁具设备等应全部安装到位，墙面、顶面和地面中干式工法的应用比例＝各楼层卫生间墙面、顶面和地面采用中干式工法的面积之和÷各楼层卫生间墙面、顶面和地面的总面积×100％。

i. 管线分离比例＝各楼层管线分离的长度（包括裸露于室内空间以及敷设在地面架空层、非承重墙体空腔和吊顶内的电气、给水排水和采暖管线长度）之和÷各楼层电气、给水排水和采暖管线的总长度×100％。

③ 评价等级划分

当评价项目满足①基本规定中C项的有关规定，且主体结构竖向构件中预制部品部件的应用比例不低于35％时，可进行装配式建筑等级评价。根据装配率装配式建筑评价可划分为3个等级，见表2-18。

装配式建筑评价等级表　　表2-18

装配率	评价等级
60％～75％	A级
76％～90％	AA级
≥91％	AAA级

3. 预制混凝土构件设计总说明

（1）预制混凝土构件设计总说明的主要内容

装配式深化设计图纸内容一般有预制混凝土构件设计总说明、预制构件平面图、立面图、剖面图、楼层预埋件分布图、预制构件详图、节点图、金属件加工图等。

预制混凝土构件设计总说明是整个装配式建筑项目的指导说明文件，也是对预制构件的生产、运输、安装以及管理、验收等方面进行指导说明，还是针对装配式建筑的结构设计的总体说明。主要内容有：

1）工程概况，包括：工程名称、建设单位、设计单位、施工单位、构件生产单位、建设地点、预制构件类型、预制范围等。

2）装配式结构设计专项说明（当项目按装配式结构要求建设时）。

3）装配式建筑设计概况及设计依据，包括：全套施工图纸、精装图纸、各类国家、地方及行业主要规范、规程、标准、图集等。装配式说明应与结构平面图、预制构件大样图等配合使用。

4）主要结构材料，包括：材料要求、构造要求、配筋要求、PC命名原则、PC连接件及材料要求等。

5）构件生产要求，包括：控制误差要求、脱模、堆放、倒运、运输要求等。

6）现场及施工，包括：施工条件、支撑方式、吊装方式、场地要求等。

7）其他内容，包括：装配式节点设计图、构件类型统计表等。

具体内容应根据工程实际内容定。

（2）识读预制混凝土构件设计总说明

识读装配式建筑某教师公寓项目 4 号楼的预制混凝土构件设计总说明，具体内容详见教材附录。

1）工程概况

本工程外墙保温采用夹心保温形式，PC 外墙装饰面做法详建筑设计说明，PC 阳台、空调板、楼梯埋件采用预埋方式，栏杆现场后安装。工程包含的预制构件有：预制凸窗、预制墙板、预制阳台板、预制空调板、预制楼梯、预制叠合板、预制叠合梁、预制框架柱、预制女儿墙。

2）设计依据

设计依据有结构构件、连接构件、灌浆料、保温材料等制作施工技术、施工质量验收等规程规范，以及预制钢筋混凝土梁、板、柱、剪力墙、楼梯、阳台板、空调板、女儿墙等构件构造的 15G 系列图集，详见附录。

3）图纸功能说明

① 预制混凝土构件设计总说明：是整个项目的指导文件，对预制构件的加工、安装的指导说明。

② 预制构件平面图、立面图：反映预制件分布位置板名、重量、图纸编号。

剖面图：与预制构件相关建筑各部位墙身剖面，反映预制构件与主体结构的相对关系。

③ 楼层预埋件分布图：反映预制构件在装配前，需要事先预埋的金属件位置。

④ 预制构件详图：构件厂生产预制墙板用图纸，反映构件外形尺寸、配筋信息、相关连接件、金属预埋件定位与数量等。

⑤ 节点图：反映预制构件之间及预制构件与现浇构件连接的节点构造。

⑥ 金属件加工图：生产、施工用到的所有金属件的加工图。

⑦ 板块编号说明，如图 2-29 所示。

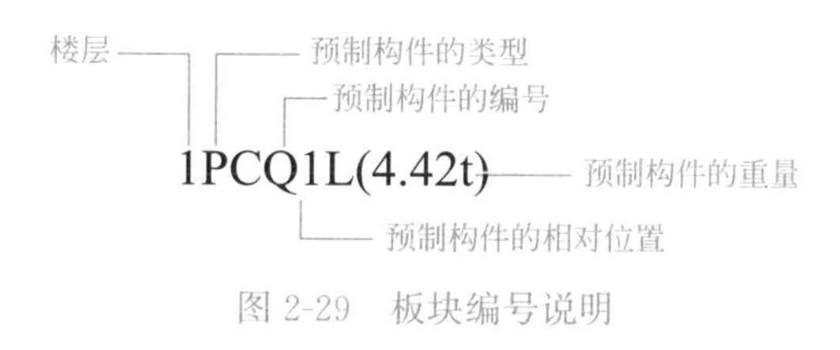

图 2-29　板块编号说明

4）基本原则

本例预制剪力墙中，钢筋接头处套筒外侧钢筋的混凝土保护层厚度不应小于 15mm；预制柱中，钢筋接头处套筒外侧箍筋的混凝土保护层厚度不应小于 20mm。

5）构件生产要求

① 按设计要求，预先做金属预埋件拉拔试验，试验报告由预制构件厂出具，吊装吊钉需做拉拔试验，一式五份，业主、施工总包、设计、监理、构件厂各一份。

② 纵向钢筋末端与钢筋穿孔塞焊时，必须满足《钢筋锚固板应用技术规程》JGJ 256—2011，叠合梁内箍筋采用封闭箍筋。

③ 混凝土应按《普通混凝土配合比设计规程》JGJ 55—2011 的有关规定，根据混凝土强度等级、耐久性和工作性等要求进行配合比设计。当墙柱和梁在同一块预制板时，按

照层高表中不同的混凝土强度等级分别采用。

④ 混凝土浇筑前应对预制构件的隐蔽工程检查，检查事项包括：钢筋的牌号、规格、数量、位置、间距等；纵向受力钢筋的连接方式、接头位置、接头质量、接头面积百分率、搭接长度等；箍筋的位置、规格、间距、弯钩弯折角度、平直段长度等；预埋件、插筋的位置、型号、规格、数量等；灌浆套筒、预留孔洞的位置、数量等，钢筋的混凝土保护层等；预埋管线的位置、数量、规格和固定措施等。

6）预埋件埋设要求

制作时钢筋及预埋件定位冲突时，应首先保证预埋件位置要求，墙体配筋可适当挪动，挪动幅度不宜大于 15mm。如发现预埋件之间定位有冲突时，应与设计方及时联系，待重审并解决问题后方可继续制作。本项目 4 号楼预埋件埋设要求，如图 2-30 所示。

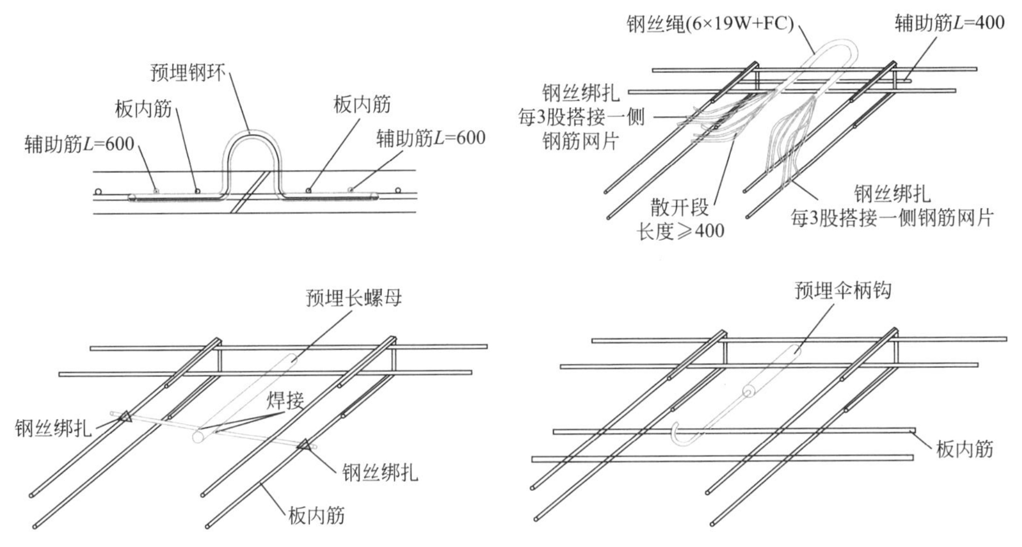

图 2-30　预埋件埋设要求

7）构件运输注意事项

预制构件运输时，车上应设有专用架，且有可靠的稳定构件措施。预制构件混凝土强度达到设计强度时方可运输，预制构件运输时应采用木材或混凝土块作为支撑物，构件接触部位用柔性垫片填实，支撑牢固不得有松动。运输方式有竖立式和平躺式。

① 竖立式：适用于 PC 构件较大且为不规则形状时，或高度不是很高的扁平构件可排列竖立。竖立式除了需注意超高限制外还要防止倾覆，必须制作专用钢排架，排架常有山形架和 A 字架。构件与排架之间须有限位措施并绑扎牢固，同时做好易碰部位的边角保护。

② 平躺式：适用于大多数构件，对于预制楼板、空调板等扁平构件，计算出最佳支点距离以指导运输方正确设置，谨慎采取两点以上支点的方式，如采用则需专门措施保证每个支点同时受力。构件平躺叠加，支点与上下层构件的接触点必须设置减震措施，如垫橡胶块等，禁止硬碰硬方式。重叠不宜超过 5 层，且各层垫块必须在同一竖向位置。

本例采用的运输方式：墙板宜采用竖立式运输，做好易碰部位的边角保护；叠合板、预制楼梯、梁等构件采用平躺式运输，采取两点支点的方式，两点支点设置在距离端部

1/5～1/4处。

8）预制构件堆放要求

① 预制构件的堆放场地应平整结实，并做100mm厚C15混凝土垫层，堆放区域应在塔式起重机工作范围内。

② 预制构件的堆放应分层、分型号码垛，一般情况下，楼梯每垛不超过5块、叠合楼板和阳台不超过6块。

③ 最下层放置通长垫木，各层垫木间应在一条直线上。支撑点的支座应有足够的强度，应能将堆积件重量充分地传递到场地上，控制过量沉陷，并应避免预制构件扭曲或变形。

④ 预制构件运送到施工现场后，应按规格、品种、所用部位、吊装顺序分别设置堆场。现场驳放堆场应设置在高吊工作范围内，最好为正吊，堆垛之间宜设置通道。

⑤ 现场运输道路和堆放堆场应平整坚实，并有排水措施。运输车辆进入施工现场的道路，应满足预制构件的运输要求。卸放、吊装工作范围内，不得有障碍物，并应有满足预制构件周转使用的场地。现场堆置一般按一层数量为单位。

⑥ 预制外墙板可采用插放或靠放，堆放架应有足够的刚度和稳定性并需支垫稳固。宜相邻堆放架连成整体，在堆置板时，下口两端垫置100mm×100mm木料，确保板外边缘不受破坏。对连接上水条、高低口、墙体转角等薄弱部位，应采用定型保护垫块或专用式附套件加强保护。

9）现场施工要求

① 吊点垂直受力。应在横梁和构件间采用三角方式吊装。

② 每块PC构件吊装稳固后，均需测量水平与垂直度，偏差应在允许范围内，遇需调整时应松开相关紧固件，严禁蛮力矫正。

③ 构件吊装前，应对构件和已完成构件的交接面进行粗糙处理或标高核实。剪力墙、柱下的粗糙面凹凸不应小于6mm。交接面的浮浆和杂物应清理干净后才能进行此位置的构件安装。

④ 受弯叠合构件的装配施工应符合下列规定：根据设计要求或施工方案设置临时支撑；施工荷载宜均匀设置，并不应超过设计规定；在混凝土浇筑前，应按照设计要求检查结合面的粗糙度及预制构件的外露钢筋；叠合构件应在后浇混凝土强度达到设计要求后，方可拆除临时支撑；叠合楼板的临时支撑设置需总包单位编制具体的施工方案。

⑤ 未做特殊说明时，PC构件的吊装须使用型钢扁担，如图2-31所示。

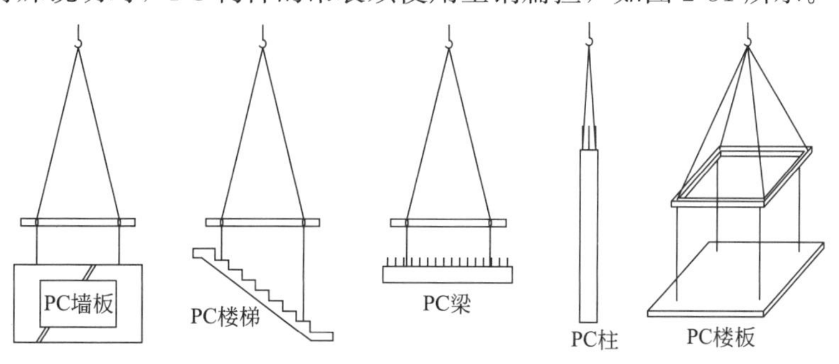

图2-31　使用型钢扁担PC构件吊装示例

10）现场钢筋接头施工要求

① 螺纹盲孔灌浆操作要求：灌浆料必须有合格证；钢筋连接用灌浆料应符合《钢筋连接用套筒灌浆料》JG/T 408—2019 的要求；灌浆时由下孔灌入，上孔冒浆即为灌满，需及时用皮塞塞紧。

② 钢筋连接用套筒灌浆操作要求和规定：接头应满足《钢筋机械连接技术规程》JGJ 107—2016 中一级接头的性能要求；预制构件采用钢筋套筒灌浆连接时，应在构件生产前进行钢筋灌浆连接接头的抗拉强度试验，每种规格的连接接头试件数不应少于 3 个；套筒和灌浆料必须有合格证；钢筋连接用灌浆套筒应符合《钢筋连接用灌浆套筒》JG/T 398—2019 要求，并达到一级接头要求，灌浆料应符合《钢筋连接用套筒灌浆料》JG/T 408—2019 要求；灌浆操作施工人员需进行培训认证后上岗；灌浆路径过长时，应做分仓处理，3～4 个螺纹盲孔宜为一个仓格；套筒灌浆在同层现浇混凝土浇筑后即可施工，同时要求监理旁站。

③ 钢筋机械连接接头规定：钢筋机械连接的施工应符合《钢筋机械连接技术规程》JGJ 107—2016 的有关规定；现浇带中竖向钢筋需采用一级机械接头，梁纵向受力钢筋机械连接接头应满足一级要求。

11）防水做法要求

① 竖向板缝橡胶皮粘贴应牢固无起拱起鼓，单侧粘贴宽度在 3cm 以上，水平板缝橡胶棒粘贴前，须扫清沟内渣物且粘贴牢固；板缝处防水材料总填充深度不得大于 3mm。

② 预制墙板缝外侧硅胶厚度不小于 10mm，各种构造缝均需按要求打胶。

③ 打胶中断处应 45°对接，以保证硅胶的密封连续性。

12）现浇带施工顺序和要求

预制构件吊装完毕后，先设置现浇段箍筋，竖向钢筋最后设置，现浇带竖向钢筋必须采用一级接头机械连接。

13）其他注意事项

总说明前面所列的各项说明未能包括的内容，而针对本工程需要特殊注意的有关事项，通常放在最后的其他注意事项中。本例的其他注意事项有以下几点：

① 施工现场在收到预制构件不合格产品时拒绝接受。

② 施工单位应对预制构件的存储、吊装、安装定位和连接浇筑混凝土等工序，制定详细的施工工程计划，并报工程监理单位、设计单位审查，得到书面批准文件后方可施工。

③ 施工单位应对预制构件连接的关键工序（如墙板定位、钢筋连接、灌浆等）进行必要的研究和试验。

④ 施工外架距离预制外墙安装后最外侧距离应不小于 200mm，确保吊装和安装空间。

⑤ 预制构件与现浇结构相邻部位 200mm 宽度范围内的平整度应从严控制，不得超过 1mm。

⑥ 套筒灌浆操作应由供货方对施工人员进行培训并认可，施工方应由专员负责灌浆。

⑦ 当说明与详细图纸的说明详图有矛盾时，应与设计单位联系。

⑧ 未经设计许可或技术鉴定，不得改变结构的用途和使用环境。

⑨ 各单体地上部分结构剪力墙抗震等级为三级，剪力墙抗震等级为四级，设计使用

年限50年。

⑩ 各单体预制构件混凝土环境类别为一类、混凝土保护层最小厚度板墙15mm，梁柱20mm。

⑪ 当预制夹心保温外墙板XPS材质外露时，应刷涂聚合物砂浆进行封闭，XPS保温材料防火等级为B1级。

⑫ 预制构件中预埋线盒为标准86线盒，采用82mm×82mm×50mm底盒，埋深50mm，材质为PVC。预制叠合板预埋线盒规格为82mm×82mm×110mm。预埋机电线管未注明管径为20mm，材质为PC（聚氯乙烯硬质管）。

⑬ 外叶墙板局部裸露处，应先在吊装完成后，再表面涂抹防火涂料，并按照竖向缝处理措施，完成竖向缝的封堵。

⑭ 水平缝做法（由内及外）：砂浆封堵—灌浆料—PE棒—砂浆封堵—JS防水涂料（Ⅰ级）二遍1.5mm厚—第一遍3mm厚抗裂防水砂浆—压入玻纤网格布（$160g/m^2$），一层宽度250mm（上下搭接）—第二遍3mm厚抗裂防水砂浆。

⑮ 拉筋下料时，一边90°、另一边135°，在浇筑前，两边都弯成135°。

任务训练

识读教材附录——预制建筑构件设计总说明，回答以下问题。

1. 以下内容不属于传统建筑结构设计总说明中的内容，但属于装配式建筑的预制混凝土构件设计总说明的内容之一的是（　　）。

A. 主要结构材料　　B. 工程概况　　C. 设计依据　　D. 预制构件堆置要求

2. 以下不属于本工程的预制构件的是（　　）。

A. 预制凸窗　　B. 预制阳台板　　C. 预制楼梯　　D. 预制基础

3. 本工程外墙保温采用的保温形式是（　　）。

A. 外保温层　　B. 内保温层　　C. 夹心保温　　D. 未设置保温

4. 预制柱中钢筋接头处套筒外侧箍筋的混凝土保护层厚度不应小于（　　）mm。

A. 15　　B. 20　　C. 25　　D. 35

5. 叠合梁内箍筋采用（　　）。

A. 开口箍筋　　B. 封闭箍筋　　C. 圆形箍筋　　D. 单肢箍筋

6. 预制构件的堆放应分层、分型号码垛，一般情况下，楼梯每垛不超过5块，叠合楼板和阳台不超过（　　）块。

A. 3　　B. 4　　C. 5　　D. 6

7. 未做特殊说明时，PC构件的吊装须使用（　　）。

A. 型钢扁担　　B. 木头扁担　　C. 钢丝绳绑扎　　D. 钢管支撑

8. 预制构件采用钢筋套筒灌浆连接时，应在构件生产前进行钢筋灌浆连接接头的抗拉强度试验，每种规格的连接接头试件数量不应少于（　　）个。

A. 2　　B. 3　　C. 4　　D. 5

9. 施工外架距离预制外墙安装后，最外侧距离应不小于（　　）mm，以确保吊装和安装空间。

A. 100　　B. 150　　C. 200　　D. 250

10. 拉筋下料时，一边 90°、另一边 135°，在浇筑前，两边都弯成（　　）°。

A. 0　　B. 45　　C. 90　　D. 135

拓展训练

识读教材附录——预制建筑构件设计总说明，对照传统结构设计总说明，写出两个总说明的主要异同点。

Modular 03

项目3

识读装配式混凝土建筑预制构件布置图

通过本项目学习，了解装配式混凝土结构拆分设计原理，了解剪力墙平面布置图和叠合楼盖平面布置图图示内容，熟悉剪力墙平面布置图和叠合楼盖平面布置图制图规则，熟悉预制外墙板、预制内墙板、叠合板底板、预制楼梯、预制阳台板、预制空调板和预制女儿墙的编号规则，掌握剪力墙平面布置图和叠合楼盖平面布置图的识读方法，能够正确识读剪力墙平面布置图和叠合楼盖平面布置图。

任务3.1　认识装配式混凝土结构拆分设计原理

通过本任务学习，使学生了解装配式混凝土建筑结构设计的内涵，理解基于结构合理性、经济成本适用性、制作运输限制条件、施工安装限制条件的拆分原则，为后续学习预制构件布置图、构件深化图、连接构造奠定一定的理论基础，并能初步判定工程中预制构件拆分的合理性。

能力目标

能够根据装配式混凝土建筑拆分原则初步判断预制构件拆分的合理性。

知识目标

（1）理解装配式混凝土建筑基于结构合理性的拆分原则。

（2）理解装配式混凝土建筑基于制作运输的拆分原则。

（3）理解装配式混凝土建筑基于施工安装的拆分原则。

学习性工作任务

识读附录某教师公寓项目4号楼预制构件拆分图，判断该项目预制构件拆分的合理性。

3.1.1　概述

装配式混凝土建筑（以下简称“PC建筑”）根据《装配式建筑评价标准》GB/T 51129—2017中的要求，评价项包括主体结构、围护墙与内隔墙、装修和设备管线。针对主体结构的拆分方案设计，绝不是按现浇混凝土结构设计完后，进行延伸与深化；绝不仅仅是结构拆分与预制构件设计；也绝不能任由拆分设计机构或PC构件厂家自行其是。

PC建筑的结构设计虽然不是另起炉灶自成体系，但基本上也须按照现浇混凝土结构进行设计计算，以现行国家和行业标准《混凝土结构设计规范（2015年版）》GB 50010—2010（以下简称《混规》）、《建筑抗震设计规范（附条文说明）（2016年版）》GB 50011—2010（以下简称《抗规》）、《工程结构通用规范》GB 55001—2021（以下简称《通规》）等结构设计标准为基本依据，但装配式混凝土结构有自身的结构特点，国家标准《装配式混凝土建筑技术标准》GB/T 51231—2016（以下简称《装标》）和行业标准《装配式混凝土结构技术规程》JGJ 1—2014（以下简称《装规》）有一些不同于现浇混凝土结构的规定，这些特点和规定，必须从结构设计一开始就贯彻落实，并贯穿整个结构设计过程，而不是“事后”延伸或深化设计所能解决的。

3.1.2　总体拆分原则

装配整体式结构拆分是设计的关键环节。拆分基于多方面因素：建筑功能性和艺术性、结构合理性、经济适用性、制作运输安装环节的可行性和便利性等。拆分不仅是技术工作，也包含对约束条件的调查和经济分析。拆分应当由建筑、结构、预算、工厂，运输和安装各个环节技术人员协作完成。

建筑外立面构件拆分以建筑艺术和建筑功能需求为主，同时满足结构、制作、运输、施工条件和成本因素。建筑外立面以外部位结构的拆分为主，主要从结构的合理性、实现的可能性和成本因素考虑。

拆分工作包括：

（1）确定预制构件的类型。例如，类型可以包含预制剪力墙、预制柱、预制叠合板、预制楼梯等中的一种或几种。

（2）确定预制构件的范围。例如，叠合楼板预制范围为 2 层～屋面层。

（3）确定构件之间的拆分位置。例如，柱、梁、墙、板构件的分缝处。

（4）确定预制构件连接节点构造。例如，叠合楼板后浇区钢筋连接形式、预制楼梯支座连接节点构造。

3.1.3　基于结构合理性的拆分原则

（1）结构拆分应考虑结构的合理性，如四边支承的叠合板，板块拆分的方向（板缝）应垂直于长边。

（2）构件接缝选在应力小的部位。

（3）高层建筑柱梁结构体系套筒连接节点应避开塑性铰位置。具体地说，柱、梁结构一层柱脚、最高层柱、梁端部和受拉边柱，这些部位不应做套筒连接。我国现行行业标准规定装配式建筑一层宜现浇，顶层楼盖宜现浇，如此可避免柱的塑性铰位置有装配式连接节点。避开梁端塑性铰位置，梁的连接节点不应设在距离梁端 h 范围内（h 为梁高），如图 3-1 所示。

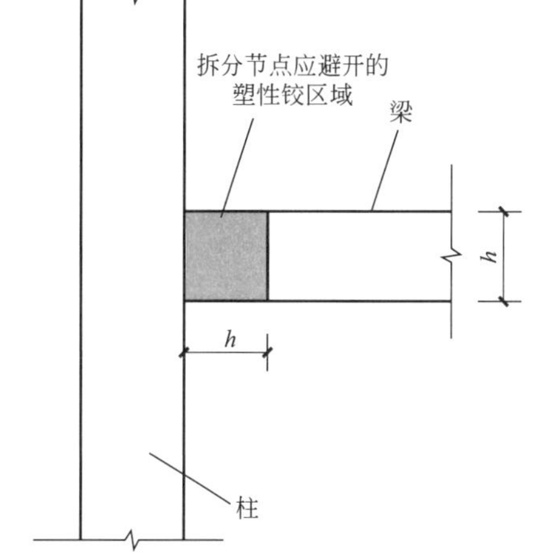

图 3-1　结构梁连接点避开塑性铰位置

（4）尽可能统一和减少构件规格。

（5）应当与相邻的相关构件拆分协调一致。如叠合板的拆分与支座梁的拆分需要协调一致。

3.1.4　基于制作、运输、安装限制条件的拆分原则

从安装效率和便利性考虑，构件越大越好，但必须考虑工厂起重机能力、模台或生产线尺寸、运输限高限宽限重约束、道路路况限制、施工现场起重机能力限制等。

（1）重量限制

1）工厂起重机起重能力（工厂航吊一般为 12～24t）。

2）施工塔式起重机起重能力（施工塔式起重机一般为 10t 以内）。

3）运输车辆限重一般为 20～30t。此外，还需要了解工厂到现场的道路、桥梁的限重

要求等。数量不多的大吨位 PC 构件可以考虑大型轮式起重机，但轮式起重机的起吊高度受到限制。表 3-1 给出了工厂及工地常用起重设备对构件质量限制。

工厂及工地常用起重设备对构件质量限制　　表 3-1

环节	设备	型号	可吊构件重量	可吊构件范围	说明
工厂	桥式起重机	5t	4.2t(max)	柱、梁、剪力墙内墙板(长度3m以内)、外挂墙板、叠合板、楼梯、阳台附力板、遮阳板等	要考虑吊装架及脱模吸附力
		10t	9t(max)	双层柱、夹心剪力墙板(长度4m以内)、较大的外挂墙板	要考虑吊装架及脱模吸附力
		16t	15t(max)	夹心剪力墙板(4～6m)、特殊的柱、梁、双莲藕梁、十字莲藕梁、双T板	要考虑吊装架及脱模吸附力
		20t	19t(max)	夹心剪力墙板(6m以上)、超大预制板、双T板	要考虑吊装架及脱模吸附力
工地	塔式起重机	QTZ80 (5613)	1.3～8t(max)	柱、梁、剪力墙内墙(长度3m以内)、夹心剪力墙板(长度3m以内)。外挂墙板、叠合板、楼梯阳台板、遮阳板	可吊重量与吊臂工作幅度有关,8t工作幅度是在3m处;1.3t工作幅度是在56m处
		QTZ315 (S315K16)	3.2～16t(max)	双层柱、夹心剪力墙板(长度3～6m)、较大的外挂墙板、特殊的柱,梁、双莲藕梁、十字莲藕梁	可吊重量与吊臂工作幅度有关,16t工作幅度是在3.1m处;3.2t工作幅度是在70m处
		QTZ560 (S560K25)	7.25～25t(max)	夹心剪力墙板(6m以上)、超大预制板、双T板	可吊重量与吊臂工作幅度有关。25t工作幅度是在3.9m处;9.5t工作幅度是在60m处

注：本表数据可作为设计大多数构件时的参考，如果有个别构件大于此表重量，工厂可以临时用大吨位轮式起重机；对于工地，当吊装高度在轮式起重机高度限值内时，也可以考虑轮式起重机。塔式起重机以本系列中最大臂长型号作为参考，制作该表以塔式起重机实际布置为准。本表剪力墙板以住宅为例。

（2）尺寸限制

1）运输对尺寸的限制。表 3-2 给出了运输对装配式建筑部品部件尺寸的限制。除了车辆限制外，还需要调查道路转弯半径、途中隧道或过道电线通信线路的限高等。

装配式建筑部品部件运输限制　　表 3-2

情况	限制项目	限制值	部品部件最大尺寸与重量		
			普通车	低底盘车	加长车
正常情况	高度	4m	2.8m	3m	3m
	宽度	2.5m	2.5m	2.5m	2.5m
	长度	13m	9.6m	13m	17.5m
	重量	40t	8t	25t	30t

续表

情况	限制项目	限制值	部品部件最大尺寸与重量		
			普通车	低底盘车	加长车
特殊审批情况	高度	4.5m	3.2m	3.5m	3.5m
	宽度	3.75m	3.75m	3.75m	3.75m
	长度	28m	9.6m	13m	28m
	重量	100t	8t	46t	100t

2）工厂模台尺寸对尺寸的限制。表3-3给出了工厂模台尺寸对PC构件的尺寸限制。

PC工厂模台对PC构件最大尺寸的限制　　表3-3

工艺	限制项目	常规模台尺寸	构件最大尺寸	说明
固定模台	长度	12m	11.5m	主要考虑生产框架体系的梁，也有14m长的，但比较少
	宽度	4m	3.7m	更宽的模台，要求订制更大尺寸的钢板，不易实现，费用高
	允许高度	—	没有限制	如立式浇筑的柱子可以做到4m高，窄高型的模具要特别考虑模具的稳定性，并进行倾覆力矩的验算
流水线	长度	9m	8.5m	模台越长，流水作业节拍越慢
	宽度	3.5m	3.2m	模台越宽，厂房跨度越大
	允许高度	0.4m	0.4m	受养护窑层高的限制

注：本表数据可作为设计大多数构件时的参考，如果有个别构件大于此表的最大尺寸，可以采用独立模具或其他模具制作。但构件规格还要受吊装能力、运输规定的限制。

(3) 形状限制

一维线性构件和二维平面构件比较容易制作和运输，三维立体构件制作和运输则会麻烦一些。

3.1.5　拆分平面图

拆分平面图给出一个楼层的构件拆分布置，并标识构件类型。凡建筑平面格局不一样或拆分方案不一样的同格局楼层，都应该分别给出各楼层的拆分平面图。平面面积较大的建筑，除整体的楼层拆分平面图外，还可以分成几个区域给出区域楼层拆分图。同楼层所有预制构件可在同一张图中集中标注，为了便于理清拆分平面图，也可以分楼层分类型出拆分平面图，如：剪力墙平面布置图、楼板平面布置图、阳台板、空调板和女儿墙平面置图等。

任务训练

一、单项选择题

1. 单向楼盖板的拆分方向为（　　）。

A. 板的主要受力方向　　B. 板的次要受力方向

C. 平行于板的长边　　D. 垂直于板的短边

2. 双向楼盖板的分缝位置为（　　）。

A. 板受力小的部位　　B. 板受力大的部位

C. 平行于长边　　D. 垂直于短边

3. 楼盖板的宽度一般不宜超过（　　）m。

A. 2　　B. 2.5　　C. 3　　D. 3.5

4. 装配整体式（　　）拆分是设计的关键环节。

A. 建筑　　B. 设备　　C. 结构　　D. 剪力墙

5. 装配整体式框架结构（　　）宜现浇。

A. 梁　　B. 柱　　C. 地下室与一层　　D. 顶层

6. 装配式框架结构中预制混凝土构件的拆分位置宜为（　　）。

A. 构件受力最大的地方　　B. 构件受力最小的地方

C. 构件受水平力的地方　　D. 构件受竖向力的地方

7. 梁拆分位置可以设置在（　　）。

A. 梁左端　　B. 梁右端　　C. 梁跨中　　D. 以上均正确

8. 柱拆分位置一般设置在（　　）。

A. 柱脚塑性铰区域　　B. 楼层标高处

C. 楼层中间　　D. 柱的等分点处

9.《装规》规定，（　　）宜采用现浇结构。

A. 高层装配整体式剪力墙结构底部加强部分的剪力墙

B. 采用部分框支剪力墙结构时，框支层及相邻上一层剪力墙结构

C. 带转换层的装配整体式剪力墙结构中的转换梁、转换柱

D. 以上均正确

10. 预制剪力墙的拆分应符合（　　）原则。

A. 构件尺寸一致　　B. 形状一致

C. 模数协调　　D. 构件种类统一

二、多项选择题

1. 在对楼盖进行设计时，应考虑的因素包括（　　）。

A. 楼盖的受力情况　　B. 经济跨度

C. 运输　　D. 吊装

E. 形状大小

2. 楼盖板的宽度受（　　）因素限制。

A. 运输车辆　　B. 运输超宽

C. 工厂生产线模台宽度　　D. 重量

E. 体积

3. 装配整体式结构拆分时，需要考虑的因素（　　）。

A. 建筑功能性　　B. 建筑艺术性

C. 结构合理性　　D. 制作运输安装环节的可行性

E. 便利性

4. 装配整体式结构拆分工作应包含（　　）。

A. 确定构件之间的拆分位置　　　　B. 确定现浇与预制的范围、边界

C. 确定结构构件在哪个部位拆分　　D. 确定后浇区与预制构件之间的关系

E. 以上均不对

5. 装配式框架结构中预制混凝土构件的拆分应依据（　　）。

A. 套筒的种类　　　　B. 结构弹塑性分析结果

C. 生产能力　　　　D. 道路运输

E. 吊装能力

三、判断题

1. 为尽可能统一或减少板的规格，楼盖板宜取相同宽度。（　　）

2. 有管线穿过的楼板，拆分时须考虑避免与钢筋或桁架钢筋的冲突。（　　）

3. 拆分仅仅是技术工作。（　　）

4. 拆分应当由建筑、结构、预算、工厂、运输和安装各个环节技术人员协作完成。（　　）

5. 预制剪力墙的竖向拆分应保证门窗洞口的完整性。（　　）

拓展训练

识读附录某教师公寓项目4号楼施工图，若装配率要求是20%～25%时，试设计拆分初步方案。

任务3.2　识读剪力墙平面布置图

任务描述

通过本任务的学习，要求读者掌握预制外墙板和内墙板制图规则，能够在剪力墙平面布置图中明确各墙板构件的平面分布情况，为识读预制剪力墙深化图做好铺垫。通过识读剪力墙平面布置图，也为施工现场精准安装预制剪力墙打好基础。

能力目标

(1) 能够正确识读剪力墙平面布置图。

(2) 能够读懂预制剪力墙的制图规则。

(3) 能够明确构件的平面分布情况。

知识目标

(1) 掌握预制外墙板和内墙板制图规则。

(2) 掌握预制剪力墙平面布置图的识读方法。

(3) 熟悉相关国家标准及规范。

识读预制剪力墙平面布置图，完成识图报告。

完成任务所需的支撑知识

3.2.1 预制混凝土剪力墙基本制图规则

3-1 识读剪力墙平面布置图

预制混凝土剪力墙（简称“预制剪力墙”）平面布置图根据PC建筑处于不同阶段，有两种表达形式：装配式建筑实施方案阶段侧重构件范围、位置的表达，而深化阶段的平面布置图侧重细部构造的表达。

装配式建筑实施方案阶段的预制剪力墙平面布置图应综合考虑安全性能、使用性能、经济性能等因素，宜选择简单、规则、均匀、对称的建筑方案。剪力墙的布置应符合以下要求：

（1）宜沿两个主轴或其他方向双向布置，且两个主轴方向的侧向刚度不宜相差过大。

（2）宜自下而上连续布置，避免层间抗侧刚度突变。

（3）门窗洞口宜上下对齐、成列布置，形成明确的墙肢和连梁；抗震设计时，一、二、三级剪力墙底部加强部位不应采用错洞墙，结构全高均不应采用叠合错洞墙。

（4）内墙采用部分装配、部分现浇的结构形式时，现浇剪力墙的布置宜均匀、对称，应对预制墙板形成可靠拉结。宜在下列部位布置现浇剪力墙：

1）电梯筒、楼梯间、公共管道井和通风排烟竖井等部位。

2）结构重要的连接部位。

3）应力集中的部位。

装配式建筑深化阶段的预制剪力墙平面布置图应按标准层绘制，内容包括预制剪力墙、现浇混凝土墙体、后浇段、现浇梁、楼面梁、水平后浇带和圈梁等。在平面布置图中，应标注结构楼层标高表，并注明上部嵌固部位位置；应标注未居中承重墙体与轴线的定位，需标明预制剪力墙的门窗洞口、结构洞的尺寸和定位；应标明预制剪力墙套筒及斜撑的定位位置、装配方向；应标注水平后浇带和圈梁的位置。

3.2.2 预制混凝土剪力墙编号规定

预制混凝土剪力墙编号由墙板代号、序号组成，表达形式应符合表3-4的规定。

预制混凝土剪力墙编号　　表3-4

预制墙板类型	代号	序号
预制外墙	YWQ	××
预制内墙	YNQ	××

注：1. 在编号中，如若干预制剪力墙的模板、配筋、各类预埋件完全一致，仅墙厚与轴线的关系不同，也可将其编为同一预制剪力墙编号，但应在图中注明与轴线的几何关系。

2. 序号可为数字，或数字加字母。

【例】 YWQ1：表示预制外墙，序号为1。

【例】 YNQ5a：某工程有一块预制混凝土内墙板与已编号的YNQ5除线盒位置外，其他参数均相同。为方便起见，将该预制内墙板序号编为5a。

3.2.3　标准图集中内叶墙板编号及示例

当选用标准图集的预制混凝土外墙板时，可选类型详见《预制混凝土剪力墙外墙板》15G365-1。其中预制混凝土剪力墙外墙由内叶墙板、保温层和外叶墙板组成，工程中常用内叶墙板类型区分不同的外墙板。

标准图集中的内叶墙板共有5种类型，编号规则见表3-5，编号示例见表3-6。

内叶墙板编号　　表3-5

预制内叶墙板类型	示意图	编号
无洞口外墙		WQ-××××（WQ：无洞口外墙；××：标志宽度；××：层高）
一个窗洞高窗台外墙		WQC1-××××-××××（WQC1：一窗洞外墙（高窗台）；××：标志宽度；××：层高；××：窗宽；××：窗高）
一个窗洞矮窗台外墙		WQCA-××××-××××（WQCA：一窗洞外墙（矮窗台）；××：标志宽度；××：层高；××：窗宽；××：窗高）
两窗洞外墙		WQC2-××××-××××-××××（WQC2：两窗洞外墙；××：标志宽度；××：层高；××：左窗宽；××：左窗高；××：右窗宽；××：右窗高）
一个门洞外墙		WQM-××××-××××（WQM：一门外墙；××：标志宽度；××：层高；××：门宽；××：门高）

内叶墙板编号示例（单位：mm）　　表3-6

预制内叶墙板类型	示意图	图集编号	标志宽度	层高	门/窗宽	门/窗高	门/窗宽	门/窗高
无洞口外墙		WQ-1828	1800	2800	—	—	—	—
一个窗洞高窗台外墙		WQC1-3028-1514	3000	2800	1500	1400	—	—

续表

预制内叶墙板类型	示意图	图集编号	标志宽度	层高	门/窗宽	门/窗高	门/窗宽	门/窗高
一个窗洞矮窗台外墙		WQCA-3028-1518	3000	2800	1500	1800	—	—
两窗洞外墙		WQC1-4828-0614-1514	4800	2800	600	1400	1500	1400
一个门洞外墙		WQM-3628-1823	3600	2800	1800	2300	—	—

标准图集中内叶墙板编号中涉及的尺寸，均以分米计。

（1）无洞口外墙：WQ-××××。WQ表示无洞口外墙板；四个数字中前两个数字表示墙板标志宽度，后两个数字表示墙板适用层高。

（2）一个窗洞高窗台外墙：WQC1-××××-××××。WQC1表示一个窗洞高窗台外墙板，窗台高度900mm（从楼层建筑标高起算）；第一组四个数字，前两个数字表示墙板标志宽度，后两个数字表示墙板适用层高；第二组四个数字，前两个数字表示窗洞口宽度，后两个数字表示窗洞口高度。

（3）一个窗洞矮窗台外墙：WQCA-××××-××××。WQCA表示一个窗洞窗台外墙板，窗台高度600mm（从楼层建筑标高起算）；第一组四个数字，前两个数字表示墙板标志宽度，后两个数字表示墙板适用层高；第二组四个数字，前两个数字表示窗洞口宽度，后两个数字表示窗洞口高度。

（4）两窗洞外墙：WQC2-××××-××××-××××。WQC2表示两个窗洞外墙板，窗台高度900mm（从楼层建筑标高起算）；第一组四个数字，前两个数字表示墙板标志宽度，后两个数字表示墙板适用层高；第二组四个数字，前两个数字表示左侧窗洞口宽度，后两个数字表示左侧窗洞口高度；第三组四个数字，前两个数字表示右侧窗洞口宽度，后两个数字表示右侧窗洞口高度。

（5）一个门洞外墙：WQM-××××-××××。WQM表示一个门洞外墙板；第一组四个数字，前两个数字表示墙板标志宽度，后两个数字表示墙板适用层高；第二组四个数字，前两个数字表示门洞口宽度，后两个数字表示门洞口高度。

3.2.4 标准图集中外叶墙板类型及图示

当图纸选用的预制外墙板的外叶板与标准图集中不同时，需给出外叶墙板尺寸。标准图集中的外叶墙板共有两种类型，如图3-2所示。

（1）标准外叶墙板wy-1（a、b），按实际情况标注a、b。其中，a和b分别是外叶墙板与内叶墙板左右两侧的尺寸差值。

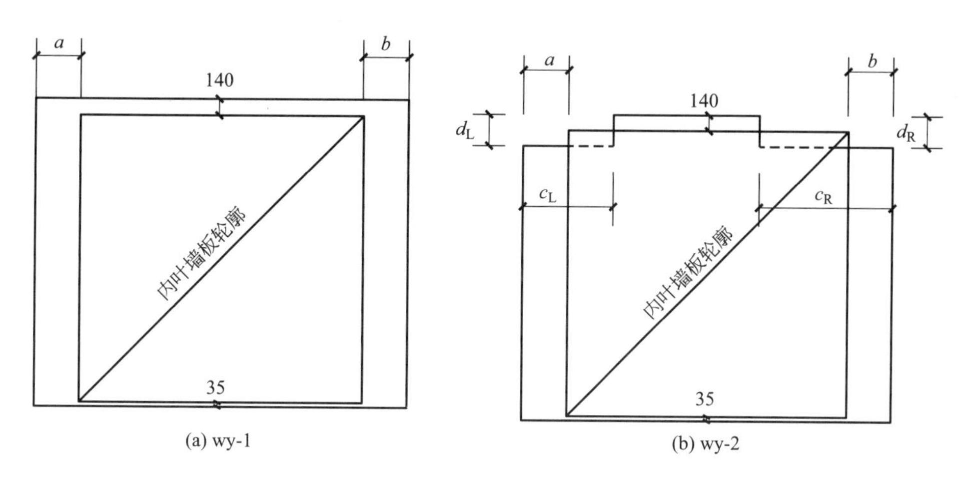

图 3-2　标准图集中外叶墙板内表面图

（2）带阳台板外叶墙板 wy-2（a、b、c_L 或 c_R、d_L 或 d_R），按实际情况标注 a、b、c、d，c_L 或 c_R、d_L 或 d_R 分别是阳台板处外叶墙板缺口尺寸。

3.2.5　标准图集中内墙板编号及示例

当图纸选用标准图集的预制混凝土内墙板时，可选类型将在构件详图识读中介绍，具体可参考《预制混凝土剪力墙内墙板》15G365-2 中的预制内墙板，共有 4 种类型，分别为：无洞口内墙、固定门垛内墙、中间门洞内墙和刀把内墙。预制内墙板编号规则及墙板示意图见表 3-7，编号示例见表 3-8。

预制混凝土内墙板编号　　表 3-7

预制内墙板类型	示意图	编号
无洞口内墙		NQ - ××××（NQ：无洞口内墙；××：标志宽度；××：层高）
固定门垛内墙		NQM1 - ×××× - ××××（NQM1：一门洞内墙（固定门垛）；××：标志宽度；××：层高；××：门宽；××：门高）
中间门洞内墙		NQM2 - ×××× - ××××（NQM2：一门洞内墙（中间门洞）；××：标志宽度；××：层高；××：门宽；××：门高）
刀把内墙		NQM3 - ×××× - ××××（NQM3：一门洞内墙（刀把内墙）；××：标志宽度；××：层高；××：门宽；××：门高）

预制混凝土内墙板编号示例（单位：mm）　　表 3-8

预制内墙板类型	示意图	墙板编号	标志宽度	层高	门宽	门高
无洞口内墙		NQ-2128	2100	2800	—	—
固定门垛内墙		NQM1-3028-0921	3000	2800	900	2100
中间门洞内墙		NQM2-3029-1022	3000	2900	1000	2200
刀把内墙		NQM3-3329-1022	3300	2900	1000	2200

标准图集中预制混凝土内墙板编号中涉及的尺寸，均以分米计。

（1）无洞口内墙：NQ-××××。NQ 表示无洞口内墙板；四个数字中前两个数字表示墙板标志宽度，后两个数字表示墙板适用层高。

（2）固定门垛内墙：NQM1-××××-××××。NQM1 表示固定门垛内墙板，门洞位于墙板一侧，有固定宽度 450mm 门垛（指墙板上的门垛宽度，不含后浇混凝土部分）：第一组四个数字，前两个数字表示墙板标志宽度，后两个数字表示墙板适用层高；第二组四个数字，前两个数字表示门洞口宽度，后两个数字表示门洞口高度。

（3）中间门洞内墙：NQM2-××××-××××。NQM2 表示中间门洞内墙板，门洞位于墙板中间；第一组四个数字，前两个数字表示墙板标志宽度，后两个数字表示墙板适用层高；第二组四个数字，前两个数字表示门洞口宽度，后两个数字表示门洞口高度。

（4）刀把内墙：NQM3-××××-××××。NQM3 表示刀把内墙板，门洞位于墙板侧边，无门垛，墙板似刀把形状；第一组四个数字，前两个数字表示墙板标志宽度，后两个数字表示墙板适用层高；第二组四个数字，前两个数字表示门洞口宽度，后两个数字表示门洞口高度。

3.2.6 后浇段的表示

后浇段编号由后浇段类型代号和序号组成，表述形式应符合表 3-9 的规定。

后浇段编号　　表 3-9

后浇段类型	代号	序号
约束边缘构件后浇带	YHJ	××
构造边缘构件后浇带	GHJ	××
非边缘构件后浇带	AHJ	××

注：在编号中，如若干后浇段的截面尺寸与配筋均相同，仅截面与轴线关系不同时，可将其编号为同一后浇段号；约束边缘构件后浇段包括有翼墙和转角墙两种：构造边缘构件后浇段包括构造边缘翼墙，构造边缘转角墙，边缘暗柱三种。

【例】 YH1：表示约束边缘构件后浇段，编号为1。

【例】 GH5：表示构造边缘构件后浇段，编号为5。

【例】 AH3：表示非边缘暗柱后浇段，编号为3。

后浇段信息一般会集中注写在后浇段表中，后浇段表中表达的内容包括：

（1）注写后浇段编号，绘制该后浇段的截面配筋图，标注后浇段几何尺寸。

（2）注写后浇段的起止标高，自后浇段根部往上，以变截面位置或截面未变但配筋改变处为界分段注写。

（3）注写后浇段的纵向钢筋和箍筋，注写值应与表中绘制的截面配筋对应一致。纵向钢筋注写纵筋直径和数量；后浇段箍筋、拉筋的注写方式与现浇剪力墙结构墙柱箍筋的注写方式相同。

（4）墙板外露钢筋尺寸应标注至钢筋中线，保护层厚度应标注至筋外表面后浇段中的配筋信息将在节点详图识读中介绍。

3.2.7　预制混凝土叠合梁编号

预制混凝土叠合梁编号由代号和序号组成，表达形式应符合表3-10的规定。

预制混凝土叠合梁编号　　表3-10

名称	代号	序号
预制叠合梁	DL	××
预制叠合连梁	DLL	××

注：在编号中，如若干预制叠合梁的截面尺寸与配筋均相同，仅梁与轴线关系不同时，可将其编为同一叠合梁编号，但应在图中注明与轴线的几何关系。

【例】 DL1：表示预制叠合梁，编号为1。

【例】 DLL3：表示预制叠合连梁，编号为3。

3.2.8　预制外墙模板编号

当预制外墙节点处需设置连接模板时，可采用预制外墙模板。预制外墙模板编号由类型代号和序号组成，表达形式应符合表3-11的规定。

预制外墙模板编号　　表3-11

名称	代号	序号
预制外墙模板	JM	××

注：序号可为数字，或数字加字母。

【例】 JM1：表示预制外墙模板，编号为1。

预制外墙模板表内容包括：平面图中编号、所在层号、所在轴号、外叶墙板厚度、构件重量、数量、构件详图页码（图号）。

3.2.9　识读剪力墙平面布置图

（1）本剪力墙平面布置图适用的结构楼层为4～21层，上部建筑的嵌固部位处在标高为－0.100m处，如图3-3所示。

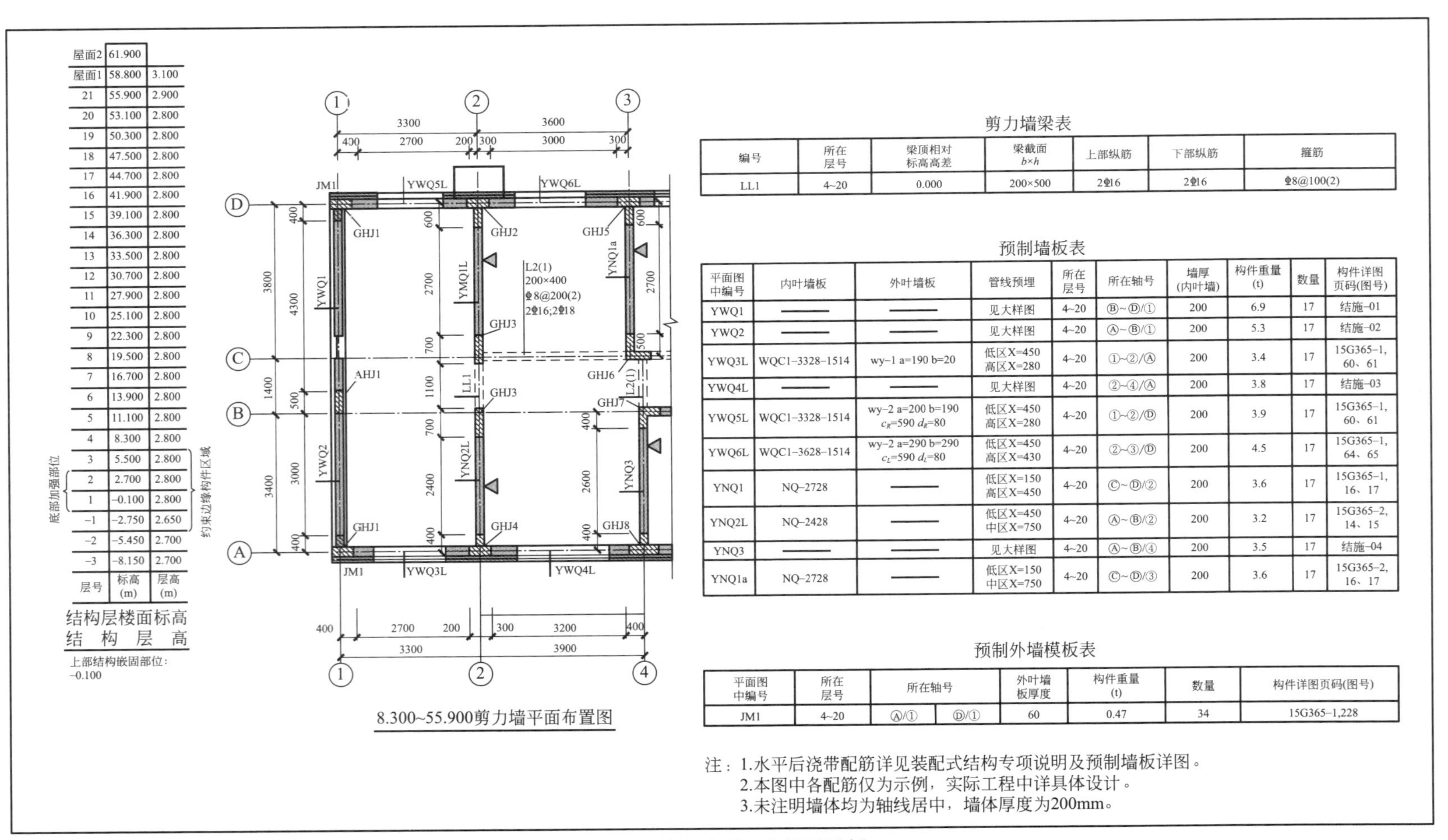

层号	标高(m)	层高(m)
屋面2	61.900	
屋面1	58.800	3.100
21	55.900	2.900
20	53.100	2.800
19	50.300	2.800
18	47.500	2.800
17	44.700	2.800
16	41.900	2.800
15	39.100	2.800
14	36.300	2.800
13	33.500	2.800
12	30.700	2.800
11	27.900	2.800
10	25.100	2.800
9	22.300	2.800
8	19.500	2.800
7	16.700	2.800
6	13.900	2.800
5	11.100	2.800
4	8.300	2.800
3	5.500	2.800
2	2.700	2.800
1	-0.100	2.800
-1	-2.750	2.650
-2	-5.450	2.700
-3	-8.150	2.700

底部加强部位

约束边缘构件区域

结构层楼面标高
结 构 层 高

上部结构嵌固部位：
-0.100

8.300~55.900剪力墙平面布置图

剪力墙梁表

编号	所在层号	梁顶相对标高高差	梁截面 $b\times h$	上部纵筋	下部纵筋	箍筋
LL1	4~20	0.000	200×500	2Φ16	2Φ16	Φ8@100(2)

预制墙板表

平面图中编号	内叶墙板	外叶墙板	管线预埋	所在层号	所在轴号	墙厚(内叶墙)	构件重量(t)	数量	构件详图页码(图号)
YWQ1	——	——	见大样图	4~20	Ⓑ~Ⓓ/①	200	6.9	17	结施-01
YWQ2	——	——	见大样图	4~20	Ⓐ~Ⓑ/①	200	5.3	17	结施-02
YWQ3L	WQC1-3328-1514	wy-1 a=190 b=20	低区X=450 高区X=280	4~20	①~②/Ⓐ	200	3.4	17	15G365-1，60、61
YWQ4L	——	——	见大样图	4~20	②~④/Ⓐ	200	3.8	17	结施-03
YWQ5L	WQC1-3328-1514	wy-2 a=200 b=190 c_R=590 d_R=80	低区X=450 高区X=280	4~20	①~②/Ⓓ	200	3.9	17	15G365-1，60、61
YWQ6L	WQC1-3628-1514	wy-2 a=290 b=290 c_L=590 d_L=80	低区X=450 高区X=430	4~20	②~③/Ⓓ	200	4.5	17	15G365-1，64、65
YNQ1	NQ-2728	——	低区X=150 高区X=450	4~20	Ⓒ~Ⓓ/②	200	3.6	17	15G365-1，16、17
YNQ2L	NQ-2428	——	低区X=450 中区X=750	4~20	Ⓐ~Ⓑ/②	200	3.2	17	15G365-2，14、15
YNQ3	——	——	见大样图	4~20	Ⓐ~Ⓑ/④	200	3.5	17	结施-04
YNQ1a	NQ-2728	——	低区X=150 中区X=750	4~20	Ⓒ~Ⓓ/③	200	3.6	17	15G365-2，16、17

预制外墙模板表

平面图中编号	所在层号	所在轴号		外叶墙板厚度	构件重量(t)	数量	构件详图页码(图号)
JM1	4~20	Ⓐ/①	Ⓓ/①	60	0.47	34	15G365-1,228

注：1.水平后浇带配筋详见装配式结构专项说明及预制墙板详图。
2.本图中各配筋仅为示例，实际工程中详具体设计。
3.未注明墙体均为轴线居中，墙体厚度为200mm。

图 3-3　剪力墙平面布置图示例

（2）①轴墙板编号为 YWQ1、YWQ2。

（3）②轴墙板编号为 YNQ1L、YNQ2L，根据预制墙板表可知墙体厚度为 200mm。

（4）③轴墙板编号为 YNQ1a。

（5）④轴墙板编号为 YNQ3。

（6）Ⓐ轴墙板编号为 YWQ3L、YWQ4L，若墙板保温层厚度为 60mm，根据预制墙板表和《预制混凝土剪力墙外墙板》15G365-1（以下简称《15G365-1》）的 60 页、61 页可知墙体总厚度为 320mm。

（7）Ⓓ轴墙板编号为 YWQ5L、YWQ6L。

（8）根据预制墙板表可知，YNQ1 采用的标准图集墙板为《15G365-1》的 16 页、17 页，YNQ1a 采用的标准图集墙板为《预制混凝土剪力墙内墙板》15G365-2（以下简称《15G365-2》）的 16 页、17 页，YNQ2L 采用的标准图集墙板为《15G365-2》的 14 页、15 页。

（9）YWQ3L 采用的标准图集墙板为《15G365-1》的 60 页、61 页，其外叶墙板与内叶墙板左右两侧的尺寸差值为 190mm、20mm。

（10）剪力墙梁表中的 LL1 在图纸中位置为 4～20 层。

（11）AHJ1 的尺寸为 200mm×500mm，GHJ3 的尺寸为 200mm×700mm。

（12）YNQ3 的安装朝向为朝右。

（13）JM1 所在的位置为①轴与Ⓐ轴Ⓓ轴的交接处。

任务训练

1. 在装配式建筑实施方案阶段，不宜在下列部位布置预制剪力墙（　　）。

A. 电梯筒和楼梯间　　B. 应力集中的部位

C. 公共管道井　　D. 通风排烟竖井

E. 结构重要的连接部位

2. 标准图集的预制混凝土剪力墙外墙由（　　）组成。

A. 内叶墙板　　B. 保温层　　C. 外叶墙板　　D. 以上均正确

3. 标准图集中内叶墙板编号为 WQC1-3028-1514，所表达的层高为（　　）mm。

A. 3000　　B. 2800　　C. 1500　　D. 1400

4. 标准图集中内叶墙板编号为 WQC1-3028-1514，所表达的门/窗高为（　　）mm。

A. 3000　　B. 2800　　C. 1500　　D. 1400

5. 标准图集中内叶墙板编号为 WQC1-3028-1514，所表达的门/窗宽为（　　）mm。

A. 3000　　B. 2800　　C. 1500　　D. 1400

拓展训练

识读附录某教师公寓项目 4 号平面拆分图，完成预制剪力墙平面布置相关内容的识图报告。

任务 3.3　识读楼板平面布置图

通过预制楼盖平面布置图学习，要求读者掌握预制楼板制图规则，能够在预制楼板平面布置图中明确各楼板构件的平面分布情况，为识读叠合楼板深化图做好铺垫。通过识读楼板平面布置图为施工现场精准安装预制楼板打好基础。

能力目标

（1）能够正确识读预制楼板平面布置图。

（2）能够读懂预制楼板的制图规则。

（3）能够在叠合楼盖平面布置图中明确各构件的平面分布情况。

知识目标

（1）掌握叠合楼板、后浇带和楼板接缝等的制图规则。

（2）掌握预制楼板平面布置图的识读方法。

（3）熟悉相关国家标准及规范。

学习性工作任务

识读预制楼盖平面布置图，完成识图报告。

完成任务所需的支撑知识

3.3.1　预制水平构件基本制图规则

预制混凝土水平构件平面布置图根据 PC 建筑处于不同阶段，有两种表达形式。装配式建筑实施方案阶段侧重构件范围、位置的表达，而深化阶段的平面布置图侧重细部构造的表达。

装配式建筑实施方案阶段的预制水平构件平面布置图应综合考虑建筑、结构因素，根据《装配式混凝土结构技术规程》JGJ 1—2014 要求，装配整体式结构的楼盖宜采用叠合楼盖，结构转换层、平面复杂或开洞较大的楼层、作为上部结构嵌固的地下室楼层宜采用现浇楼盖。叠合楼盖施工图主要包括：预制底板平面布置图，现浇层配筋图，预制楼梯的布置范围，预制板厚、尺寸、重量，水平后浇带或圈梁布置位置等。楼梯梯段板为预制混凝土构件，平台梁、板可采用现浇混凝土，若为剪刀梯，隔墙做法需建筑、结构专业设计。梯段板支座处为销键链接，上端为固定铰支座，下端为滑动铰支座。

装配式建筑深化阶段的预制水平构件平面布置图应标注结构楼层标高表，并注明混凝土强度等级。在平面布置图中，应标注后浇带与轴线的定位，还需标明预埋、预留设备（电气、给水排水）的位置、装配方向。

叠合楼盖的制图规则适用于以剪力墙、梁为支座的叠合楼（层）面板施工图。

3.3.2　叠合楼盖施工图的表示方法

所有叠合板块应逐一编号，相同编号的板块可择其一做集中标注，其他仅注写置于圆圈内的板编号。当板面标高不同时，在板编号的斜线下标注标高高差，下降为负（—），叠合板编号由叠合板代号和序号组成，表达形式应符合表3-12的规定。

叠合板编号　　表3-12

叠合楼板类型	代号	序号
叠合楼面板	DLB	××
叠合屋面板	DWB	××
叠合悬挑板	DXB	××

注：序号可为数字，或数字加字母。

【例】 DLB3：表示楼板为叠合板，编号为3。

【例】 DWB2：表示屋面板为叠合板，编号为2。

【例】 DXB1：表示悬挑板为叠合板，编号为1。

在实际项目实施过程中，为便于设计、生产、吊装，通常会在代号前添加楼层号，相同户型的住宅也存在共用叠合板的情况。

3.3.3　叠合楼盖现浇层的标注

叠合楼盖现浇层注写方法与《混凝土结构施工图平面整体表示方法制图规则和构造详图（现浇混凝土框架、剪力墙、梁、板）》22G101-1的“有梁楼盖板平法施工图的表示方法”相同，同时应标注叠合板编号。一般，现浇层的信息需配合结构施工图识读，预制构件平面布置图中不表达现浇层的相关信息。

3.3.4　标准图集中叠合板底板编号

预制底板平面布置图中需要标注叠合板编号、预制底板编号、各块预制底板尺寸和定位。当选用标准图集中的预制底板时，可选类型详见《桁架钢筋混凝土叠合板（60mm厚底板）》15G366-1，可直接在板块上标注标准图集中的底板编号。当自行设计预制底板时，可参照标准图集的编号规则进行编号（表3-13）。标准图集中预制底板编号规则如下：

1. 单向板：DBD××-××××-×。DBD表示单向受力桁架钢筋混凝土叠合板用底板，DBD后第一个数字表示预制底板厚度（按厘米计），DBD后第二个数字表示后浇叠合层厚度（按厘米计）；第一组四个数字中，前两个数字表示预制底板的标志跨度（按分米计），后两个数字表示预制底板的标志宽度（按分米计）；第二组数字表示预制底板跨度方向钢筋代号（具体配筋见表3-14）。

叠合底板编号　　表 3-13

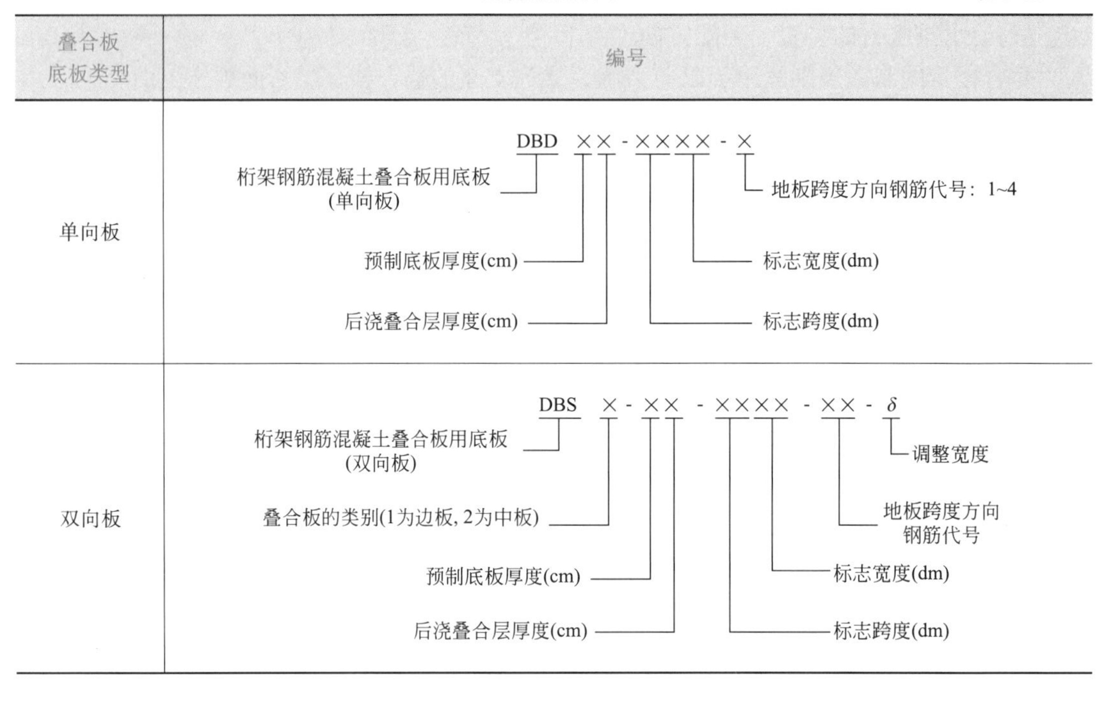

叠合板底板类型	编号
单向板	DBD ×× - ×××× - × 桁架钢筋混凝土叠合板用底板（单向板） 预制底板厚度(cm) 后浇叠合层厚度(cm) 地板跨度方向钢筋代号：1~4 标志宽度(dm) 标志跨度(dm)
双向板	DBS × - ×× - ×××× - ×× - δ 桁架钢筋混凝土叠合板用底板（双向板） 叠合板的类别(1为边板，2为中板) 预制底板厚度(cm) 后浇叠合层厚度(cm) 调整宽度 地板跨度方向钢筋代号 标志宽度(dm) 标志跨度(dm)

单向板底板钢筋编号　　表 3-14

代号	1	2	3	4
受力钢筋规格及间距	Φ8@200	Φ8@150	Φ10@200	Φ10@150
分布钢筋规格及间距	Φ6@200	Φ6@200	Φ6@200	Φ6@200

2. 双向板：DBS×-××-××××-××-δ。DBS 表示双向受力桁架钢筋混凝土叠合板用底板，DBS 后面的数字表示叠合板类别，其中 1 为边板，2 为中板；第一组两个数字中，第一个数字表示预制底板厚度（按厘米计），第二个数字表示后浇叠合层厚度（按厘米计）；第二组四个数字中，前两个数字表示预制底板的标志跨度（按分米计），后两个数字表示预制底板的标志宽度（按分米计）；第三组两个数字表示预制底板跨度及宽度方向钢筋代号（具体配筋见表 3-15），最后的 δ 表示调整宽度（指后浇缝的调整宽度）

双向板底板跨度、宽度方向钢筋代号组合表　　表 3-15

宽度方向钢筋 编号跨度方向钢筋	Φ8@200	Φ8@150	Φ10@200	Φ10@150
Φ8@200	11	21	31	41
Φ8@150	—	22	32	42
Φ8@100	—	—	—	43

预制底板为单向板时，应标注板边调节缝和定位，预制底板为双向板时，应标注接缝尺寸和定位。当板面标高不同时，标注底板标高高差，下降为负（—）。同时应绘出预制底板表。

预制底板表中需要标明叠合板编号、板块内的预制底板编号及其与叠合板编号的对应关系、所在楼层、构件重量和数量，构件详图页码（自行设计构件为图号）、构件设计补充内容（线盒、预留洞位置等）。

根据《工程结构通用规范》GB 55001—2021，板类受弯构件最小配筋率有所调整，实际项目中 130mm 板厚的楼板底筋若构造配筋采用 8mm 的直径，钢筋间距需由原 200mm 调整为 190mm。

【例】DBD67-3324-2：表示单向受力叠合板用底板，预制底板厚度为 60mm，后浇叠合层厚度为 70mm，预制底板的标志跨度为 3300mm，预制底板的标志宽度为 2400mm，底板跨度方向配筋为ф 8@150。

【例】DBS1-67-3924-22：表示双向受力叠合板用底板，拼装位置为边板，预制底板厚度为 60mm，后浇叠合层厚度为 70mm，预制底板的标志跨度为 3900mm，预制底板的标志宽度为 2400mm，底板跨度方向、宽度方向配筋均为ф 8@150。

3.3.5 叠合底板接缝

叠合楼盖预制底板接缝需要在平面上标注其编号、尺寸和位置，并需给出接缝的详图，接缝编号规则见表 3-16，底板接缝钢筋构造将在节点详图识读中介绍。

叠合板底板接缝编号 表 3-16

名称	代号	序号
叠合板底板接缝	JF	××
叠合板底板密拼接缝	MF	—

（1）当叠合楼盖预制底板接缝选用标准图集时，可在接缝选用表中写明节点选用图集号、页码、节点号和相关参数。

（2）当自行设计叠合楼盖预制底板接缝时，需由设计单位给出节点详图。

【例】JF1：表示叠合板之间的接缝，编号为 1。

目前，实际项目中叠合底板的接缝形式很少采用密拼接缝。

3.3.6 水平后浇带和圈梁标注

需在平面上标注水平后浇带或圈梁位置，水平后浇带编号由代号和序号组成（表 3-17）。水平后浇带信息可集中注写在水平后浇带表中，表的内容包括：平面中的编号、所在平面位置、所在楼层及配筋。水平后浇带和圈梁钢筋构造将在节点详图识读中介绍。

水平后浇带编号　　表 3-17

类型	代号	序号
水平后浇带	SHJD	××

【例】SHJD3：表示水平后浇带，编号为 3。

3.3.7 预制楼梯的标注

预制楼梯类型包括双跑楼梯与剪刀楼梯。需要在平面上标注其编号、尺寸和位置，并需给出支座连接节点的详图，预制楼梯编号规则见表 3-18。

预制楼梯编号　　表 3-18

类型	代号	序号
双跑楼梯	ST-××-××	××
剪刀楼梯	JT-××-××	××

【例】ST-30-25：表示双跑楼梯，建筑层高 3.0m，楼梯间净宽 2.5m 所对应的预制混凝土板式双跑楼梯梯段板。

【例】JT-30-25：表示双跑楼梯，建筑层高 3.0m，楼梯间净宽 2.5m 所对应的预制混凝土板式剪刀楼梯梯段板。

3.3.8 识读叠合楼盖平面布置图

通过识读给出的楼板平面布置图示例（图 3-4），可以获取以下信息：

（1）该布置图适用的楼层为 3～21 层。

（2）自下而上，①轴和②轴之间布置的底板构件编号依次为 DBD67-3320-2、DBD67-3315-2、DBS2-67-3317、DBD67-3324-2。

（3）自下而上，②轴和③轴之间布置的底板构件编号依次为 DBS1-67-3912-22、DBS2-67-3924-22、DBS1-67-3912-22、DBD67-3612-2、DBD67-3624-2。

（4）以上所选用的叠合板预制底板厚度为 60mm，现浇层厚度为 70mm。

（5）DLB3 现浇层配筋依次：②轴为ф 8@180，伸入 DLB3 板内 1000mm；③轴为ф 8@180，伸入 DLB3 板内 1100mm；Ⓓ轴为ф 8@200，伸入 DLB3 板内 1000mm。

（6）底板布置图中 JF1 有两道，详图中可见接缝两侧预制底板存在高差，结合底板布置图，JF1 降板一侧布置的底板构件编号为 DBS2-67-3317。

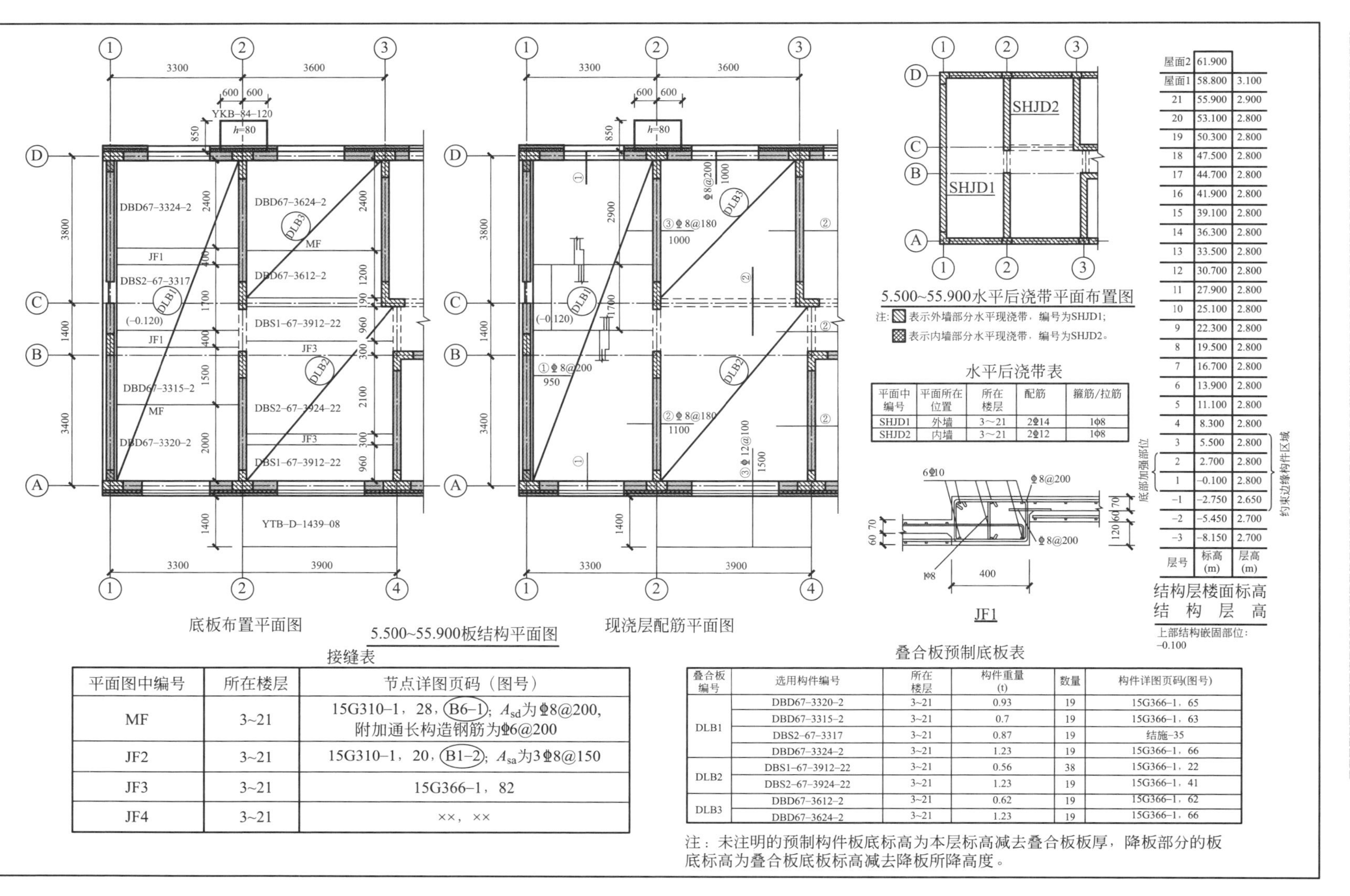

水平后浇带表

平面中编号	平面所在位置	所在楼层	配筋	箍筋/拉筋
SHJD1	外墙	3~21	2⌀14	1⌀8
SHJD2	内墙	3~21	2⌀12	1⌀8

层号	标高(m)	层高(m)
屋面2	61.900	
屋面1	58.800	3.100
21	55.900	2.900
20	53.100	2.800
19	50.300	2.800
18	47.500	2.800
17	44.700	2.800
16	41.900	2.800
15	39.100	2.800
14	36.300	2.800
13	33.500	2.800
12	30.700	2.800
11	27.900	2.800
10	25.100	2.800
9	22.300	2.800
8	19.500	2.800
7	16.700	2.800
6	13.900	2.800
5	11.100	2.800
4	8.300	2.800
3	5.500	2.800
2	2.700	2.800
1	-0.100	2.800
-1	-2.750	2.650
-2	-5.450	2.700
-3	-8.150	2.700

接缝表

平面图中编号	所在楼层	节点详图页码（图号）
MF	3~21	15G310-1，28，(B6-1)；A_{sd}为⌀8@200，附加通长构造钢筋为⌀6@200
JF2	3~21	15G310-1，20，(B1-2)；A_{sa}为3⌀8@150
JF3	3~21	15G366-1，82
JF4	3~21	××，××

叠合板预制底板表

叠合板编号	选用构件编号	所在楼层	构件重量(t)	数量	构件详图页码(图号)
DLB1	DBD67-3320-2	3~21	0.93	19	15G366-1，65
	DBD67-3315-2	3~21	0.7	19	15G366-1，63
	DBS2-67-3317	3~21	0.87	19	结施-35
	DBD67-3324-2	3~21	1.23	19	15G366-1，66
DLB2	DBS1-67-3912-22	3~21	0.56	38	15G366-1，22
	DBS2-67-3924-22	3~21	1.23	19	15G366-1，41
DLB3	DBD67-3612-2	3~21	0.62	19	15G366-1，62
	DBD67-3624-2	3~21	1.23	19	15G366-1，66

注：未注明的预制构件板底标高为本层标高减去叠合板板厚，降板部分的板底标高为叠合板底板标高减去降板所降高度。

图 3-4　叠合楼盖平面布置图示例

任务训练

1. 在标准图集中，预制底板平面布置图中需要标注（　　）。
A. 叠合板编号　　B. 预制底板编号　　C. 预制底板尺寸　　D. 定位
2. 在标准图集中，按结构受力形式分，叠合板底板类型包括（　　）。
A. 单向板　　B. 双向板　　C. 预应力板　　D. 以上均正确
3. 在标准图集中，DBS1-67-3924-22 表示叠合板预制底板厚度为（　　）mm。
A. 60　　B. 70　　C. 3900　　D. 2400
4. 在标准图集中，DBS1-67-3924-22 表示后浇叠合层厚度为（　　）mm。
A. 60　　B. 70　　C. 3900　　D. 2400
5. 在标准图集中，DBS1-67-3924-22 表示预制底板的标志宽度为（　　）mm。
A. 60　　B. 70　　C. 3900　　D. 2400

拓展训练

识读附录某教师公寓项目 4 号平面拆分图，完成楼板平面布置相关内容的识图报告。

任务 3.4　识读阳台板、空调板和女儿墙平面布置图

任务描述

通过本任务内容的学习，要求读者掌握预制阳台板、空调板和女儿墙制图规则，能够在预制阳台板、空调板和女儿墙平面布置图中明确各构件的平面分布情况，为识读预制阳台板、空调板和女儿墙深化图做好铺垫。通过识读预制阳台板、空调板和女儿墙平面布置图也为施工现场精准安装预制阳台板、空调板和女儿墙打好基础。

能力目标

（1）能够正确识读预制阳台板、空调板和女儿墙平面布置图。
（2）能够读懂各类预制构件的制图规则。
（3）能够在预制阳台板、空调板和女儿墙平面布置图中明确各构件的平面分布情况。

知识目标

（1）掌握预制阳台板、空调板和女儿墙的制图规则。
（2）掌握预制阳台板、空调板和女儿墙平面布置图的识读方法。
（3）熟悉相关国家标准及规范。

识读预制阳台板、空调板和女儿墙平面布置图，完成识图报告。

完成任务所需的支撑知识

预制钢筋混凝土阳台板、空调板及女儿墙（简称“预制阳台板、预制空调板及预制女儿墙”）的制图规则适用于装配式剪力墙结构中的预制钢筋混凝土阳台板、空调板及女儿墙的施工图设计。

3.4.1　预制阳台板、空调板及女儿墙的编号

预制阳台板、空调板及女儿墙施工图应包括按标准层绘制的平面布置图、构件选用表。平面布置图中需要标注预制构件编号、定位尺寸及连接做法。

叠合式预制阳台板现浇层注写方法与《混凝土结构施工图平面整体表示方法制图规则和构造详图（现浇混凝土框架、剪力墙、梁、板）》22G101-1 的“有梁楼盖板平法施工图的表示方法”相同，同时应标注叠合楼盖编号。

预制阳台板、空调板及女儿墙的编号由构件代号、序号组成，编号规则符合表 3-19 的规定。

预制阳台板、空调板及女儿墙的编号　　表 3-19

预制构件类型	代号	序号
阳台板	YYTB	××
空调板	YKTB	××
女儿墙	YNEQ	××

注：在女儿端编号中，如若干女儿墙的厚度尺寸和配筋均相同，仅墙厚与轴线关系不同时，可将其编为同一墙身号，但应在图中注明与轴线的位置关系，序号可为数字，或数字加字母。

【例】 YKTB2：表示预制空调板，编号为 2。

【例】 YYTB3a：某工程有一块预制阳台板与已编号的 YYTB3 除洞口位置外，其他参数均相同，为方便起见，将该预制阳台板序号编为 3a。

【例】 YNEQ5：表示预制女儿墙，编号为 5。

在实际项目实施过程中，阳台板、空调板一般采用叠合楼板形式，编号可同叠合板。

当选用标准图集中的预制阳台板、空调板及女儿墙时，可选型号参见《预制钢筋混凝土阳台板、空调板及女儿墙》15G368-1（表 3-20）。

预制阳台板、空调板及女儿墙的编号　　表 3-20

预制构件类型	编号
阳台板	YTB - × - ×××× - ×× 预制阳台板 预制阳台板类型：D、B、L 预制阳台板挑出长度(dm) 预制阳台板宽度(dm) 预制阳台板封边高度(仅用于板式阳台)：04、08、12

续表

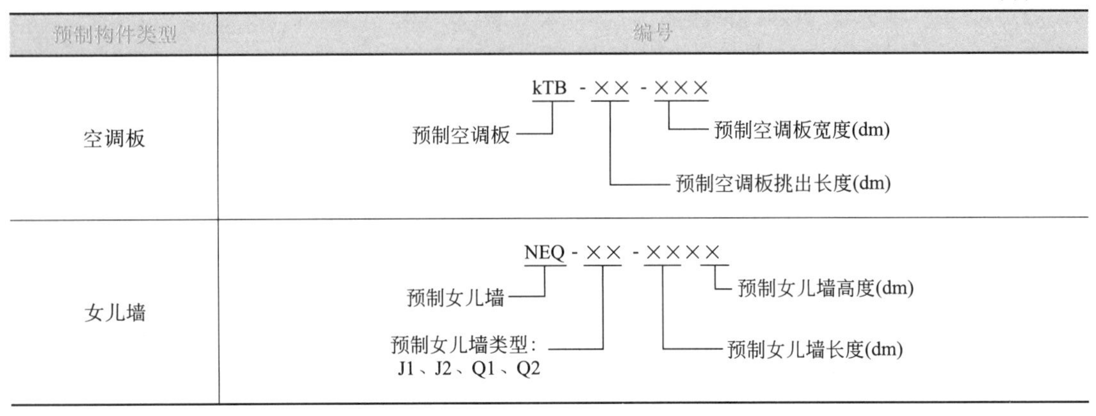

预制构件类型	编号
空调板	kTB - ×× - ××× 预制空调板 预制空调板宽度(dm) 预制空调板挑出长度(dm)
女儿墙	NEQ - ×× - ×××× 预制女儿墙 预制女儿墙高度(dm) 预制女儿墙类型：J1、J2、Q1、Q2 预制女儿墙长度(dm)

3.4.2 标准图集中预制阳台板的编号

标准图集中的预制阳台板规格及编号形式为：YTB-×-××××-××，各参数意义如下：

（1）YTB 表示预制阳台板。

（2）YTB 后第一组为单个字母 D、B 或 L，表示预制阳台板类型。其中：D 表示叠合板式阳台、B 表示全预制板式阳台、L 表示全预制梁式阳台。

（3）YTB 后第二组四个数字，表示阳台板尺寸。其中，前两个数字表示阳台板悬挑长度（按分米计，从结构承重墙外表面算起），后两个数字表示阳台板宽度对应房间开间的轴线尺寸（按分米计）。

（4）YTB 后第三组两个数字，表示预制阳台封边高度。04 表示封边高度为 400mm、08 表示封边高度为 800mm、12 表示封边高度为 1200mm。当为全预制梁式阳台时，无此项。

【例】 YTB-D-1024-08：表示预制叠合板式阳台，挑出长度为 1000mm，阳台开间为 2400mm，封边高度 800mm。

3.4.3 标准图集中预制空调板编号规则

标准图集中的预制空调板规格及编号形式为：KTB-××-×××，各参数意义如下：

（1）KTB 表示预制空调板。

（2）KTB 后第一组两个数字，表示预制空调板长度（按厘米计，挑出长度从结构承重墙外表面算起）。

（3）KTB 后第二组三个数字，表示预制空调板宽度（按厘米计）。

【例】 KTB-84-130：表示预制空调板，构件长度为 840mm，宽度为 1300mm。

3.4.4 标准图集中预制女儿墙编号规则

标准图集中的预制女儿墙规格及编号形式为：NEQ-××-××××，各参数意义如下：

（1）NEQ表示预制女儿墙。

（2）NEQ后第一组两个数字，预制女儿墙类型，分别为J1、J2、Q1和Q2型。其中，J1型代表夹心保温式女儿墙（直板）、J2型代表夹心保温式女儿墙（转角板）、Q1型代表非保温式女儿墙（直板）、Q2型代表非保温式女儿墙（转角板）。

（3）NEQ后第二组四个数字，预制女儿墙尺寸。其中，前两个数字表示预制女儿墙长度（按分米计），后两个数字表示预制女儿墙高度（按分米计）。

【例】 NEQ-J1-3614：表示夹心保温式女儿墙，长度为3600mm，高度为1400mm。

3.4.5 预制阳台板、空调板及女儿墙平面布置图注写内容

（1）预制构件编号。

（2）各预制构件的平面尺寸，定位尺寸。

（3）预留洞口尺寸及相对于构件本身的定位（与标准构件中留洞位置一致时可不标）。

（4）楼层结构标高。

（5）预制钢筋混凝土阳台板、空调板结构完成面与结构标高不同的标高高差。

（6）预制女儿墙厚度、定位尺寸、女儿墙墙顶标高。

预制阳台板、空调板及女儿墙注写示例如图3-5～图3-7所示。

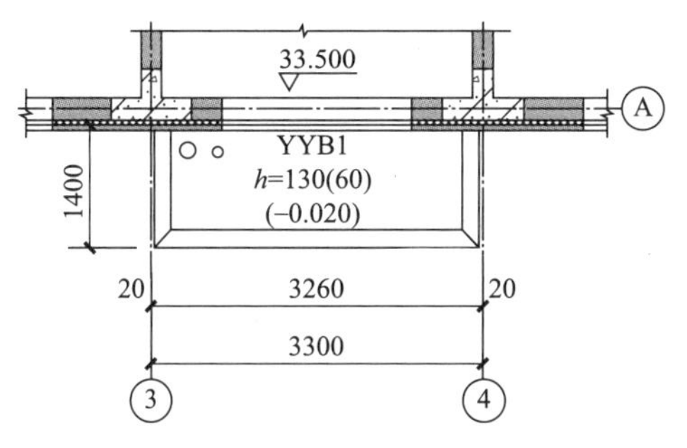

图3-5 预制阳台板平面注写示例

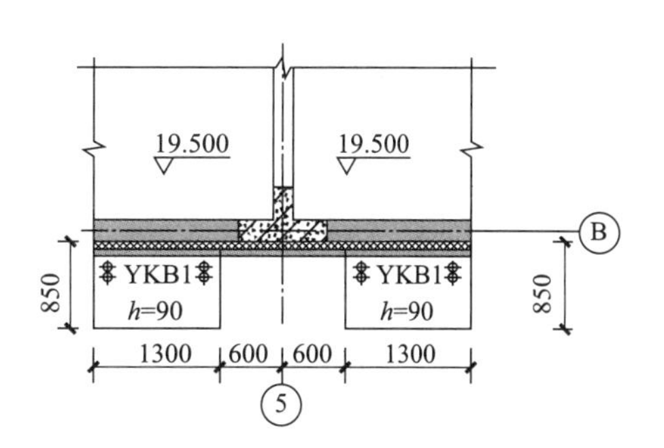

图3-6 预制空调板平面注写示例

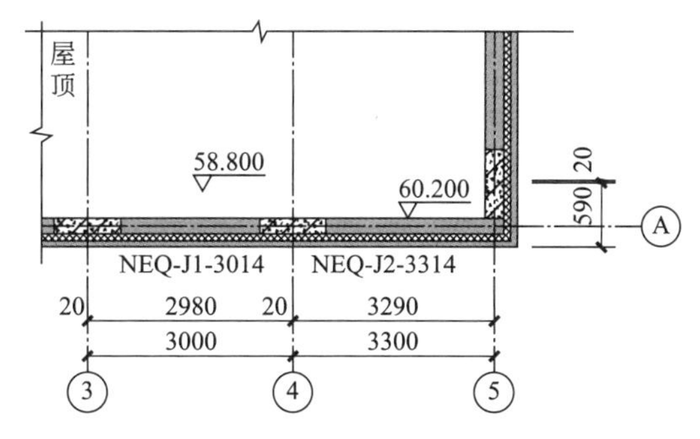

图3-7 预制女儿墙平面标注示例

3.4.6 预制女儿墙表主要内容

（1）平面图中的编号。

（2）选用标准图集的构件编号，自行设计构件可不写。

（3）所在层号和轴线号，轴号标注方法与外墙板相同。

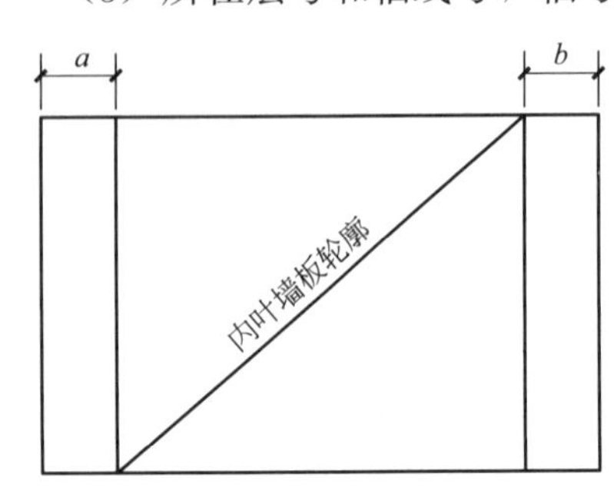

图 3-8　女儿墙外叶墙板调整选用示意

（4）内叶墙厚。

（5）构件重量。

（6）构件数量。

（7）构件详图页码：选用标准图集构件需注写图集号和相应页码，自行设计构件需注写施工图图号。

（8）如果女儿墙内叶墙板与标准图集中的一致，外叶墙板有区别，可对外叶墙板调整后选用，调整参数（a、b）如图 3-8 所示。

（9）备注中可标明该预制构件是“标准构件”“调整选用”或“自行设计”。

预制钢筋混凝土女儿墙表示例见表 3-21。

预制女儿墙表　　表 3-21

平面图中编号	选用构件	外叶墙板调整	所在层号	所在轴号	墙厚（内叶墙）	构件重量（t）	数量	构件详图页码（图号）
YNEQ2	NEQ-J2-3614	—	屋面 1	①-②/Ⓑ	160	2.44	1	15G368-1 D08～D11
YNEQ5	NEQ-J1-3914	a=1900 b=230	屋面 1	②-③/Ⓒ	160	2.50	1	15G368-1 D04～D05
YNEQ6	—	—	屋面 1	③-⑤/Ⓙ	160	3.70	1	—

3.4.7　预制阳台板、空调板构件表主要内容

（1）预制构件编号。

（2）选用标准图集的构件编号，自行设计构件可不写。

（3）板厚（mm），叠合式还需注写预制底板厚度，表示方法为×××（××）。

【例】 130（60）：表示叠合板厚为 130mm，底板厚度为 60mm。

（4）构件重量。

（5）构件数量。

（6）所在层号。

（7）构件详图页码：选用标准图集构件需注写图集号和相应页码，自行设计构件需注写施工图图号。

（8）备注中可标明该预制构件是“标准构件”或“自行设计”。

预制阳台板、空调板示例，见表 3-22。

预制阳台板、空调板示例　　表 3-22

平面图中编号	选用构件	板厚 h（mm）	构件重量	数量	所在层号	构件详图页码（图号）	备注
YYB1	YTB-D-1224-4	130(60)	0.97	51	4～20	15G368-1	标准构件
YKB1	—	90	1.59	17	4～20	—	自行设计

任务训练

1. 在标准图集中，代表预制阳台板的标号为（　　）。

A. YYB　　B. YYTB　　C. YKTB　　D. YNEQ

2. 预制阳台板、空调板及女儿墙平面布置图注写内容包括（　　）。

A. 编号　　B. 平面尺寸、定位尺寸

C. 预留洞口尺寸及定位　　D. 楼层结构标高

3. 在标准图集中，YTB-D-1024-08 表示预制阳台类型为（　　）。

A. 全预制板式阳台　　B. 叠合板式阳台

C. 全预制梁式阳台　　D. 均不正确

4. 在标准图集中，YTB-D-1024-08 表示预制阳台挑出长度为（　　）mm。

A. 100　　B. 1000　　C. 2400　　D. 800

5. 在标准图集中，YTB-D-1024-08 表示阳台开间为（　　）mm。

A. 100　　B. 1000　　C. 2400　　D. 800

6. 简述预制阳台板、空调板及女儿墙平面布置图应注写的内容。

拓展训练

识读附录某教师公寓项目 4 号平面拆分图，完成阳台板、空调板和女儿墙平面布置相关内容的识图报告。

项目4 Modular 04

识读装配式混凝土建筑预制竖向构件详图

项目描述

通过本项目学习，了解装配式混凝土建筑预制柱、预制剪力墙、预制外挂墙板、预制女儿墙在工程中的应用情况，掌握这些竖向构件深化图的图示内容、表达方法、识读方法，并理解预制柱、预制剪力墙、预制外挂墙板、预制女儿墙的连接构造，能按规范正确绘制预制构件图。

任务4.1 识读预制柱详图

任务描述

通过对附录某教师公寓项目4号楼预制柱施工图的识读，使学生了解预制柱在工程中的应用情况，掌握预制柱的图示内容、表达方法、识读方法，理解预制柱的连接构造。

能力目标

(1) 能够正确识读预制柱详图。
(2) 能够根据要求选择合理的连接方式。
(3) 能够正确识读预制柱连接节点构造图。

知识目标

(1) 理解预制柱的构造要求。
(2) 掌握预制柱施工图的识读方法。
(3) 熟悉施工图中的相关国家标准及规范。

学习性工作任务

识读预制柱施工图，完成识图报告，绘制预制柱深化图。

完成任务所需的支撑知识

4.1.1 概述

4-1 认识预制柱

1. 预制混凝土框架节点的研究现状

预制混凝土梁柱节点的力学性能是学术界研究的热点，目前对于装配式混凝土节点的研究集中在其常温下的承载能力、抗震性能、耗能能力、新型节点的构造措施等方面。

目前国内外对于框架节点的相关研究内容包括：常温下框架节点的抗震性能、耗能能力、承载能力、新型框架节点性能等。

2. 预制混凝土框架柱的概念

柱是主要的竖向受力构件，不仅要承受整个建筑物的竖向荷载，还要承受地震作用及风荷载等水平荷载。柱在一个建筑物中的作用是巨大的，所有的荷载都要通过柱来传递到基础上面。柱按截面形式可以分为方柱、圆柱、矩形柱、工字形柱等。

预制柱指预先按照设计规定的尺寸制作好模板，然后浇筑成型的混凝土柱。装配整体式框架结构中，一般部位的框架柱可采用预制柱，重要或关键部位的框架柱应采用现浇混凝土柱，像转换柱、跃层柱、地下室及底部加强区等部分的柱就不宜采用预制柱。

3. 预制混凝土框架柱的优点

预制柱通常和叠合梁、叠合楼板配合使用，从而形成整体的框架结构，如图 4-1 所示。预制柱一部分受力构件在专业的 PC 构件工厂生产，具有高度的机械化程度，既能减少大量现场施工湿作业，又能保证结构整体的抗震性能，全面提升工程质量，提高劳动生产效率，达到环境保护和节约资源的目的。

图 4-1 预制柱

4.1.2 预制柱的拆分设计

预制柱拆分除了要考虑 PC 生产厂家工作模台和运输条件的限制，还要考虑经济性、施工吊装等因素，预制柱一般按照层高来进行拆分，具体的拆分规定和拆分原则如下：

（1）预制柱的拆分位置宜设置在构件受力较小的地方。

（2）预制柱拆分要考虑构件生产与安装可实现性和便利性，如拆分点一般设置在层高处。

（3）预制柱拆分不仅要考虑生产能力，像厂房高度、模台尺寸及起重机的吨位等，还要考虑运输工具和道路限制。

（4）预制柱的拆分尺寸要尽量标准化，便于批量生产，要考虑模具的种类，尽量做到少规格，构件外形简洁，节约成本。

（5）拆分时应全程基于 BIM 模型进行，在模型中检查并解决钢筋碰撞问题、构件内部钢筋与预埋件碰撞问题等。

4-2 预制柱深化识读

4.1.3　识读预制柱的深化详图

我们主要结合附录某教师公寓项目进行预制柱深化详图的识读。预制柱主要包括预制框架柱和预制构造柱两种。

该项目预制柱混凝土强度等级为C35，柱纵向受力筋和箍筋采用HRB400钢筋。柱钢筋混凝土保护层厚度为20mm。柱的截面尺寸均能从柱平法施工图中读取。

1. 识读预制框架柱

（1）预制柱的拆分平面图

在进行深化设计时，先要绘制一张PC拆分平面图（如教材附录“1～6F PC拆分平面图”），在这张平面图上，我们可以找到每个构件的编号，然后在目录中找到相应编号构件的详图所对应的图纸号。

我们看一下预制框架柱是怎么进行编号的。预制框架柱的编号主要由三部分组成：层数、构件名称和编号。如“1～6F PCKZ-02”就表示：这根柱设置在一层到六层，是钢筋混凝土预制框架柱，柱的编号是02。

（2）1～5F PCKZ-01模板图

识读教材附录“1～5F PCKZ-01详图”，从ABCD四个面中可以看出，柱的截面尺寸为400mm×400mm，该预制柱的预制部分高度为2430mm，上部有730mm高的部分预留钢筋，在现场与上一层的预制柱进行连接。在距离预制部分顶面和底面500mm处各有一个预埋件MJ2，从预埋配件明细表中可以看到这是脱模斜撑INS（M20×120），共有4个，主要是在工厂进行生产，脱模时使用，在现场吊装的时候也可以用作固定斜撑。从B面可以看到有一个排气管，主要用于在浇筑时排气。从顶视图可以看到预制部分的顶面是粗糙面，在顶部距离端部125mm的地方各有一个预埋件MJ1，这是吊装埋件，采用的是内埋式螺母。从A-A仰视图中可以看到预制柱的下表面是粗糙面，并且有一个键槽，还能看出排气管的位置，大圆圈表示钢筋连接套筒，共8个，外径44mm，$L=170$mm。在柱的下部设置有注浆口和出浆口，用来后期对套筒进行灌浆。

（3）1～5F PCKZ-01配筋图

通过识读教材附录“1～5F PCKZ-01详图”的“配筋图”和“B-B剖面图”可知，该预制柱的纵向钢筋为8根编号为b1-17的钢筋，通过配筋表可以查出b1-17表示直径为20mm的HRB400钢筋，纵向钢筋到柱边的距离均为50mm，钢筋之间的水平距离为150mm；同理可以读出预制柱的箍筋和拉筋均为直径为8mm的HRB400钢筋，箍筋间距可以从配筋图中读出，底部三道箍筋的间距为60mm、80mm、91mm，顶部第一道箍筋距柱顶部99mm，中间部分箍筋间距均为100mm（加密区）和200mm（非加密区）。我们还可以从配筋表中读出每种钢筋的重量和形状。

2. 识读预制构造柱

（1）1～6F PCGZ-02模板图

识读教材附录“1～6F PCGZ-02详图”，从ABCD四个面中可以看出，柱的截面尺寸为700mm×260mm，该预制柱的预制部分高度为2490mm，上部有740mm高的部分预留钢筋，在现场与上一层的预制柱进行连接。在距离预制部分顶面350mm和底面430mm处各有一个预埋件MJ2，从预埋配件明细表中可以看到这是脱模斜撑INS（M20×120），共有 2 个，主要是在工厂进行生产，脱模时使用，在现场吊装的时候也可以用作固定斜撑。从顶视图可以看到预制部分的顶面是粗糙面，在顶部距离Ⓑ、Ⓓ端 200mm 处各有一个预埋件 MJ1，这是吊装埋件，采用的是内埋式螺母，在距离柱边 100mm 的地方有两根固定用的钢筋，该钢筋和底部的波纹盲孔一起用来固定构造柱。从 A-A 仰视图中可以看到预制柱的下表面是粗糙面。从 C 面可以看出在柱的中部有一个槽，用来和砌体进行连接。

(2) 1～6F PCGZ-02 配筋图

通过识读教材附录“1～6F PCGZ-02 详图”的“配筋图”和“B-B 剖面图”可知，该预制构造柱的纵向钢筋为 8 根编号为 h1-1 的钢筋，通过配筋表可以查出 h1-1 表示直径为 12mm 的 HRB400 钢筋，纵向钢筋到柱边的距离可以从 B-B 剖面图中读出；同理可以读出预制柱的箍筋均为直径为 8mm 的 HRB400 钢筋，箍筋间距可以从配筋图中读出，首道箍筋距端部的距离为 45mm，中间部分箍筋间距均为 200mm，共 12 根。顶部预留钢筋的编号为 h1-8 和 h1-6 的钢筋，通过配筋表可以查出它们是直径为 16mm 的 HRB400 钢筋。我们还可以从配筋表中读出每种钢筋的重量和形状。

4-3 预制柱节点构造

4.1.4 预制柱的构造要求

1. 预制柱基本构造

预制柱的设计应符合现行国家标准《混凝土结构设计规范》GB 50010—2010 的要求，并应符合下列规定：

(1) 矩形柱截面宽度或圆柱直径不宜小于 400mm，且不宜小于同方向梁宽的 1.5 倍。

(2) 柱纵向受力钢筋在柱底采用套筒灌浆连接时，柱箍筋加密区长度不应小于纵向受力钢筋连接区域长度与 500mm 之和；套筒上端第一道箍筋距离套筒顶部不应大于 50mm (图 4-2)。

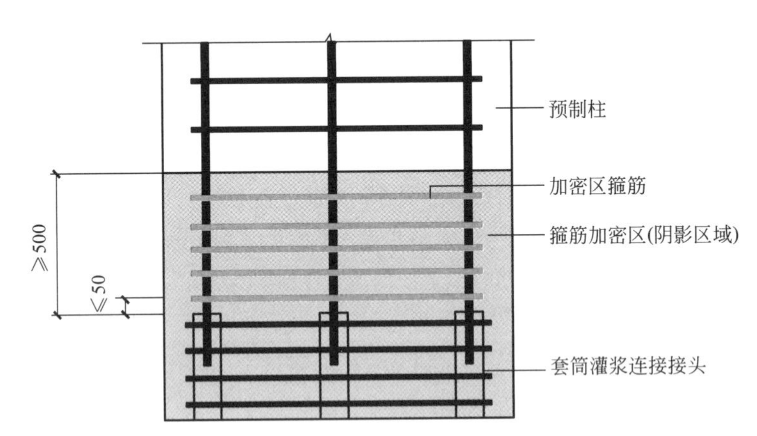

图 4-2 钢筋采用套筒灌浆连接时柱底箍筋加密区域构造示意

(3) 柱纵向受力钢筋直径不宜小于 20mm，纵向受力钢筋的间距不宜大于 200mm 且不应大于 400mm。柱的纵向受力钢筋可集中于四角配置且宜对称布置。柱中可设置纵向辅助钢筋且直径不宜小于 12mm 和箍筋直径；当正截面承载力计算不计入纵向辅助钢筋时，纵向辅助钢筋可不伸入框架节点 (图 4-3)。

（4）预制柱箍筋可采用连续复合箍筋。

（5）上下层相邻预制柱纵向受力钢筋采用挤压套筒连接时（图 4-4），柱底后浇段的箍筋应满足下列要求：套筒上端第一道箍筋距离套筒顶部不应大于 20mm，柱底部第一道箍筋距柱底面不应大于 50mm，箍筋间距不宜大于 75mm。

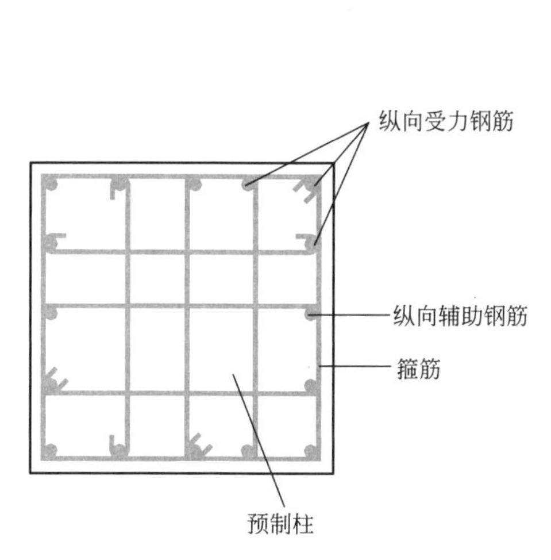

图 4-3 预制柱集中配筋构造平面示意

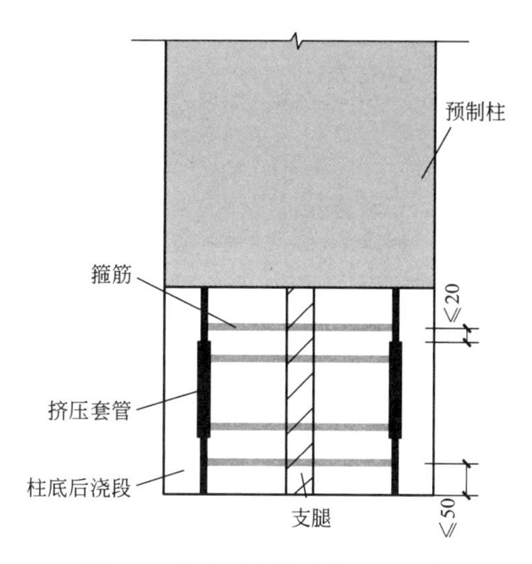

图 4-4 柱底后浇段箍筋配置示意

（6）采用预制柱及叠合梁的装配整体式框架中，柱底接缝宜设置在楼面标高处，如图 4-5 所示，并应符合下列规定：

1）预制柱的底部应设置键槽且宜设置粗糙面，键槽应均匀布置，键槽深度不宜小于 30mm，键槽端部斜面倾角不宜大于 30°，柱顶应设置粗糙面。

2）柱纵向受力钢筋应贯穿后浇节点区。

3）柱底接缝厚度宜为 20mm，并应采用灌浆料填实。

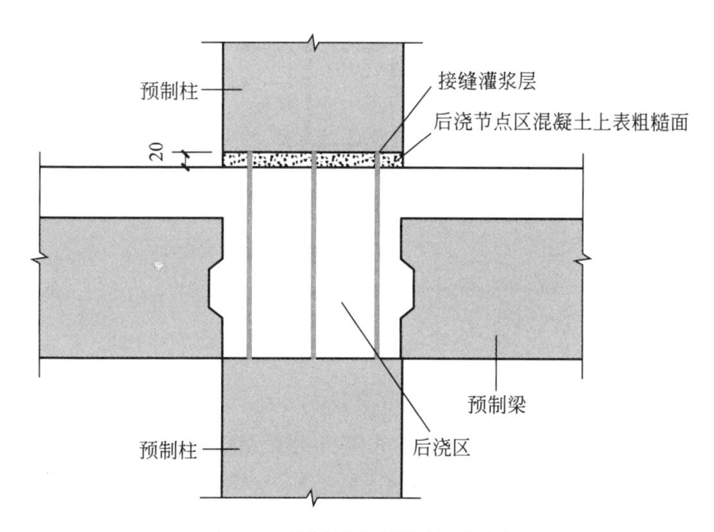

图 4-5 预制柱底接缝构造示意

2. 柱梁连接构造

（1）预制柱及叠合梁框架中间层中节点连接构造

对框架中间层中节点，节点两侧的梁下部纵向受力钢筋宜锚固在后浇节点区内，也可采用机械连接或焊接的方式直接连接（图 4-6）；梁的上部纵向受力钢筋应贯穿后浇节点区。

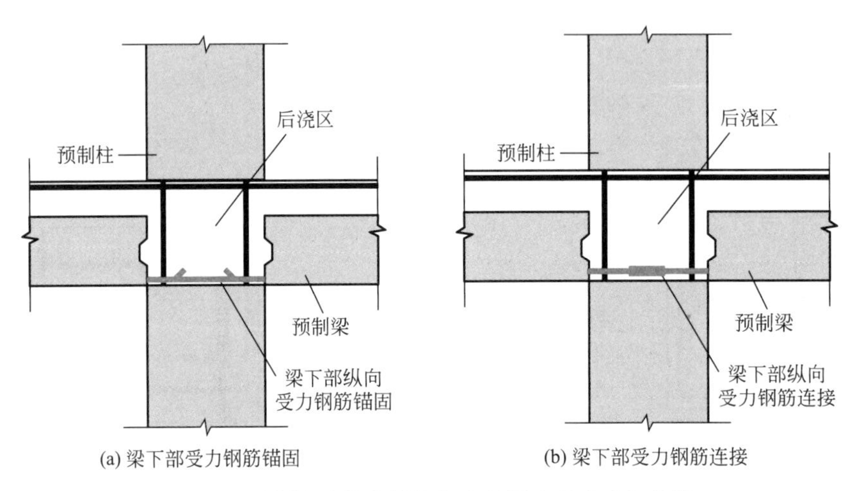

图 4-6 预制柱及叠合梁框架中间层中节点连接构造

（2）预制柱及叠合梁框架中间层端节点连接构造

对框架中间层端节点，当柱截面尺寸不满足梁纵向受力钢筋的直线锚固要求时，宜采用锚固板锚固，也可采用 90°弯折锚固（图 4-7）。

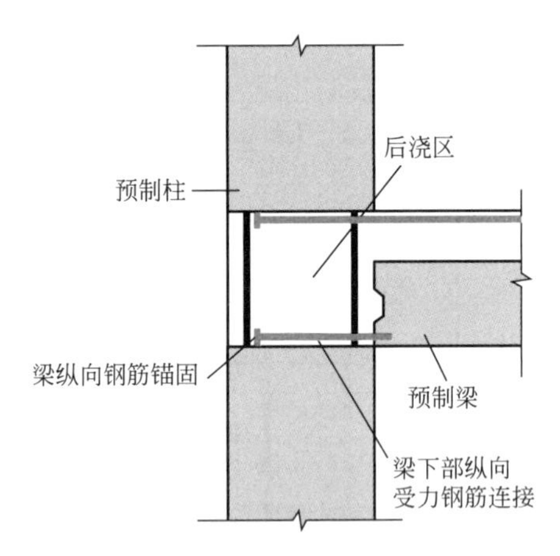

图 4-7 预制柱及叠合梁框架中间层端节点连接构造

（3）预制柱及叠合梁框架顶层中节点连接构造

对框架顶层中节点，节点两侧的梁下部纵向受力钢筋宜锚固在后浇节点区内，也可采用机械连接或焊接的方式直接连接；梁的上部纵向受力钢筋应贯穿后浇节点区。柱纵向受力钢筋宜采用直线锚固；当梁截面尺寸不满足直线锚固要求时，宜采用锚固板锚固（图 4-8）。

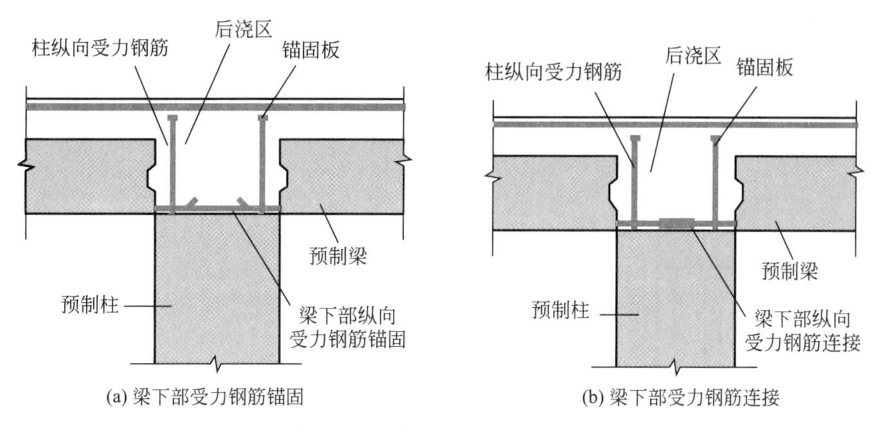

图4-8 预制柱及叠合梁框架顶层中节点连接构造

(4) 预制柱及叠合梁框架顶层端节点连接构造

对框架顶层端节点，梁下部纵向受力钢筋应锚固在后浇节点区内，且宜采用锚固板的锚固方式；梁、柱其他纵向受力钢筋的锚固应符合下列规定：

1) 柱宜伸出屋面并将柱纵向受力钢筋锚固在伸出段内（图4-9a），伸出段长度不宜小于500mm，伸出段内箍筋间距不应大于5d（d为柱纵向受力钢筋直径），且不应大于100mm；柱纵向钢筋宜采用锚固板锚固，锚固长度不应小于40d。

2) 柱外侧纵向受力钢筋也可与梁上部纵向受力钢筋在后浇节点区搭接（图4-9b），其构造要求应符合现行国家标准《混凝土结构设计规范》GB 50010中的规定；柱内侧纵向受力钢筋宜采用锚固板锚固。

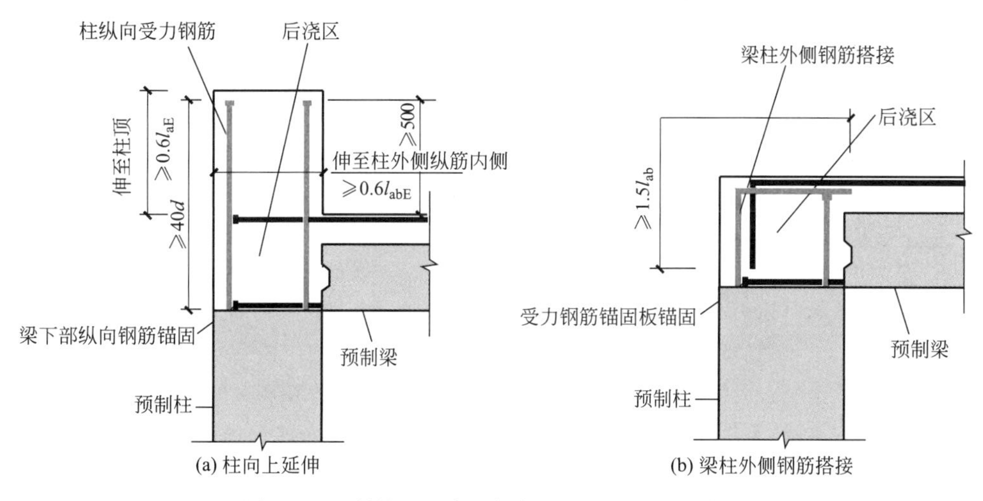

图4-9 预制柱及叠合梁框架顶层端节点连接构造

(5) 预制柱及叠合梁框架节点，两侧叠合梁底部水平钢筋挤压套筒连接构造

采用预制柱及叠合梁的装配整体式框架节点，两侧叠合梁底部水平钢筋挤压套筒连接时，可在核心区外一侧梁端后浇段内连接（图4-10），也可在核心区外两侧梁端后浇段内连接（图4-11），连接接头距柱边不小于0.5h_b（h_b为叠合梁截面高度），且不小于300mm，叠合梁后浇叠合层顶部的水平钢筋应贯穿后浇核心区。梁端后浇段的箍筋尚应满

足下列要求：

1）箍筋间距不宜小于75mm。

2）抗震等级为一、二级时，箍筋直径不应小于10mm，抗震等级为三、四级时，箍筋直径不应小于8mm。

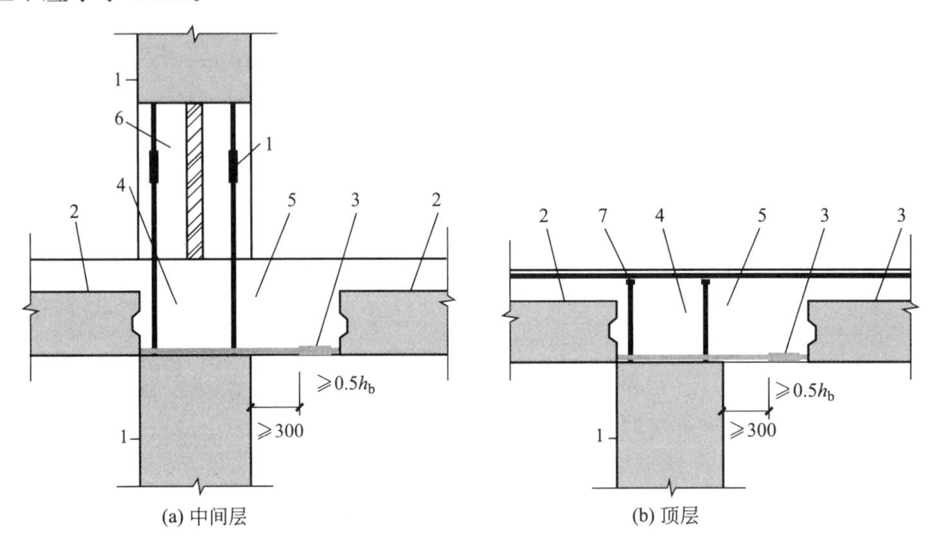

图4-10　框架节点叠合梁底部水平钢筋在一侧

1-预制柱；2-叠合梁预制部分；3-挤压套筒；4-后浇区；
5-梁端后浇段；6-柱底后浇段；7-锚固板

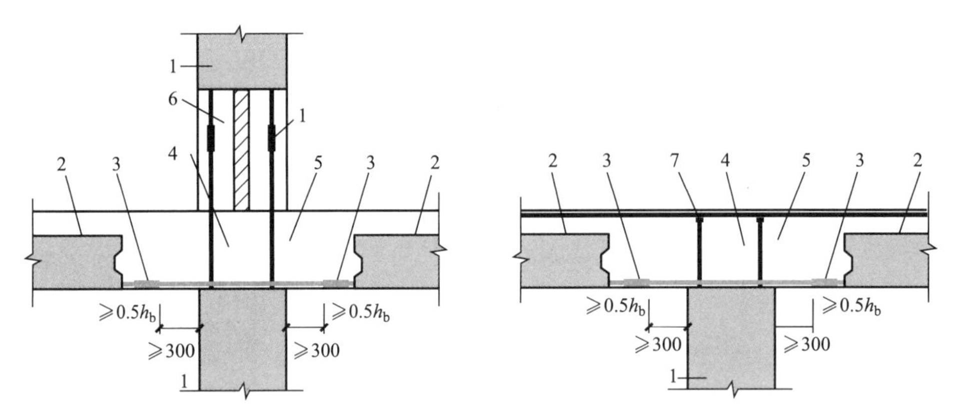

图4-11　框架节点叠合梁底部水平钢筋在两侧

1-预制柱；2-叠合梁预制部分；3-挤压套筒；4-后浇区；
5-梁端后浇段；6-柱底后浇段；7-锚固板

任务训练

1. 识读附录“1～5F PCKZ-01详图”，箍筋直径和间距为（　　）；箍筋形式为（　　）。

A. ⏀8@100/150；4×3　　B. ⏀8@100/200；4×3

C. ⏀8@100/200；3×3　　D. ⏀8@100；3×3

2. 识读附录“1～5F PCKZ-01 详图”，纵筋为（ ）。

A. 8Φ22 B. 8Φ20 C. 6Φ20 D. 6Φ22

3. 识读附录“1～6F PCGZ-01 详图”，箍筋直径和间距为（ ）；纵筋为（ ）。

A. Φ8@150；12Φ14 B. Φ8@200；12Φ14

C. Φ8@200；12Φ12 D. Φ8@150；12Φ12

4. 识读附录“1～6F PCGZ-01 详图”，预制构造柱的预制部分高度为（ ）mm；预留钢筋长度（ ）mm。

A. 2490；770 B. 2490；700 C. 2590；770 D. 2690；770

5. 预制柱纵向受力钢筋在柱底采用套筒灌浆连接时，柱箍筋加密区长度不应小于（ ）；套筒上端第一道箍筋距离套筒顶部不应大于（ ）mm。

A. 纵向受力钢筋连接区域长度；50

B. 500mm；50

C. 纵向受力钢筋连接区域长度与500mm之和；50

D. 纵向受力钢筋连接区域长度与500mm之和；100

6. 上下层相邻预制柱纵向受力钢筋采用挤压套筒连接时，柱底后浇段，套筒上端第一道箍筋距离套筒顶部不应大于（ ）mm，柱底部第一道箍筋距柱底面不应大于（ ）mm，箍筋间距不宜大于（ ）mm。

A. 20；100；75 B. 20；50；75 C. 20；50；100 D. 30；50；75

7. 预制柱的底部应设置键槽且宜设置粗糙面，键槽应均匀布置，键槽深度不宜小于（ ）mm，键槽端部斜面倾角不宜大于（ ）。

A. 30；45° B. 25；30° C. 30；30° D. 25；45°

8. 框架顶层中节点，当梁截面尺寸不满足直线锚固要求时，宜采用（ ）锚固。

A. 锚固板 B. 向梁内弯折锚固 C. 直接截断 D. 钢筋在柱内互锚

拓展训练

梁柱节点一般高度怎么取？

任务4.2 识读预制剪力墙详图

任务描述

通过学习预制剪力墙在工程中的应用情况、拆分设计，再选取标准图集《预制混凝土剪力墙外墙板》15G365-1中的典型外墙板进行图纸识读学习，将任务训练难度依次递进，使学生熟悉图集中标准外墙板构件各组成部分的基本尺寸和配筋情况，掌握外墙板模板图和配筋图的识读方法，为识读实际工程相关图纸打好基础。选取学习《装配式混凝土结构技术规程》JGJ 1—2014中预制剪力墙的一般构造和常用构造，培养学生预制剪力墙构造处理能力。

能力目标

(1) 能够正确识读预制剪力墙详图。
(2) 能够根据要求选择合理的连接方式。
(3) 能够正确识读预制剪力墙连接节点构造图。

知识目标

(1) 理解预制剪力墙的构造要求。
(2) 掌握预制剪力墙详图的识读方法。
(3) 熟悉施工图中的相关国家标准及规范。

学习性工作任务

识读附录某教师公寓项目4号楼预制剪力墙详图，完成识图报告，补绘预制剪力墙深化图。

完成任务所需的支撑知识

4.2.1 概述

4-4 认识预制剪力墙板

近年来，国家对装配式建筑的装配率要求在不断提升，特别是在装配率达50%以上的项目中，预制剪力墙已成为装配式建筑的必要构件之一。所谓预制剪力墙，是指在工厂或现场先制作的，在房屋或构筑物中主要承受风荷载或地震作用引起的水平荷载和竖向荷载的墙体，防止结构剪切（受剪）破坏，一般用钢筋混凝土做成。全部或部分剪力墙采用预制墙板构建成的装配整体式混凝土结构称为装配整体式剪力墙结构，是我国装配式建筑应用量最大的技术体系。

装配整体式剪力墙结构有五种类型，包括：剪力墙结构、多层墙板结构、双面叠合剪力墙结构、圆孔板剪力墙结构和型钢混凝土剪力墙结构。

1. 剪力墙结构

剪力墙结构是用钢筋混凝土墙板来代替框架结构中的梁柱，承担各类荷载引起的内力，并能有效控制结构的水平力，这种用钢筋混凝土墙板来承受竖向和水平力的结构称为剪力墙结构。装配整体式剪力墙结构房屋最大适用高度为60～130m。目前国内的高层装配式建筑主要以剪力墙结构为主，剪力墙结构中的大多数预制构件都需要预留钢筋。

装配式剪力墙结构的墙板如图4-12、图4-13所示。

2. 多层墙板结构

多层墙板结构是由墙板和楼板组成承重体系的多层结构，是剪力墙结构简化版，墙体厚度可以减小，连接构造简单、施工方便、成本低。欧洲的装配式混凝土建筑以多层墙板结构为主，如图4-14所示，多层装配式墙板结构房屋的最大适用高度为21～28m。

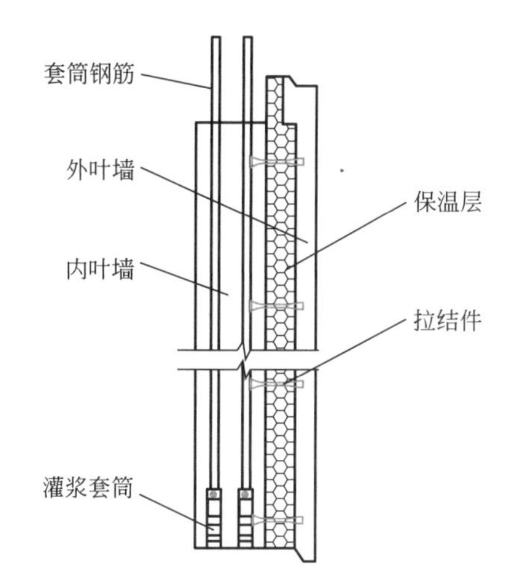

图 4-12　预制混凝土夹心剪力墙板

图 4-13　预制混凝土剪力墙内墙板

图 4-14　多层装配式墙板

3. 双面叠合剪力墙结构

双面叠合剪力墙板技术源于欧洲。预制墙板是两层不小于 50mm 厚的钢筋混凝土板，用桁架筋连接，板之间为 100mm 的空心。现场安装后，上下构件的竖向钢筋在空心内布置、搭接，然后浇筑混凝土形成实心板。双面叠合剪力墙结构房屋的最大适用高度为 50～90m，如图 4-15 所示。

4. 圆孔板剪力墙结构

圆孔板剪力墙是在墙板中预留圆孔，即做成圆孔空心板。现场安装后，上下构件的竖向钢筋网片在圆孔内布置、搭接，然后在圆孔内浇筑微膨胀混凝土形成实心板。圆孔板剪力墙结构房屋的最大适用高度为 45～60m，如图 4-16 所示。

5. 型钢混凝土剪力墙结构

型钢混凝土剪力墙是在预制墙板的边缘构件设置型钢，拼缝位置设置钢板预埋件，型钢和钢板预埋件在拼缝位置采用焊接或螺栓连接的装配式剪力墙结构。其最大适用高度为 45～60m，如图 4-17 所示。

图 4-15　双面叠合剪力墙板

图 4-16　圆孔板剪力墙板

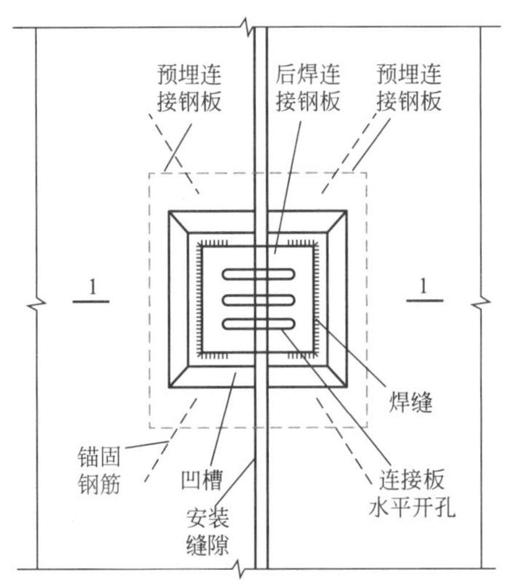

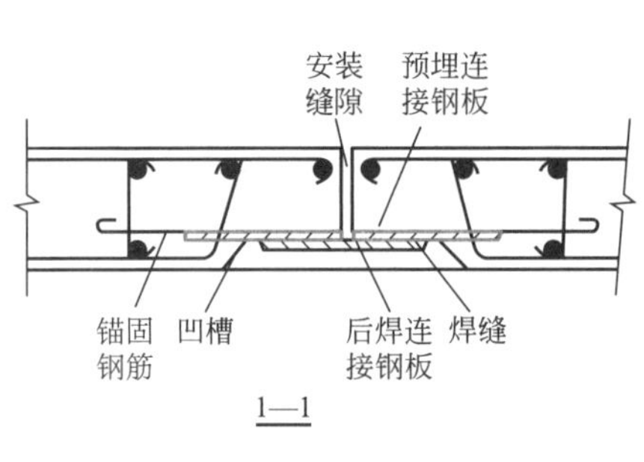

图 4-17　型钢混凝土剪力墙连接示意图

4.2.2　预制剪力墙的拆分设计

1. 剪力墙结构拆分的基本原则

（1）符合规范规定，确保结构安全性。

（2）提升建筑使用功能。

（3）经济合理。采取灵活的拆分方式，并与 PC 构件厂家和施工企业沟通获得最新的信息，将其融入结构拆分设计当中，从而达到提高生产效率、降低成本、保证质量、施工便利的目标。

（4）概念设计原则。

1）预制剪力墙宜按建筑开间和进深尺寸划分，高度不宜大于层高；预制墙板的划分还应考虑预制构件制作、运输、吊运、安装的尺寸限制。

2）预制剪力墙的拆分应符合模数协调原则，优化预制构件的尺寸和形状，减少预制构件的种类。

3）预制剪力墙的竖向拆分宜在各层层高处进行。

4）预制剪力墙的水平拆分应保证门窗洞口的完整性，便于部品标准化生产。

5）预制剪力墙结构最外部转角应采取加强措施，当不满足设计的构造要求时可采用现浇构件。

（5）结构方案比较原则。根据结构方案进行综合因素比较和多因素分析，选择灵活合理的拆分方案。

2. 装配式剪力墙结构拆分设计有关规定

（1）《装配式混凝土建筑技术标准》GB/T 51231—2016 比《装配式混凝土结构技术规程》JGJ 1—2014 规定得更详细一些，其第 5.1.7 条，高层建筑装配式混凝土结构应符合下列规定：

1）当设置地下室时，宜采用现浇混凝土。

2）剪力墙结构和部分框支剪力墙结构底部加强部位宜采用现浇混凝土。

3）框架结构的首层柱宜采用现浇混凝土。

4）当底部加强部位的剪力墙、框架结构的首层柱采用预制混凝土时，应采取可靠技术措施。

《装配式混凝土建筑技术标准》GB/T 51231—2016 第 5.7.3 条规定，装配整体式剪力墙结构的布置应符合下列规定：

1）应沿两个方向布置剪力墙。

2）剪力墙平面布置宜简单、规则，自下而上宜连续布置，避免层间侧向刚度突变。

3）剪力墙门窗洞口宜上下对齐、成列布置，形成明确的墙肢和连梁；抗震等级为一、二、三级的剪力墙底部加强部位不应采用错洞墙，结构全高均不应采用叠合错洞墙。

（2）边缘构件的规定。在剪力墙结构中设置在剪力墙竖向边缘，加强剪力墙边缘抗拉抗弯和抗剪性能的暗柱，叫作剪力墙边缘构件，分为约束边缘构件和构造边缘构件。设置在抗震等级为一、二级的剪力墙底部加强部位及其上一层的剪力墙两侧的暗柱，叫作剪力墙约束边缘构件；设置在抗震等级为三、四级的剪力墙或过渡层以上的两侧暗柱，叫作剪力墙构造边缘构件。

4.2.3　识读预制剪力墙深化详图

目前，《预制混凝土剪力墙外墙板》15G365-1 和《预制混凝土剪力墙内墙板》15G365-2 主要是针对装配式剪力墙体系中的实心预制剪力墙，内墙板与外墙板构造局部相似，如图 4-18 所示。外墙板在内墙板构造上设置了保温层，也称为“三明治墙板”，是一种可以实现围护与保温一体化的保温墙体，墙体由内外叶钢筋混凝土板、中间保温层和连接件组成。

保温材料置于内外两块预制混凝土板内，内叶墙、保温层及外叶墙一次成型，无需再做外墙保温，简化了施工步骤。且墙体保温材料置于内外叶混凝土板之间，能有效地防止火灾、外部侵蚀环境等不利因素对保温材料的破坏，抗火性能与耐久性能良好，使保温层可做到与结构同寿命，几乎不用维修。

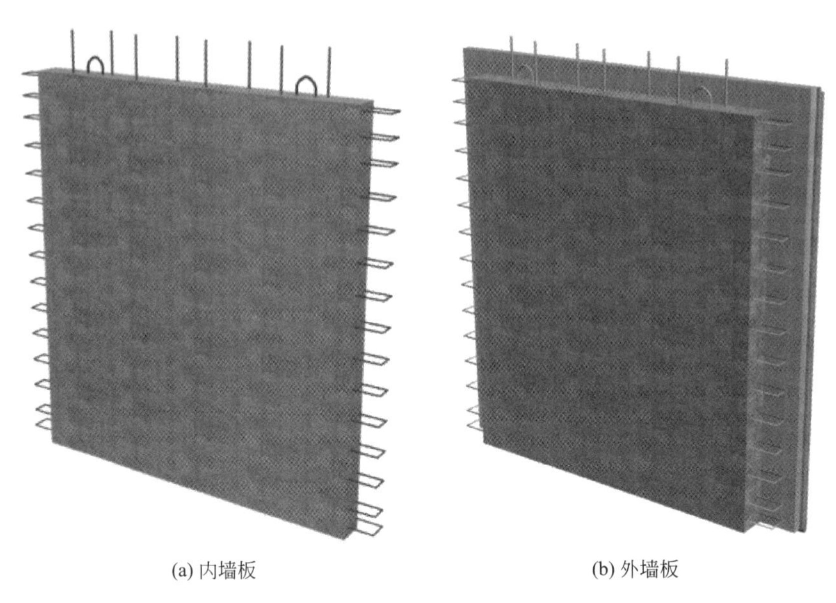

图 4-18　实心预制剪力墙

连接件是连接预制混凝土夹心保温墙体内外侧混凝土板的关键部件，其受力性能直接影响墙体的安全性。早期预制混凝土夹心保温墙体大多采用金属格构筋连接件，其保温性及耐久性较差。近年来，预制混凝土夹心保温墙体大多采用纤维增强速率（FRP）连接件，FRP 连接件具有强度高、导热系数低的特点，可有效减小墙体的传热系数，提高墙体的安全性与耐久性，如图 4-19 所示。

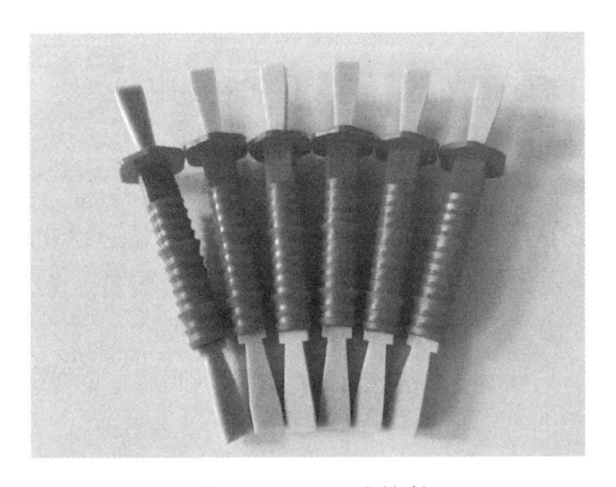

图 4-19　FRP 连接件

本学习任务选取《预制混凝土剪力墙外墙板》15G365-1 中的典型外墙板构件进行图纸识读学习。图集中预制外墙板的混凝土强度等级不应低于 C30，外叶墙板中钢筋采用冷轧带肋钢筋，其他钢筋均采用 HRB400，钢材采用 Q235-B 级钢材。预制外墙板中保温材料采用挤塑聚苯板（XPS），窗下墙轻质填充材料采用模塑聚苯板（EPS）。构件中门窗安装固定预埋件采用防腐木砖。外墙板密封材料等应满足国家现行有关标准的预制外墙板外叶墙板按环境类别二 a 类设计，最外层钢筋保护层厚度按 20mm 设计，内叶墙板按环境类别一类设计，配筋图中已标明钢筋定位，如有调整，钢筋最小保护层厚度不应小于 15mm。

预制外墙板与后浇混凝土的结合面按粗糙面设计，粗糙面的凹凸深度不应小于 6mm，预制墙板侧面也可设置键槽，预制外墙板与后浇混凝土相连的部位，在内叶墙板预留凹槽 30mm×5mm，既是保障预制混凝土与后浇混凝土接缝处外观平整度的措施，同时也能够防止后浇混凝土漏浆，预制外墙板模板图中外叶墙板均按 $a=b=290$ 绘制，实际生产中应按外叶墙板编号进行调整。

需要注意的是，图集中的预制外墙板详图未表示拉结件，也未设置后浇混凝土模板固定所需预埋件，需要根据具体图纸要求设置。预制外墙板吊点在构件重心两侧宽度和厚度两个方向对称布置，预埋吊件 MU 采用吊钉，实际工程图纸可能选用其他设置。

1. 识读无洞口外墙板深化详图

（1）WQ-3028 模板图

1）内叶墙板、保温板和外叶墙板的相对位置关系

通过识读 WQ-3028 模板图（图 4-20），可以得到其内叶墙板、保温板和外叶墙板的相对位置关系如下：

① 厚度方向：由内而外依次是内叶墙板、保温板和外叶墙板。

② 宽度方向：内叶墙板、保温板、外叶墙板均同中心轴对称布置，内叶墙板与保温板板边距 270mm，保温板与外叶墙板板边距 20mm。

③ 高度方向：内叶墙板底部高出结构板顶标高 20mm（灌浆区），顶部低于上层结构板顶标高 140mm（水平后浇带或后浇圈梁）。保温板底部与内叶墙板底部平齐，顶部与上一层结构板顶标高平齐。外叶墙板底部低于内叶墙板底部 35mm，顶部与上层结构板顶标高平齐。

2）WQ-3028 模板图基本信息

识读外墙模板图时，要结合主视图、俯视图、仰视图、右视图、预埋件明细表对照识读，由此可以得出以下信息：

① 基本尺寸：内叶墙板宽 2400mm（不含出筋），高 2640mm（不含出筋，底部预留 20mm 高灌浆区，顶部预留 140mm 高后浇区，合计层高为 2800mm），厚 200mm。保温板宽 2940mm，高 2780mm，厚度 t 按设计选用确定。外叶墙板宽 2980mm，高 2815mm，厚 60mm。

② 预埋灌浆套筒：内叶墙板底部预埋 7 个灌浆套筒，在墙板宽度方向上间距 245mm、355mm 间隔布置，内外两层钢筋网片上的套筒交错布置。套筒灌浆孔和出浆孔均设置在内叶墙板内侧面上，与设置墙板临时斜支撑同一侧。同一个套筒的灌浆孔和出浆孔竖向布置，灌浆孔在下、出浆孔在上，灌浆孔和出浆孔间距因不同工程墙板配筋直径不同会有所不同，但灌浆孔和出浆孔各自都处在同一水平高度上。因外侧钢筋网片上的套筒灌浆孔和出浆孔需绕过内侧网片竖向钢筋后达到内侧墙面，故灌浆孔间或出浆孔间的水平间距不均匀。

③ 预埋吊件：内叶墙板顶部有 2 个预埋吊件，编号 MJ1。布置在与内叶墙板内侧边间距 135mm，分别与内叶墙板左右两侧边间距 450mm 的对称位置处。

④ 预埋螺母：内叶墙板内侧面有 4 个临时支撑预埋螺母，编号 MJ2，矩形布置距离内叶墙板左右两侧边均为 350mm，下部螺母距离内叶墙板下边缘 550mm，上部螺母与下部螺母间距 1390mm。

⑤ 预埋电气线盒：内叶墙板内侧面有 3 个预埋电气线盒，线盒中心位置与墙板外边缘间距可根据工程实际情况从预埋线盒位置选用表中选取。

⑥ 其他：内叶墙板两侧边出筋长度均为 200mm。内叶墙板两侧均预留 30mm×5mm 凹槽，保障预制混凝土与后浇混凝土接缝处外观平整，同时也能够防止后浇混凝土漏浆。根据备注文字可知：内叶墙板对角线控制尺寸为 3568mm，外叶墙板对角线控制尺寸

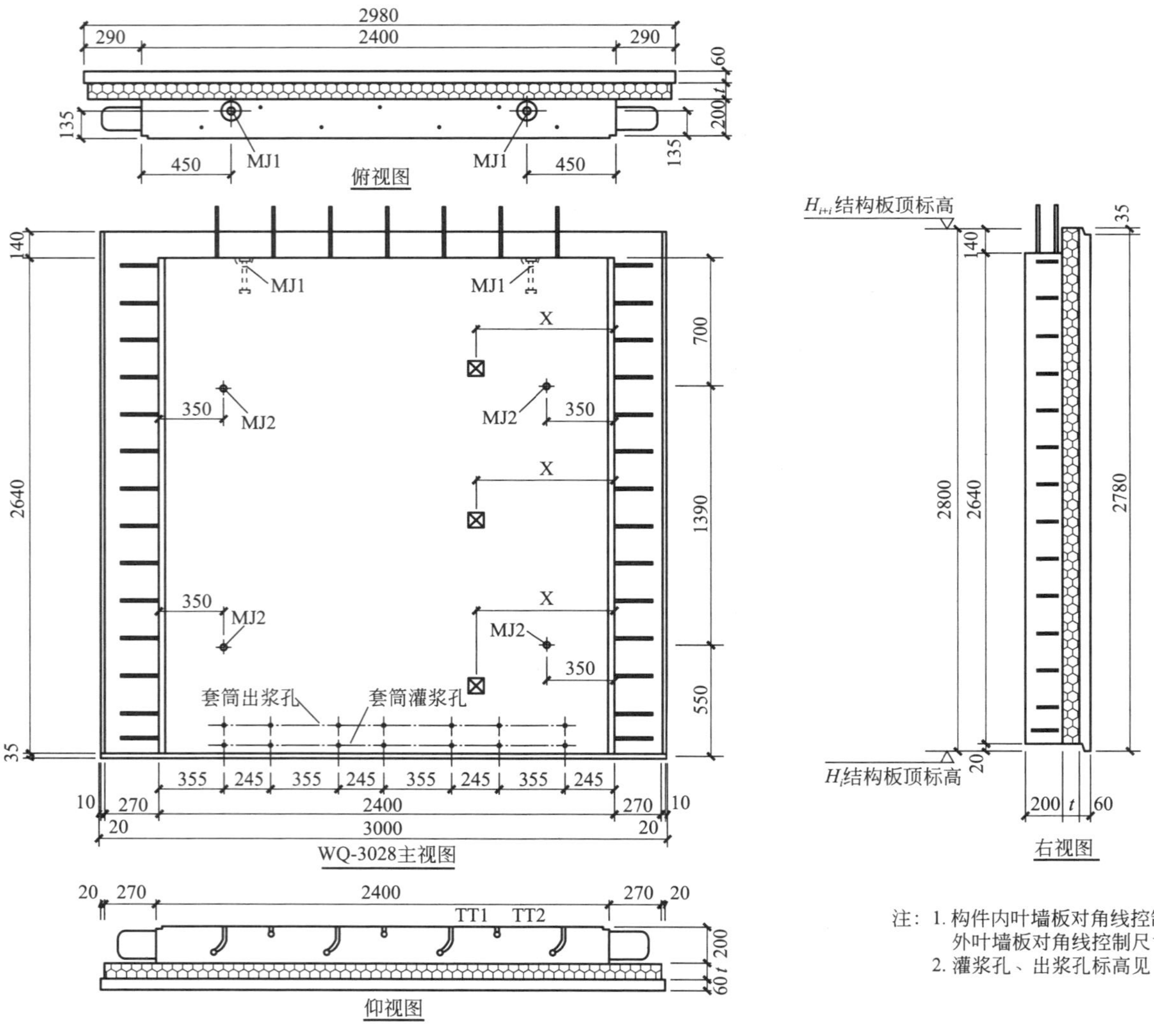

预埋配件明细表

编号	名称	数量	备注
MJ1	吊件	2	可选件 详见234页
MJ2	临时支撑预埋螺母	4	
TT1/TT2	套筒组件	3/4	详见235页

预埋线盒位置选用

位置	中心墙边距X(mm)
高区	X-150、450、1950、2250
中区	
低区	X-150、450、750、1050、1350、1650、1950、2250

俯视图

WQ-3028主视图

仰视图

H_{i+1}结构板顶标高

H_i结构板顶标高

右视图

注：1. 构件内叶墙板对角线控制尺寸为3568mm，
外叶墙板对角线控制尺寸为4099mm。
2. 灌浆孔、出浆孔标高见《15G365–1》第235页灌浆套筒详图。

图 4-20　WQ-3028 模板图

为 4099mm。

（2）WQ-3028 配筋图

从 WQ-3028 配筋图（图 4-21）中可以读出以下信息（本部分仅包含内叶墙板配筋，仅读取位置及分布信息，钢筋具体尺寸参见钢筋表）：

1）基本形式：通过 1-1 断面图可知，内外两层钢筋网片，水平分布筋在外，竖向分布筋在内。通过配筋图、3-3 和 4-4 断面图可知，水平分布筋在灌浆套筒及其顶部加密布置，墙端设置端部竖向构造筋。

2）7⌀16 与灌浆套筒连接的竖向分布筋 3a：根据配筋图、1-1 断面图可知，自墙板边 300mm 开始布置，间距 300mm，两层网片上隔一设一，本图中墙板内、外侧分别设置 3 根、4 根，共计 7 根。根据钢筋表可知，一、二、三级抗震要求时为 7⌀16，下端车丝，长度 23mm，与灌浆套筒机械连接；上端外伸 290mm，与上一层墙板中的灌浆套筒连接。四级抗震要求时为 7⌀14，下端车丝长度 21mm，上端外伸 275mm。

3）7⌀6 不连接灌浆套筒的竖向分布筋 3b：沿墙板高度通长布置，不外伸。自墙板边 300mm 开始布置，间距 300mm，与连接灌浆套筒的竖向分布筋 3a 间隔布置。本图中墙板内、外侧分别设置 4 根、3 根，共计 7 根。

4）4⌀12 墙端端部竖向构造筋 3c：距墙板边 50mm，沿墙板高度通长布置，不外伸。每端设置 2 根，共计 4 根。

5）13⌀8 墙体水平分布筋 3d：自墙板顶部 40mm 处（中心距）开始，间距 200mm 布置，共计 13 道。水平分布筋在墙体两侧各外伸 200mm，同高度处的两根水平分布筋外伸后端部连接形成预留外伸 U 形筋的形式。

6）2⌀8 灌浆套筒顶部水平加密筋 3f：灌浆套筒顶部以上至少 300mm 范围，与墙体水平分布筋间隔设置，形成间距 100mm 的加密区，共设置 2 道水平加密筋，不外伸，同高度处的两根水平加密筋端部连接做成封闭箍筋形式，箍住最外侧的端部竖向构造筋。

7）1⌀8 灌浆套筒处水平加密筋 3e：自墙板底部 80mm 处（中心距）布置一根，在墙体两侧各外伸 200mm，同高度处的两根水平加密筋外伸后端部连接形成预留外伸 U 形筋的形式。需注意的是，因灌浆套筒尺寸关系，对照 1-1、2-2 断面图可知，该处的水平加密筋并不在钢筋网片平面内，其外伸后形成的 U 形筋端部尺寸与其他水平筋不同。

8）⌀6@600 墙体拉结筋 3La 矩形布置，间距 600mm。墙体高度上自顶部节点向下布置（底部水平筋加密区，因高度不满足 2 倍间距要求，实际布置间距变小）。墙体宽度方向上因有端部拉结筋 3Lb，自第三列节点开始布置。根据配筋图与 4-4 断面图可知，共计 15 根。

9）26⌀6 端部拉结筋 3Lb：端部竖向构造筋与墙体水平分布筋交叉点处拉结筋，每节点均设置，结合配筋图与 3-3 断面图可知，两端共计 26 根。

10）5⌀6 底部拉结筋 3Lc：根据配筋图可知，与灌浆套筒处水平加密筋节点对应的拉结筋，自端节点起，间距不大于 600mm，共计 5 根。

（3）WQ 外叶墙板详图（图 4-22）

无洞口外叶墙板中钢筋采用焊接网片（图 4-22），间距不大于 150mm。网片混凝土保护层厚度按 20mm 计。竖向钢筋距离外叶墙板两侧边 30mm 开始摆放、顶部水平钢筋距离外叶墙板顶部 65mm 开始摆放、底部水平钢筋距离外叶墙板底部 35mm 开始摆放。

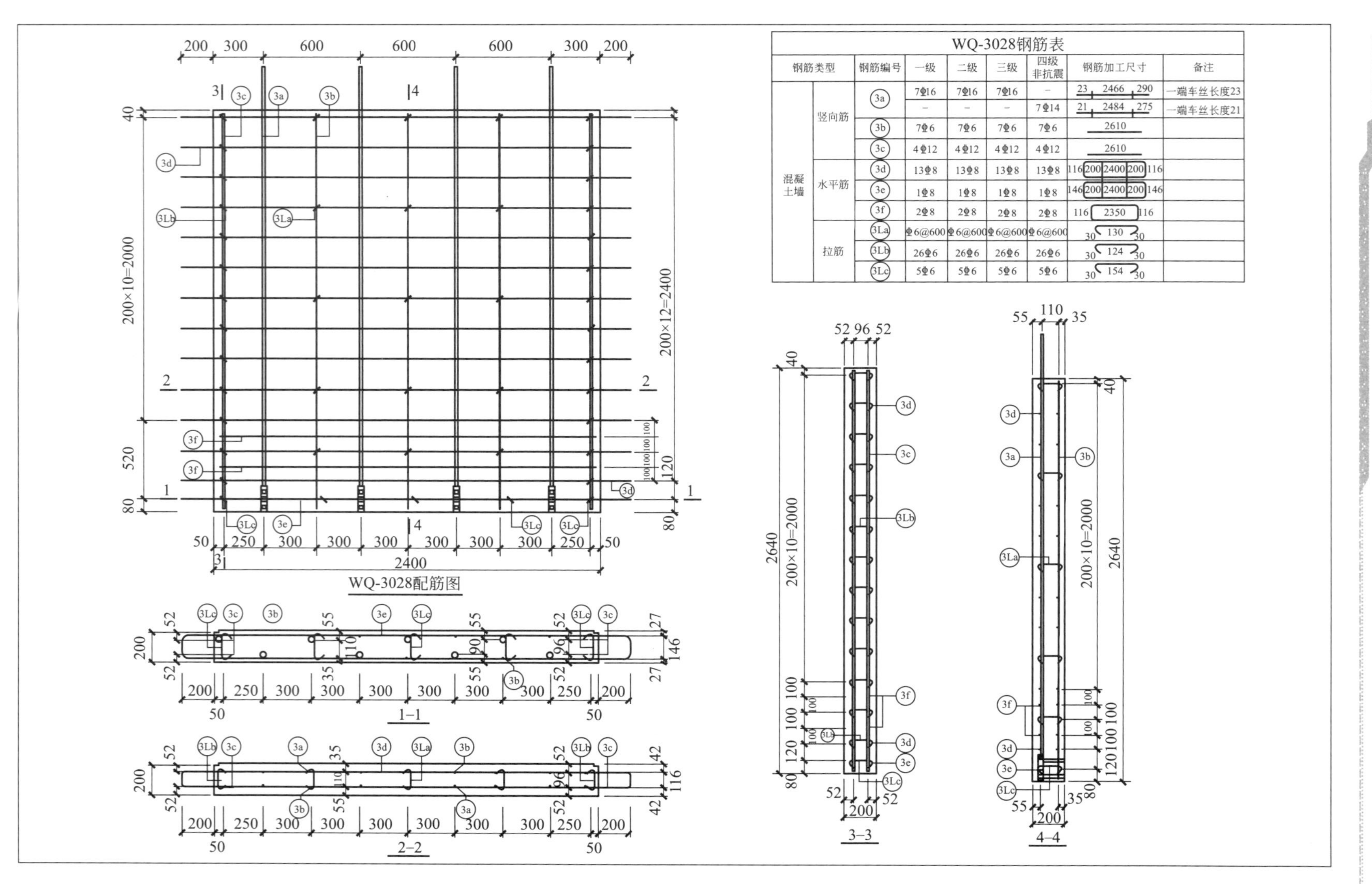

WQ-3028钢筋表

钢筋类型		钢筋编号	一级	二级	三级	四级非抗震	钢筋加工尺寸	备注
混凝土墙	竖向筋	3a	7Φ16	7Φ16	7Φ16	–	23 2466 290	一端车丝长度23
			–	–	–	7Φ14	21 2484 275	一端车丝长度21
		3b	7Φ6	7Φ6	7Φ6	7Φ6	2610	
		3c	4Φ12	4Φ12	4Φ12	4Φ12	2610	
	水平筋	3d	13Φ8	13Φ8	13Φ8	13Φ8	116 200 2400 200 116	
		3e	1Φ8	1Φ8	1Φ8	1Φ8	146 200 2400 200 146	
		3f	2Φ8	2Φ8	2Φ8	2Φ8	116 2350 116	
	拉筋	3La	Φ6@600	Φ6@600	Φ6@600	Φ6@600	30 130 30	
		3Lb	26Φ6	26Φ6	26Φ6	26Φ6	30 124 30	
		3Lc	5Φ6	5Φ6	5Φ6	5Φ6	30 154 30	

图 4-21　WQ-3028 配筋图

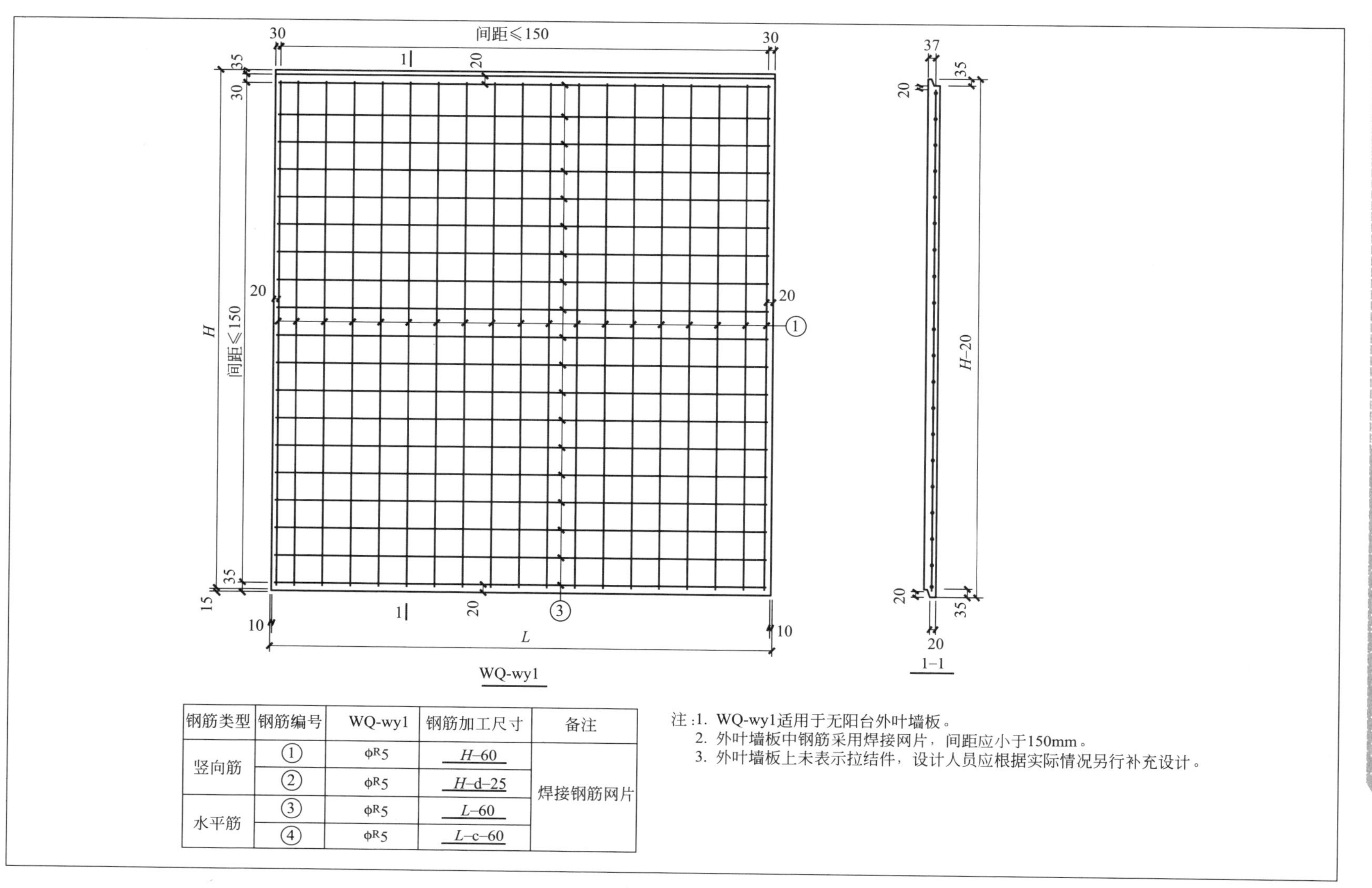

钢筋类型	钢筋编号	WQ-wy1	钢筋加工尺寸	备注
竖向筋	①	ϕ^R5	H-60	焊接钢筋网片
	②	ϕ^R5	H-d-25	
水平筋	③	ϕ^R5	L-60	
	④	ϕ^R5	L-c-60	

注：1. WQ-wy1适用于无阳台外叶墙板。
2. 外叶墙板中钢筋采用焊接网片，间距应小于150mm。
3. 外叶墙板上未表示拉结件，设计人员应根据实际情况另行补充设计。

图4-22　WQ外叶墙板详图

2. 识读一个窗洞外墙板深化详图

根据窗台高度的不同，一个窗洞外墙板分为一个窗洞高窗台外墙板和一个窗洞矮窗台外墙板两类，其构造形式大体相同。下面以一个窗洞高窗台外墙板 WQC1-3328-1514 为例，通过模板图（图 4-23）和配筋图（图 4-24）识读其基本尺寸和配筋情况。

（1）WQC1-3328-1514 模板图

1）内叶墙板、保温板和外叶墙板的相对位置关系

内叶墙板、保温板和外叶墙板的相对位置关系参见 WQ-3028。

2）WQC1-3328-1514 模板图基本信息

识读外墙模板图时，要结合主视图、俯视图、仰视图、右视图、预埋件明细表等对照识读，可以得出以下信息：

① 基本尺寸：内叶墙板宽 2700mm（不含出筋），高 2640mm（不含出筋），厚 200mm。保温板宽 3240mm，高 2780mm，厚度按设计选用确定。外叶墙板宽 3280mm，高 2815mm，厚 60mm。窗洞口宽 1500mm，高 1400mm，宽度方向居中布置，窗台与内叶墙板底间距 930mm（根据文字说明，建筑面层为 100mm，间距为 980mm）。

② 预埋灌浆套筒：窗洞口两侧的边缘构件竖向筋底部，每侧 6 个，共计 12 个灌浆套筒。套筒灌浆孔和出浆孔均设置在墙板内侧面上，与设置墙板临时斜支撑同一侧。同一个套筒的灌浆孔和出浆孔竖向布置，灌浆孔在下、出浆孔在上。灌浆孔和出浆孔各自都处在同一水平高度上，灌浆孔间或出浆孔间的水平间距不均匀。

③ 预埋吊件：墙板顶部有 2 个预埋吊件，编号 MJ1。布置在与内叶墙板内侧边间距 135mm，分别与内叶墙板左右两侧边间距 325mm 的对称位置处。

④ 预埋螺母：墙板内侧面有 4 个临时支撑预埋螺母，编号 MJ2。矩形布置，距离内叶墙板左右两侧边均为 300mm、下部螺母距离内叶墙板下边缘 550mm、上部螺母与下部螺母间距 1390mm。

⑤ 预埋电气线盒：窗洞两侧各有 2 个预埋电气线盒，窗洞下部有 1 个预埋电气线盒，共计 5 个。线盒中心位置与墙板外边缘间距可根据工程实际情况选取。

⑥ 窗下填充聚苯板：窗台下设置 2 块 B-30 型和 1 块 B-50 型聚苯板轻质填充块，距窗洞边 100m 布置。2 块聚苯板间距 100mm，顶部与窗台间距 200mm（根据文字说明，建筑面层为 100mm，间距为 225mm）。

⑦ 其他：内叶墙板两侧均预留凹槽 30mm×5mm。内叶墙板对角线控制尺寸为 3776mm，外叶墙板对角线控制尺寸为 4322mm。

（2）WQC1-3328-1514 配筋图

从配筋图和钢筋表中可以读出以下信息（仅读取位置及分布信息，钢筋具体尺寸参见钢筋表）：

1）基本形式：墙体内外两层钢筋网片，水平分布筋在外、竖向分布筋在内。窗洞上设置连梁，窗洞口两侧设置边缘构件。

2）2Φ16 连梁底部纵筋 1Za：墙宽通长布置，两侧均外伸 200mm，一级抗震要求时为 2Φ18。其他为 2Φ16。

3）2Φ10 连梁腰筋 1Zb：墙宽通长布置，两侧均外伸 200mm，与墙板顶部距离

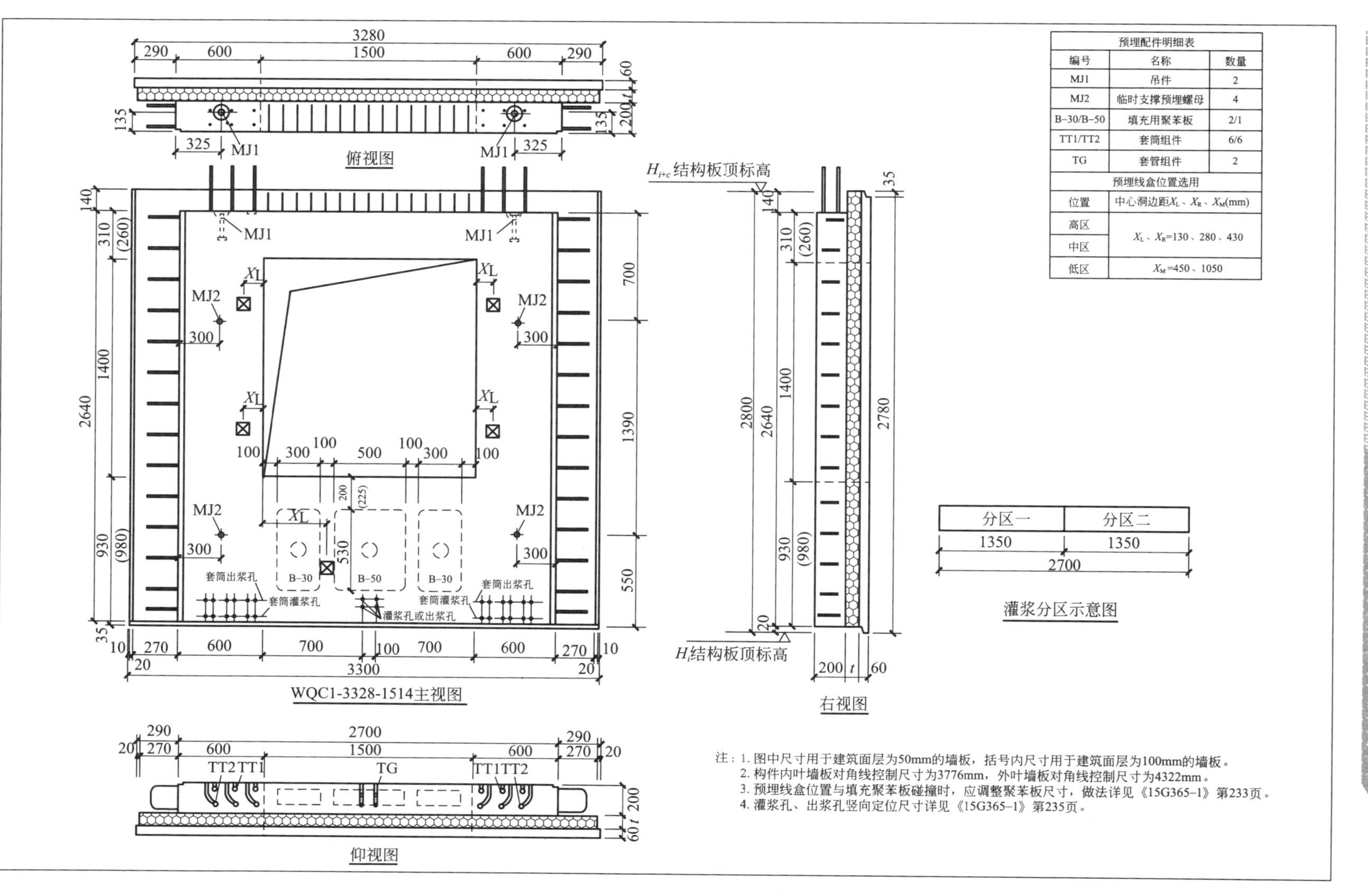

图 4-23　WQC1-3328-1514 模板图

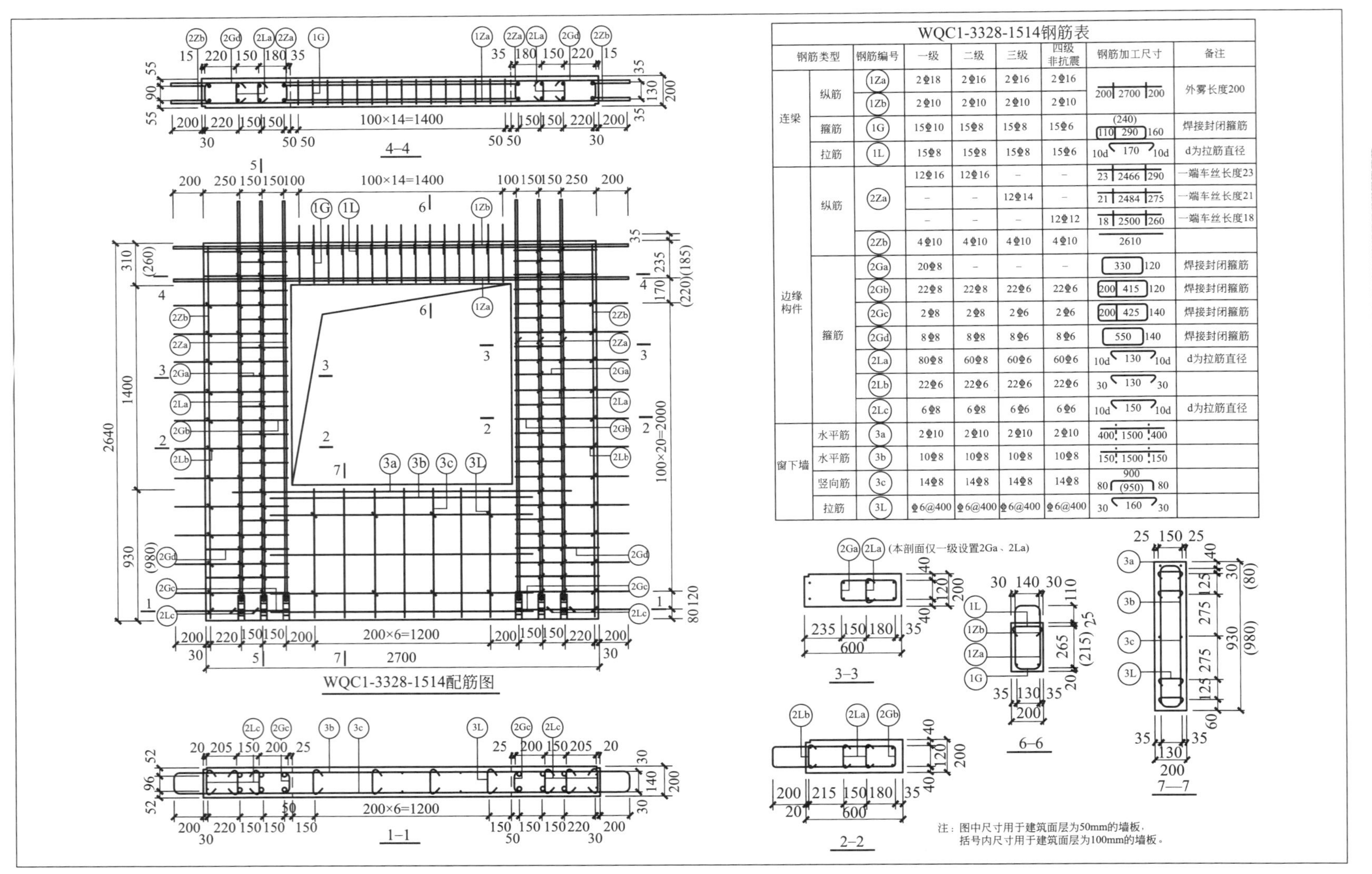

WQC1-3328-1514钢筋表

钢筋类型		钢筋编号	一级	二级	三级	四级非抗震	钢筋加工尺寸	备注
连梁	纵筋	1Za	2Φ18	2Φ16	2Φ16	2Φ16	200 2700 200	外露长度200
		1Zb	2Φ10	2Φ10	2Φ10	2Φ10		
	箍筋	1G	15Φ10	15Φ8	15Φ8	15Φ6	(240) 110 290 160	焊接封闭箍筋
	拉筋	1L	15Φ8	15Φ8	15Φ8	15Φ6	10d 170 10d	d为拉筋直径
边缘构件	纵筋	2Za	12Φ16	12Φ16	–	–	23 2466 290	一端车丝长度23
			–	–	12Φ14	–	21 2484 275	一端车丝长度21
			–	–	–	12Φ12	18 2500 260	一端车丝长度18
		2Zb	4Φ10	4Φ10	4Φ10	4Φ10	2610	
	箍筋	2Ga	20Φ8	–	–	–	330 120	焊接封闭箍筋
		2Gb	22Φ8	22Φ8	22Φ6	22Φ6	200 415 120	焊接封闭箍筋
		2Gc	2Φ8	2Φ8	2Φ6	2Φ6	200 425 140	焊接封闭箍筋
		2Gd	8Φ8	8Φ8	8Φ6	8Φ6	550 140	焊接封闭箍筋
		2La	80Φ8	60Φ8	60Φ6	60Φ6	10d 130 10d	d为拉筋直径
		2Lb	22Φ6	22Φ6	22Φ6	22Φ6	30 130 30	
		2Lc	6Φ8	6Φ8	6Φ6	6Φ6	10d 150 10d	d为拉筋直径
窗下墙	水平筋	3a	2Φ10	2Φ10	2Φ10	2Φ10	400 1500 400	
	水平筋	3b	10Φ8	10Φ8	10Φ8	10Φ8	150 1500 150	
	竖向筋	3c	14Φ8	14Φ8	14Φ8	14Φ8	900 80 (950) 80	
	拉筋	3L	Φ6@400	Φ6@400	Φ6@400	Φ6@400	30 160 30	

图 4-24　WQC1-3328-1514 配筋图

25mm，与连梁底部纵筋间距 265mm（当建筑面层为 100mm 时，间距 215mm）。

4）15Φ10 连梁箍筋 1G：焊接封闭箍筋，箍住连梁底部纵筋和腰筋，上部外伸 110mm 至水平后浇带或圈梁混凝土内，仅窗洞正上方布置，距离窗洞边缘 60mm 开始等间距设置，一级抗震要求时为 15Φ10，二、三级抗震要求时为 15Φ8，四级抗震要求时为 15Φ6。

5）15Φ8 连梁拉筋 1L：拉结连梁腰筋和箍筋，弯钩平直段长度为 10d。一、二、三级抗震要求时为 15Φ8，四级抗震要求时为 15Φ6。

6）12Φ16 与灌浆套筒连接的边缘构件竖向纵筋 2Za：其中，窗洞口两侧边缘构件竖向纵筋共 12 根，距离窗洞边缘 50mm 开始布置，间距 150mm 布置 3 列，距边缘构件最外侧竖向纵筋 220mm，边缘构件两侧墙身竖向筋各 1 根，一、二级抗震要求时为 12Φ16，下端车丝，长度 23mm，与灌浆套筒机械连接。上端外伸 290mm，与上一层墙板中的灌浆套筒连接。三级抗震要求时为 12Φ14，下端车丝长度 21mm，上端外伸 275mm。四级抗震要求时为 12Φ12，下端车丝长度 18mm，上端外伸 260mm。

7）4Φ10 不与灌浆套筒连接的边缘构件竖向纵筋 2Zb：沿墙板高度通长布置，不连接灌浆套筒，不外伸。其中墙端边缘竖向构造筋每端设置 2 根，共计 4 根，距墙板边 30mm 布置。与灌浆套筒连接的 2 根墙身竖向筋 2Za 距墙板边 250mm 布置。

除连梁纵筋和腰筋因直径较大不易弯曲而直线外伸外，其余直径较小的墙体水平分布筋无论外伸与否，内外两层网片上同高度处两根水平分布筋均在端部弯折连接做成封闭箍筋状，钢筋表中均作为箍筋处理。

8）2Φ8 灌浆套筒处水平分布筋 2Gc：距墙板底部 80mm 处（中心距）布置，从窗洞口边缘构件内侧至墙端。两层网片上同高度处两根水平分布筋在端部弯折连接形成封闭箍筋状，一端箍住窗洞口边缘构件最外侧竖向分布筋，另一端外伸 200m，外伸后形成预留外伸 U 形筋的形式，窗洞两侧各设置一道。因灌浆套筒尺寸关系，该处箍筋并不在钢筋网片平面内。一、二级抗震要求为 2Φ8，三、四级抗震要求时为 2Φ6。

9）22Φ8 墙体水平分布筋 2Gb：套筒顶部至连梁底部之间均布，距墙板底部 200mm 处开始布置，间距 200mm，两层网片上同高度处两根水平分布筋在端部弯折连接形成封闭箍筋状。一端箍住窗洞口处边缘构件竖向分布筋，另一端外伸 200mm，外伸后形成预留外伸 U 形筋的形式。窗洞两侧各设置 11 道。一、二级抗震要求时为 22Φ8，三、四级抗震要求时为 22Φ6。

10）8Φ8 套筒顶和连梁处水平加密筋 2Gd：套筒顶部以上 300mm 范围和连梁高度范围内设置，间距 200mm，套筒顶部以上 300mm 范围内设置 2 道，与墙体水平分布筋 2Gb 间隔设置。连梁高度范围内设置 2 道（最上一根的 2Gb 以上 200mm 开始布置）。两层网片上同高度处两根水平加强筋在端部弯折连接形成封闭箍筋状。一端箍住窗洞口边缘构件最外侧竖向分布筋，另一端箍住墙体端部竖向构造纵筋 2Zb，不外伸。窗洞两侧共设置 8 道。一、二级抗震要求时为 8Φ8，三，四级抗震要求时为 8Φ6。

11）20Φ8 窗洞口边缘构件箍筋 2Ga：套筒顶部 300m 以上范围和连梁高度范围内设置，间距 200mm。套筒顶部 300mm 以上范围内与墙体水平分布筋 2Gb 间隔设置连梁高度范围内与连梁处水平加密筋 2Gd 间隔设置。焊接封闭箍筋，箍住最外侧的窗洞口边缘构件竖向分布筋。仅在一级抗震要求时设置，窗洞两侧各设置 10Φ8。

12）80Φ8 窗洞口边缘构件拉结筋 2La：窗洞口边缘构件竖向纵筋与各类水平筋（墙体水平分布筋、边缘构件箍筋等）交叉点处拉结筋（无箍筋拉结处），不含灌浆套筒区域。弯钩平直段长度 10d。一级抗震要求时窗洞口两侧每侧 40Φ8，二级抗震要求时窗洞口两侧每侧 30Φ8，三、四级抗震要求时窗洞口两侧每侧 30Φ6。

13）22Φ6 墙端边缘竖向构造纵筋拉结筋 2Lb：墙端边缘竖向构造纵筋 2Zb 与墙体水平分布筋 2Gb 交叉点处拉结筋，每端 11 道，弯钩平直段长度 30mm。

14）6Φ8 灌浆套筒处拉结筋 2Lc：灌浆套筒处水平分布筋与灌浆套筒和墙端端部竖向构造纵筋交叉点处拉结筋，弯钩平直段长度 10d。一、二级抗震要求时为 6Φ8。三、四级抗震要求时为 6Φ6。

15）2Φ10 窗下水平加强筋 3a：窗台下布置，对照 7-7 断面图可知，距窗台面 40mm，端部伸入窗洞口两侧混凝土内 400mm。

16）10Φ8 窗下墙水平分布筋 3b：窗下墙处布置，端部伸入窗洞口两侧混凝土内 150mm。共布置 5 道，底部 2 道分别与套筒处水平分布筋和套筒顶第一根水平分布筋搭接，顶部 1 道距窗台 70mm，其余 2 道布置位置可见 7-7 断面图。

17）14Φ8 窗下墙竖向分布筋 3c：窗下墙处，距窗洞口边缘 150mm 开始布置，对照 1-1 断面图可知，间距 200mm，端部弯折 90°，弯钩长度为 80mm，两侧竖向筋通过弯钩连接。

18）Φ6@400 窗下墙拉结筋 3L：窗下墙处，矩形布置。

（3）WQC1 外叶墙板详图

外叶墙板中钢筋采用焊接网片（图 4-25），间距不大于 150mm。网片偏墙板外侧设置，混凝土保护层厚度按 20mm 计。竖向钢筋距离外叶墙板两侧边 30mm 开始摆放、顶部水平钢筋距离外叶墙板顶部 65mm 开始摆放、底部水平钢筋距离外叶墙板底部 35mm 开始摆放。

有门窗洞口的外叶墙板，钢筋在洞口处截断处理，但需在洞口边缘设置通长钢筋，一般在距离洞口边缘 30mm 处设置。洞口角部设置 800mm 长加固筋，每个角部两根。

4.2.4 预制剪力墙构造

预制剪力墙宜采用一字形，也可采用 L 形、T 形或 U 形。可根据建筑功能和结构平立面布置的要求，也根据构件的生产、运输和安装能力，确定预制构件的形状和大小。

4-5 预制剪力墙节点构造

1. 开洞构造

开洞预制剪力墙洞口宜居中布置，洞口两侧的墙肢宽度不应小 200mm，洞口上方连梁高度不宜小于 250mm。

预制剪力墙的连梁不宜开洞；当需开洞时，洞口宜预埋套管，洞口上、下截面的有效高度不宜小于梁高的 1/3，且不宜小于 200mm（图 4-26）；被洞口削弱的连梁截面应进行承载力验算，洞口处应配置补强纵向钢筋和箍筋，补强纵向钢筋的直径不应小于 12mm。

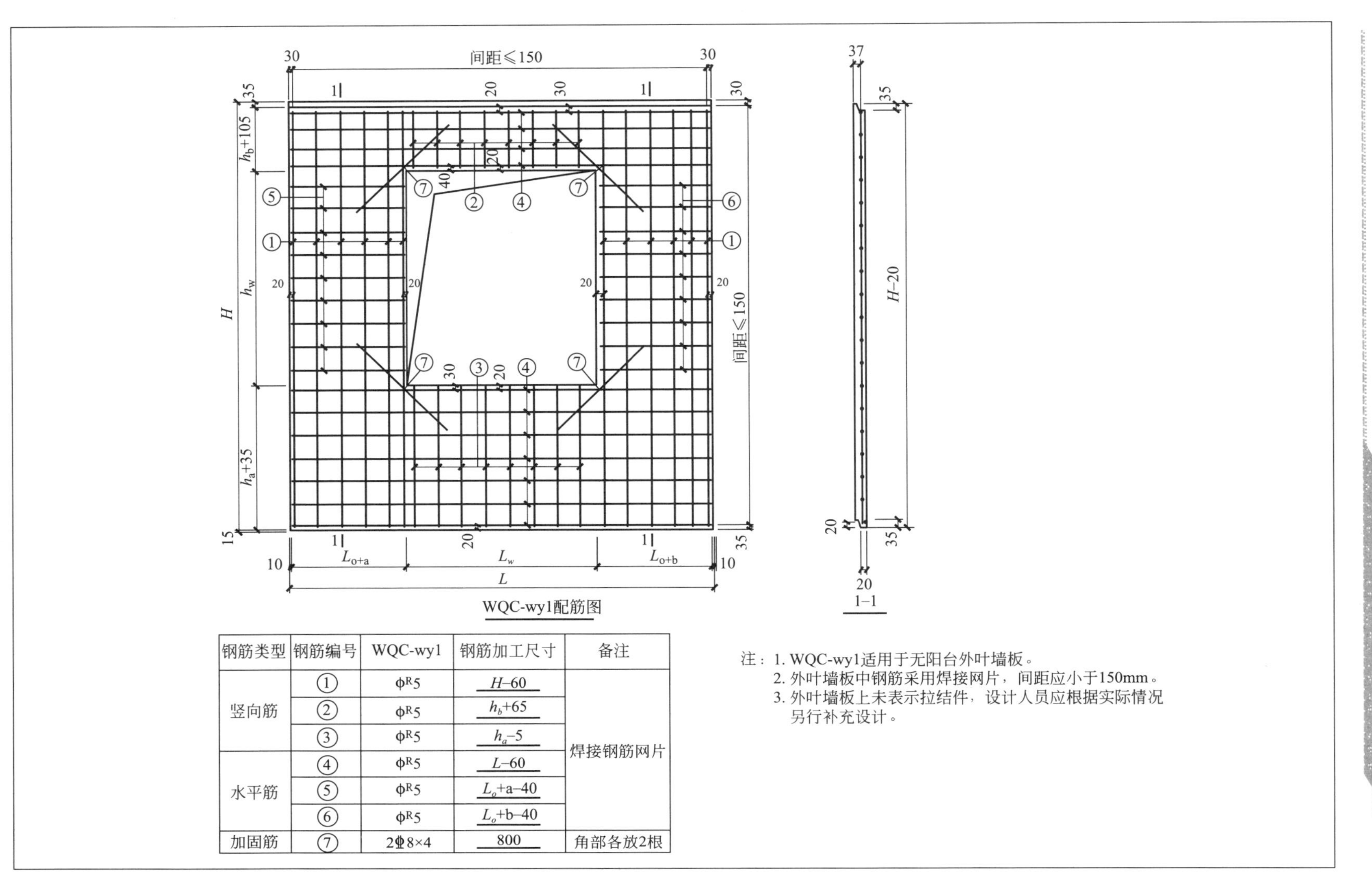

钢筋类型	钢筋编号	WQC-wy1	钢筋加工尺寸	备注
竖向筋	①	ϕ^R5	$H-60$	焊接钢筋网片
	②	ϕ^R5	h_b+65	
	③	ϕ^R5	h_a-5	
水平筋	④	ϕ^R5	$L-60$	
	⑤	ϕ^R5	L_o+a−40	
	⑥	ϕ^R5	L_o+b−40	
加固筋	⑦	2Φ8×4	800	角部各放2根

注：1. WQC-wy1适用于无阳台外叶墙板。
2. 外叶墙板中钢筋采用焊接网片，间距应小于150mm。
3. 外叶墙板上未表示拉结件，设计人员应根据实际情况另行补充设计。

图 4-25　WQC1 外叶墙板详图

预制剪力墙开有边长小于 800mm 的洞口且在结构整体计算中不考虑其影响时，应沿洞口周边配置补强钢筋；补强钢筋的直径不应小于 12mm，截面面积不应小于同方向被洞口截断的钢筋面积；该钢筋自孔洞边角算起伸入墙内的长度，非抗震设计时不应小于 l_a，抗震设计时不应小于 l_{aE}，如图 4-27 所示。

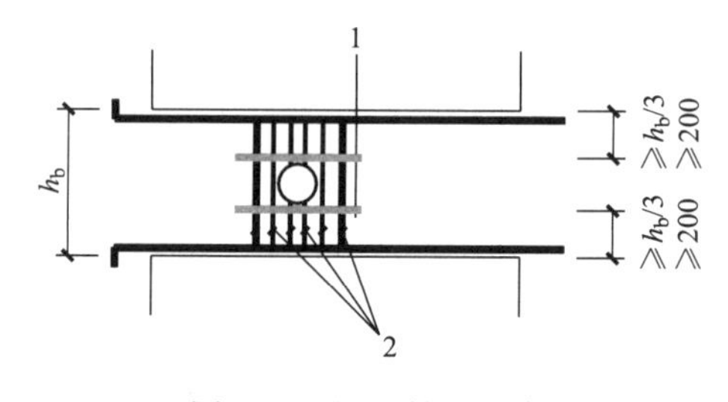

图 4-26　洞口补强示意
1-连梁洞口上、下补强纵向钢筋；
2-连梁洞口补强筋

2. 套筒灌浆构造要求

预制剪力墙竖向钢筋采用套筒灌浆连接时，自套筒底部至套筒顶部并向上延伸 300mm 范围内，预制剪力墙的水平分布钢筋应加密（图 4-28），加密区水平分布钢筋的最大间距及最小直径应符合表 4-1 的规定，套筒上端第一道水平分布钢筋距离套筒顶部不应大于 50mm。

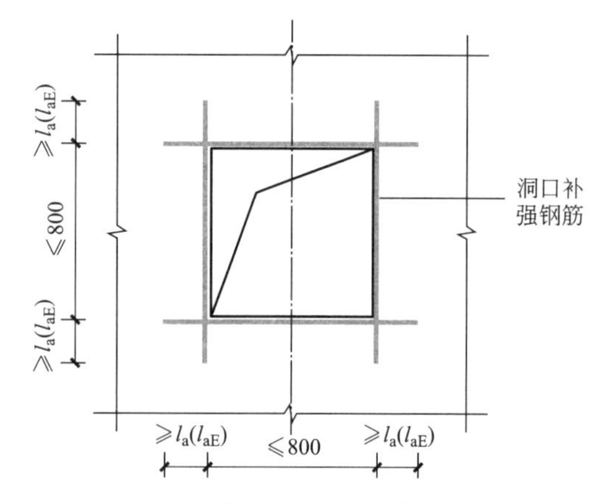

图 4-27　预制剪力墙洞口补强钢筋配置示意
l_a-钢筋计算锚固长度；l_{aE}-抗震时
钢筋计算锚固长度

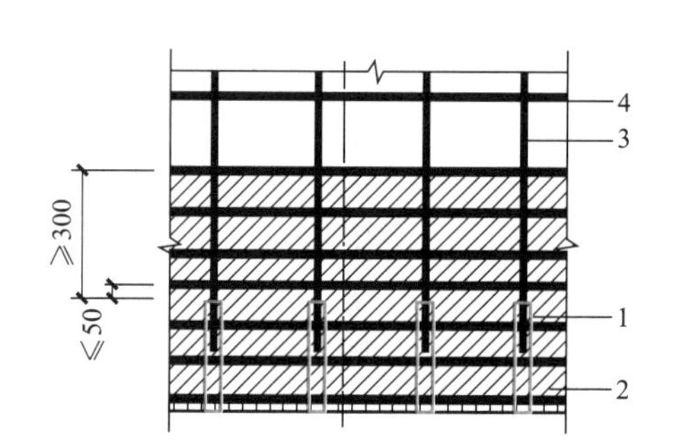

图 4-28　钢筋套筒灌浆连接部位水平分布筋加密构造示意
1-竖向钢筋连接；2-水平钢筋加密区域（阴影区域）；
3-竖向钢筋；4-水平分布钢筋

加密区水平分布钢筋的要求（单位：mm）　　表 4-1

抗震等级	最大间距	最小直径
一级、二级	100	8
三级、四级	150	8

预制剪力墙中钢筋接头处套筒外侧钢筋的混凝土保护层厚度不应小于 15mm，套筒之间的净距不应小于 25mm。

3. 减重构造

在预制剪力墙中，为了减轻整间墙板构件的重量、便利吊装、节约建筑建造成本，窗下墙体需要填充轻质材料。窗下混凝土墙中一般填充模塑聚苯板（EFS）轻质材料，轻质材料密度要求 12kg/m^3 以上，从而达到减轻墙体自重的目的。轻质填充材料须在窗口下方范围内设置，避开预留线盒。

4. 竖缝连接构造

楼层内相邻预制剪力墙之间应采用整体式接缝连接，且应符合下列规定：

当接缝位于纵横墙交接处的约束边缘构件区域时，约束边缘构件的阴影区域（图 4-29）宜全部采用后浇混凝土，并应在后浇段内设置封闭箍筋。

当接缝位于纵横墙交接处的构造边缘构件区域时，构造边缘构件宜全部采用后浇混凝土（图 4-30）；当仅在一面墙上设置后浇段时，后浇段的长度不宜小于 300mm（图 4-31）。

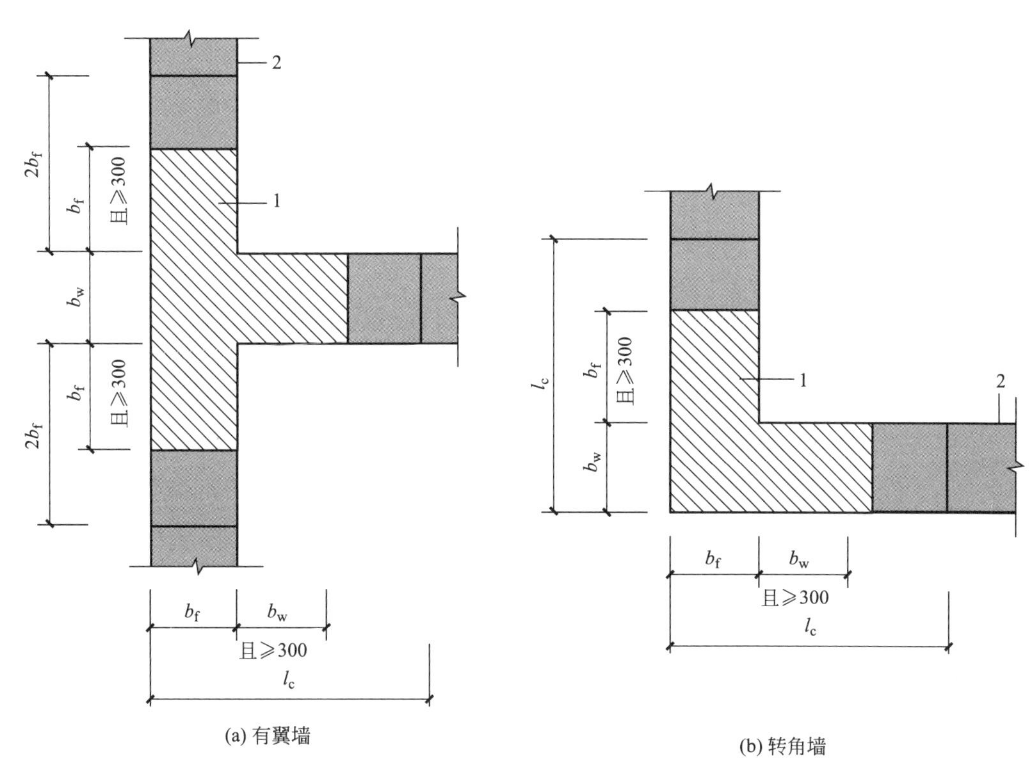

图 4-29 约束边缘构件阴影区域全部后浇构造示意图

L_c-约束边缘构件沿墙肢的长度；1-后浇段；2-预制剪力墙

边缘构件内的配筋及构造要求应符合《建筑抗震设计规范》GB 50011—2010 的有关规定；预制剪力墙的水平分布钢筋在后浇段内的锚固、连接应符合《混凝土结构设计规范》GB 50010—2010 的有关规定。

非边缘构件位置，相邻预制剪力墙之间应设置后浇段，后浇段的宽度不应小于墙厚且不宜小于 200mm；后浇段内应设置不少于 4 根竖向钢筋，钢筋直径不应小于墙体竖向分布筋直径且不应小于 8mm；两侧墙体的水平分布筋在后浇段内的锚固、连接应符合《混凝土结构设计规范》GB 50010—2010 的有关规定。

在确定剪力墙竖向接缝的位置时，首先要尽量避免拼缝对结构整体性能的影响，还要

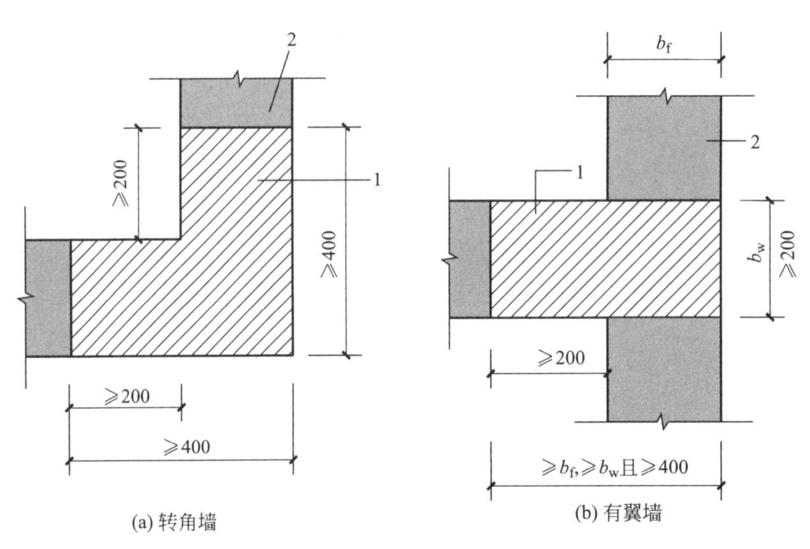

图 4-30 构造边缘构件全部后浇构造示意图（阴影区域为构造边缘构件范围）

1-后浇段；2-预制剪力墙

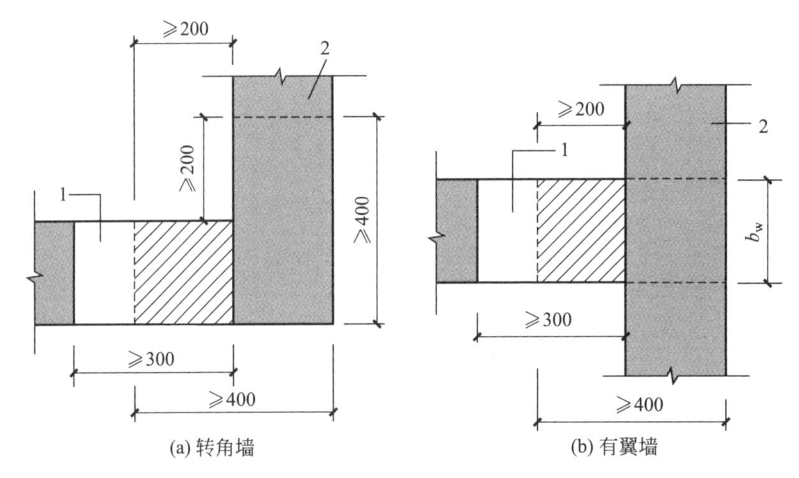

图 4-31 构造边缘构件部分后浇构造示意图（阴影区域为构造边缘构件范围）

1-后浇段；2-预制剪力墙

考虑建筑功能和艺术效果，从而便于生产、运输和安装。当采用一字形墙板构件时，拼缝通常位于纵横墙片交接处的边缘构件位置，边缘构件是保证剪力墙抗震性能的重要构件，《装配式混凝土建筑技术标准》GB/T 51231—2016 建议宜全部或者大部分采用现浇混凝土。如边缘构件的一部分现浇，另一部分预制，则应采取可靠连接措施，保证现浇与预制部分共同组成叠合式边缘构件。

对于约束边缘构件，阴影区域宜采用现浇，则竖向钢筋均可配置在现浇拼缝内，且在现浇拼缝内配置封闭箍筋及拉筋，预制墙板中的水平分布筋在现浇拼缝内锚固。如果阴影区域部分预制，则竖向钢筋可一部分配置在现浇拼缝内，另一部分配置在预制段内；预制段内的水平钢筋和现浇拼缝内的水平钢筋需通过搭接、焊接等措施形成封闭的环箍，并满足国家现行相关规范的配箍率要求。

墙肢端部的构造边缘构件通常全部预制；当采用 L 形、T 形或者 U 形墙板时，拐角处的构造边缘构件可全部位于预制剪力墙段内，竖向受力钢筋可采用搭接连接或焊接连接。

5. 水平缝连接构造

预制剪力墙水平接缝宜设置在楼面标高处，接缝高度宜为 20mm，接缝处宜采用坐浆料填实，预制剪力墙接缝处宜设置粗糙面。

对于上下层预制剪力墙的竖向钢筋，当采用钢筋套筒灌浆连接或浆锚搭接时，应符合下列规定：

（1）边缘构件竖向钢筋应逐根连接。由于边缘构件是保证剪力墙抗震性能的重要构件，而且钢筋较粗，因此要求每根钢筋应逐一连接，如图 4-32 所示。

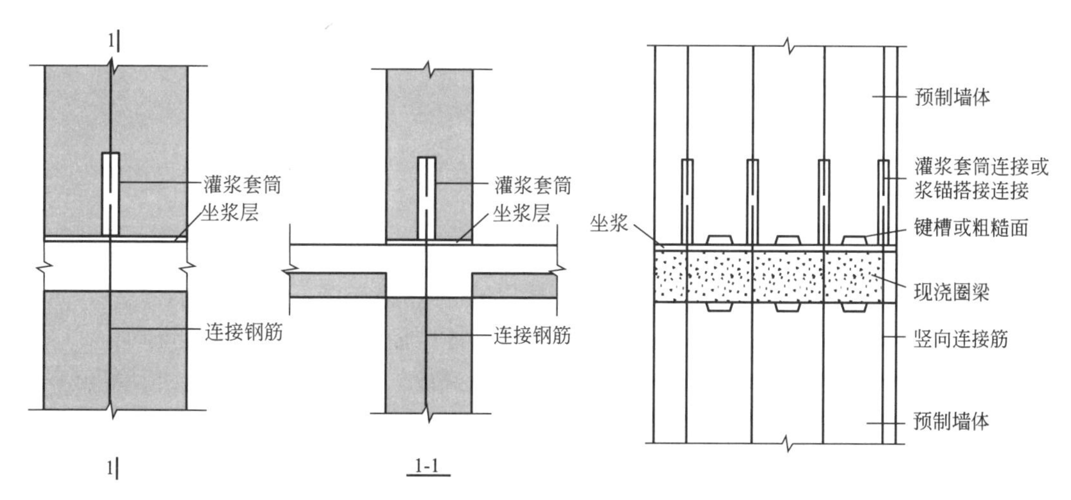

图 4-32　边缘构件竖向钢筋连接构造示意图

（2）预制剪力墙的竖向分布钢筋可采用部分连接，如图 4-33 所示，被连接的同侧钢筋间距不应大于 600mm，且在剪力墙构件承载力设计和分布钢筋配筋率计算中不得计入

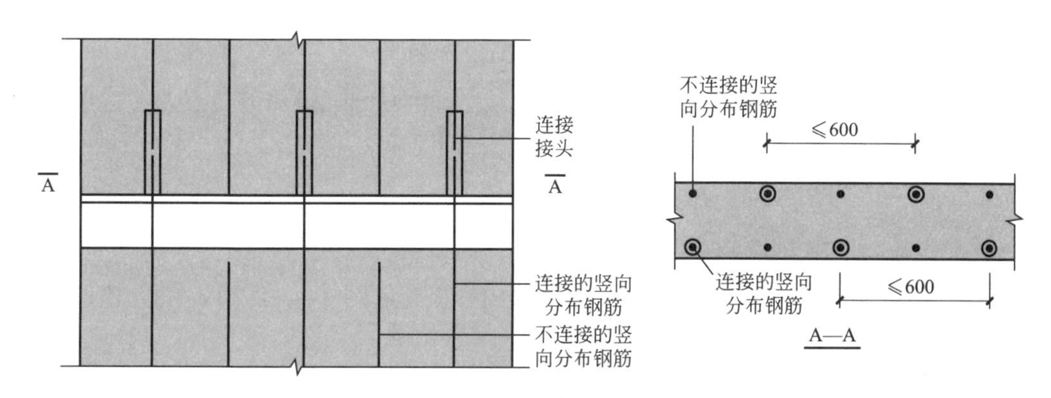

图 4-33　预制剪力墙竖向分布钢筋连接构造示意图

不连接的分布钢筋；不连接的竖向分布钢筋直径不应小于6mm。

6. 防水构造

预制外墙板的接缝及门窗洞口等防水薄弱部位宜采用材料防水和构造防水相结合的做法，并应符合下列规定：(1) 墙板水平接缝宜采用高低缝或企口缝构造；(2) 墙板竖缝可采用平口或槽口构造；(3) 当板缝空腔需设置导水管排水时，板缝内侧应增设气密条密封构造。

拓展学习资源

4拓-1墙板生产1

4拓-2墙板生产2

任务训练

识读附录某教师公寓项目4号楼预制隔墙PCGQ-01模板图，完成下列各题。

1. 识读附录“1F PCGQ-01模板图”可知，墙体厚度________mm，粗糙面________个，内叶板厚度________mm，宽度________mm，高度________mm；外叶板厚度________mm，宽度________mm，高度________mm；保温层距离外叶板两侧面为________mm、距离洞口边沿________mm。

2. 减重板设置在窗台________（上方或下方），所用材料为________，厚度为________mm，高度为________mm，距离窗台________mm，距离墙底________mm；保温板材料为________，厚度为________mm，距离窗台面________mm。

3. 识读附录“1F PCGQ-01模板图”可知，该墙板有________个洞口，高度为________mm，宽有________mm和________mm，两洞口间尺寸为________mm。预埋件MJ1名称为________，数量为________个；预埋件MJ2名称为________，数量为________个，距离内叶板两侧面分别是为________mm、________mm；波纹盲孔有________个，距离内叶板两侧面均为________mm；MJ3有________个，MJ5有________个，名称________，间距________mm。

项目拓展

识读附录“1F PCGQ-01配筋图”，补绘内叶板配筋图1-1、2-2或3-3，比例1：25，如图4-34所示。

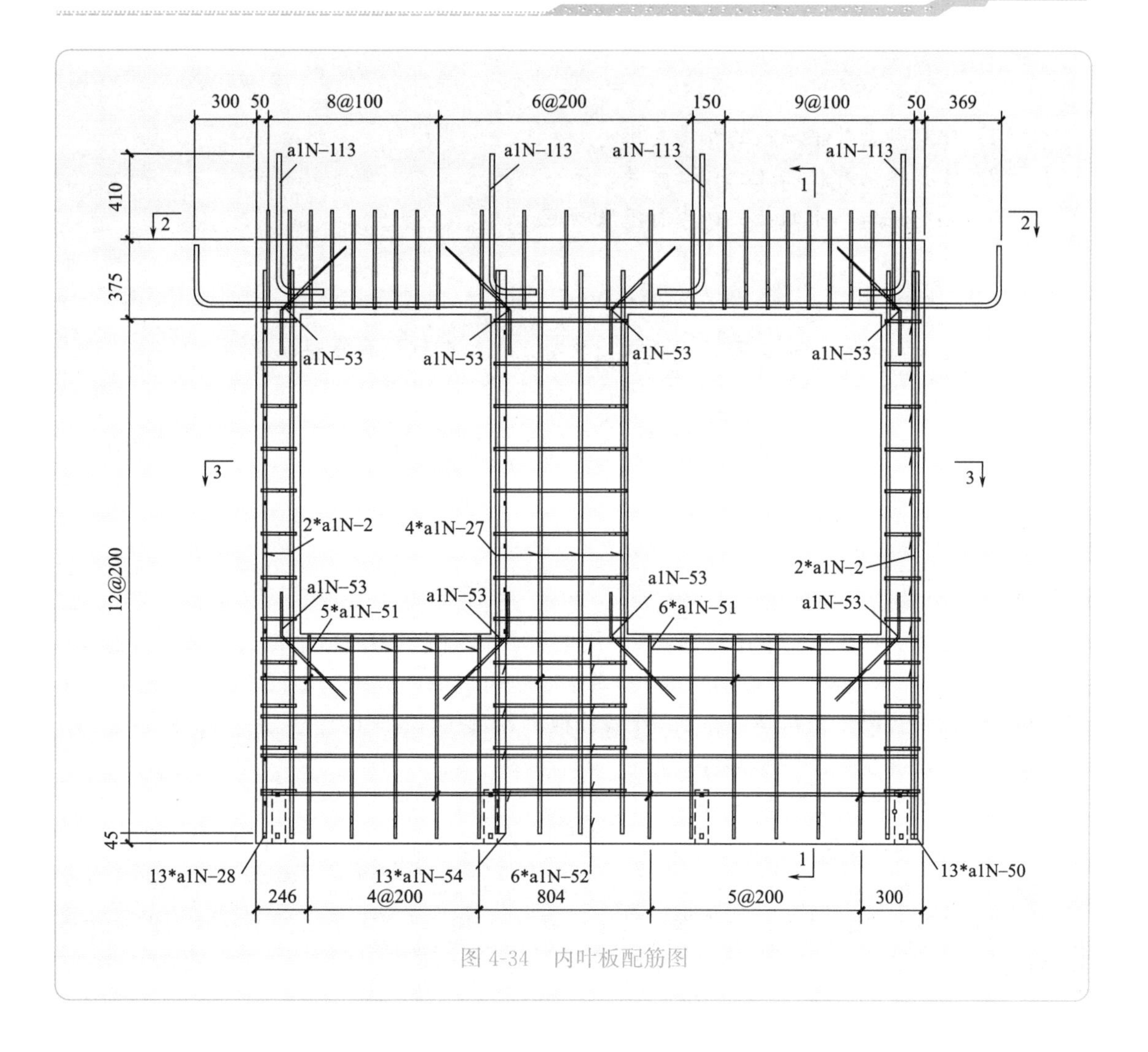

图 4-34　内叶板配筋图

任务 4.3　识读预制外挂墙板详图

任务描述

基于附录某教师公寓项目 4 号楼预制外挂墙板详图识读和绘制的学习任务，使读者了解预制外挂墙板在工程中的应用情况、优点、拆分设计，掌握预制外挂墙板详图的图示内容、表达方法、识读方法，理解预制外挂墙板的连接构造。

能力目标

（1）能够正确识读预制外挂墙板详图。

（2）能够根据要求选择合理的连接方式。

（3）能够正确识读预制外挂墙板连接节点构造图。

(1) 理解预制外挂墙板的构造要求。
(2) 掌握预制外挂墙板的识读方法。
(3) 熟悉施工图中的相关国家标准及规范。

识读预制外挂墙板施工图，完成识图报告，补绘预制外挂墙板深化图。

完成任务所需的支撑知识

4.3.1 概述

(1) PC外挂墙板的定义

安装在结构主体上，起围护、装饰作用的非承载预制混凝土外墙板，简称外挂板。PC外挂板应用非常广泛，可以组合成PC幕墙，也可以局部应用，不仅用于PC装配式建筑，也用于现浇混凝土结构建筑。PC外墙挂板不属于主体结构构件，是装配在混凝土结构或钢结构上的非承重外围护构件。

(2) PC外挂墙板的类型

1) 按板的保温类型分为普通PC墙板和夹心保温墙板，如图4-35和图4-36所示。

普通PC墙板是单叶墙板；夹心保温墙板是双叶墙板，两层钢筋混凝土板之间夹着保温层。单叶墙板结构设计包括墙板设计和连接节点设计；双叶墙板增加了外叶墙板设计和拉结件设计。

图4-35 普通PC墙板

图4-36 夹心保温墙板

2) 按板的空间造型分为平面板和曲面板，如图4-37和图4-38所示。

3) 按立面布置方式分为整间板、横向板和竖向板，如图4-39～图4-41所示。

整间板是覆盖一跨和一层楼高的板，安装节点一般设置在梁或楼板上；横向板是水平方向的板，安装节点设置在柱子或楼板上；竖向板是竖直方向的板，安装节点设置在柱子

图 4-37　平面板

图 4-38　曲面板

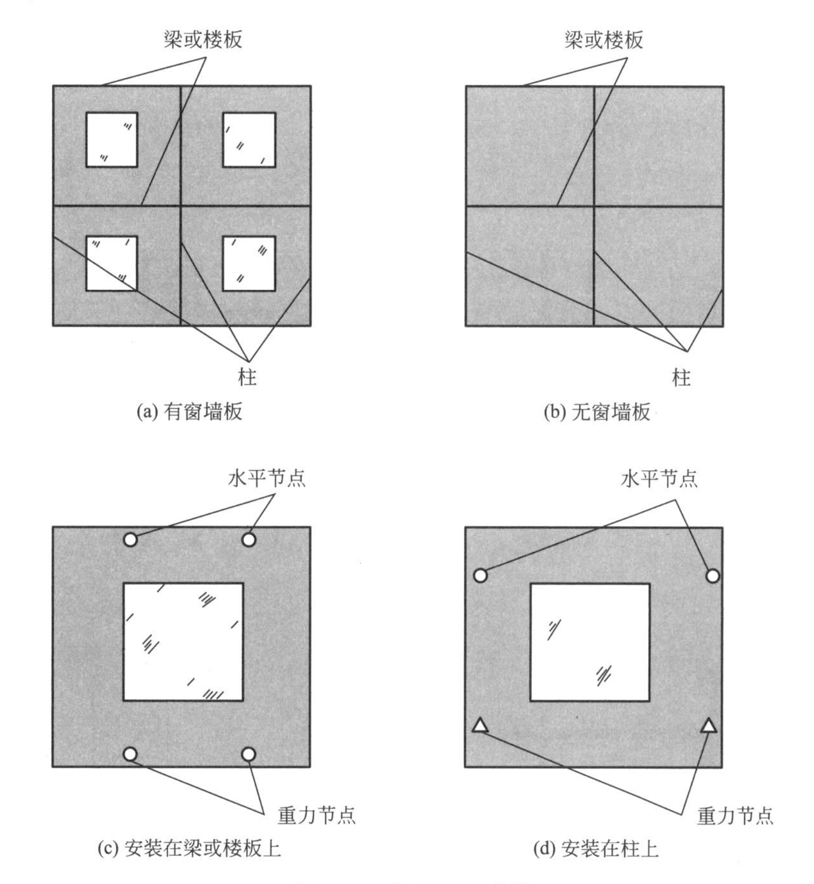

图 4-39　整间板示意图

旁或楼板、梁上。

4）按层高分为单层板和跨层板，如图 4-42 和图 4-43 所示。

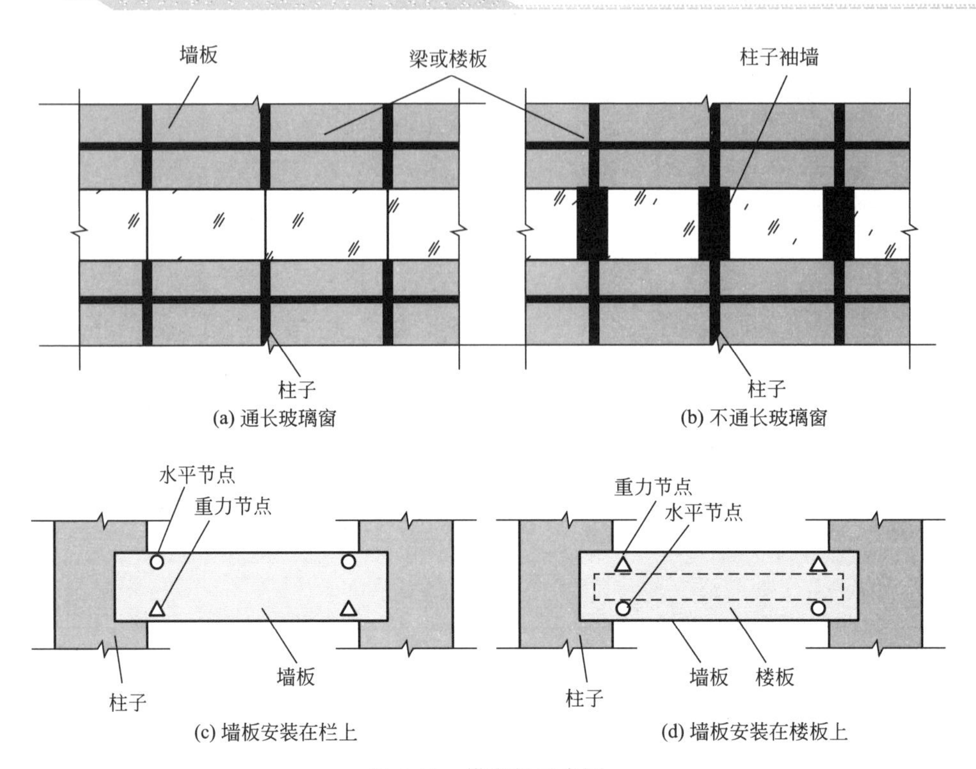

图 4-40　横向板示意图

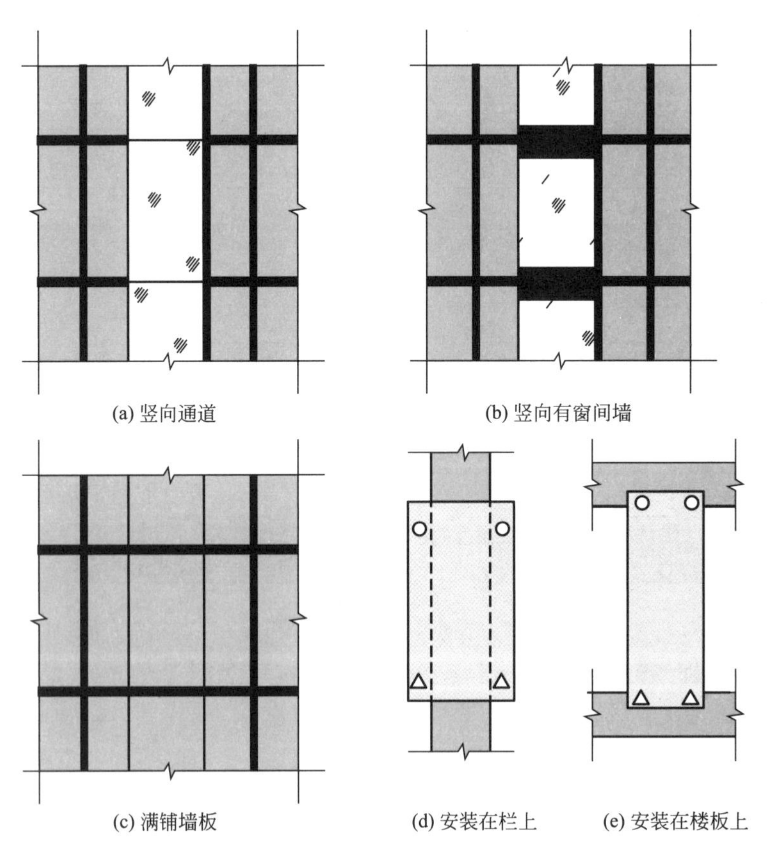

图 4-41　竖向板示意图

图4-42　单层板

图4-43　跨层板

（3）PC外挂墙板的优点

1）可塑性强

预制混凝土外挂墙板利用混凝土可塑性强的特点，可充分表达建筑师的设计意愿，使大型公共建筑外墙具有独特的表现力。

2）装饰性好

由于外挂墙板表面的仿木纹等图案各异、颜色丰富多彩、线条清晰明快，具有流行的现代感，特别适用于别墅、公寓及旧楼改造等。

3）使用范围广

外挂墙板耐严寒酷暑，经久耐用、抗紫外线耐老化。对酸、碱、盐及潮湿地区的耐腐蚀性能特别好。

4）节能性高

在外挂墙板内层可极为方便地安装聚苯乙烯泡沫材料，增强外墙保温效果。聚苯乙烯泡沫材料像给房屋穿上一层“棉衣”，而外墙挂板则是“外套”，房屋冬暖夏凉，节能性好。

5）安装方便

外墙挂板工程是目前最省工省时的外墙装饰装修方案之一。若出现局部破损，只需更换新挂板，简单迅速，维护方便。

4.3.2　预制外挂墙板的拆分设计

（1）拆分基本原则

外挂墙板不是结构构件，其拆分设计主要由工程师根据建筑立面效果确定。PC外挂墙板具有整体性，板的尺寸根据层高与开间大小确定。PC外挂墙板一般用4个节点与主体结构连接，宽度小于1.2m的板也可以用3个节点连接。根据《装配式混凝土建筑技术标准》GB/T 51231—2016中第5.9.9条规定，外挂墙板不应跨越主体结构的变形缝。主体结构变形缝两侧的外挂墙板构造缝应能适应主体结构变形要求，宜采用柔性连接设计或滑动型连接设计，并采取易于修复的构造措施。

“小规格多组合”的拆分方式适合ALC板等规格化墙板，不合适PC外挂墙板。PC

外挂墙板在满足一定条件下可以灵活拆分，且大一些为好，具体条件是：

1）板的拼接位置满足建筑风格要求。

2）板的安装节点位置在主体结构上。

3）安装人员有足够的作业空间。

4）板的重量和规格符合制作、运输和安装限制条件。

（2）转角拆分

建筑平面的转角有阳角直角（图4-44）、斜角（图4-45）和阴角（图4-46），拆分时要考虑墙板与柱子的关系，以及安装作业的空间。

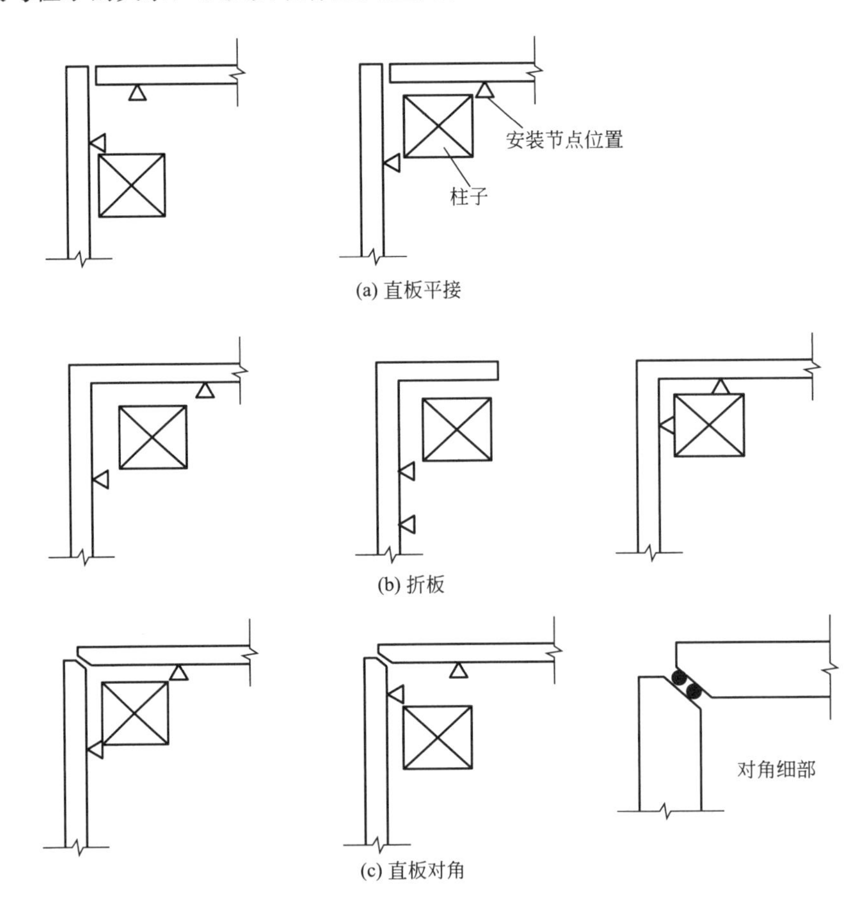

图4-44　平面直角拆分示意图

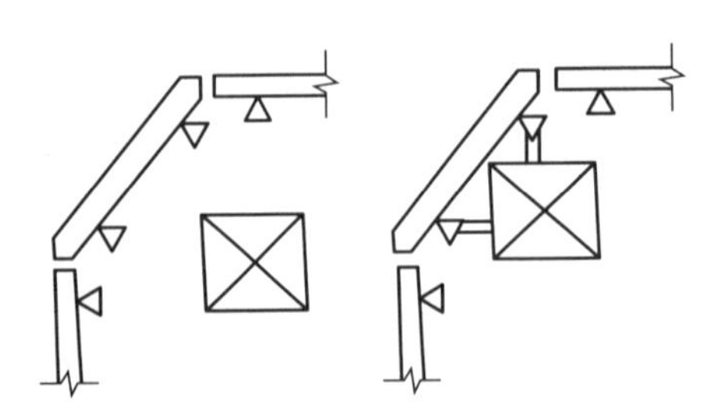

图4-45　平面斜角拆分示意图

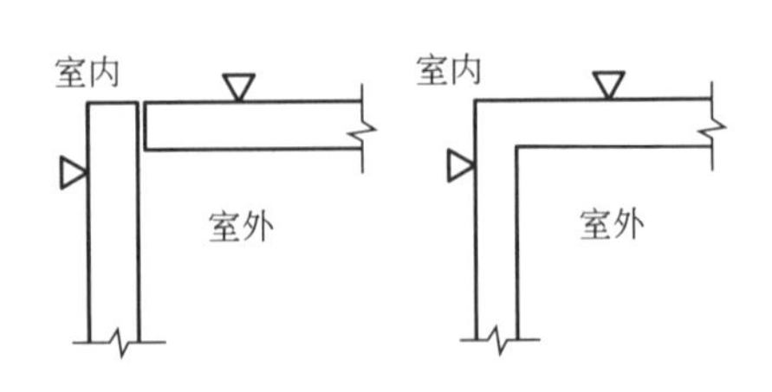

图4-46　平面阴角拆分示意图

（3）外挂墙板拆分具体要求

1）对主体结构连接点位置的影响。外挂墙板应安装在主体结构构件上，即结构柱、梁、楼板或结构墙体上，墙板拆分受到主体结构布置的约束，必须考虑到实现与主体结构连接的可行性。如果主体结构体系的构件无法满足墙板连接节点要求，应当引出如“牛腿”类的连接件或次梁次柱等二次结构体系。

2）墙板尺寸。外挂墙板最大尺寸一般以一个层高和一个开间为限。《装配式混凝土结构技术规程》JGJ 1—2014 中 10.3.1 规定：“外挂墙板的高不宜大于一个层高，厚度不宜小于 100mm。”

3）开口墙板的边缘宽度。开口墙板如设置窗户洞口的墙板，洞口边板的有效宽度不宜低于 300mm（图 4-47）。

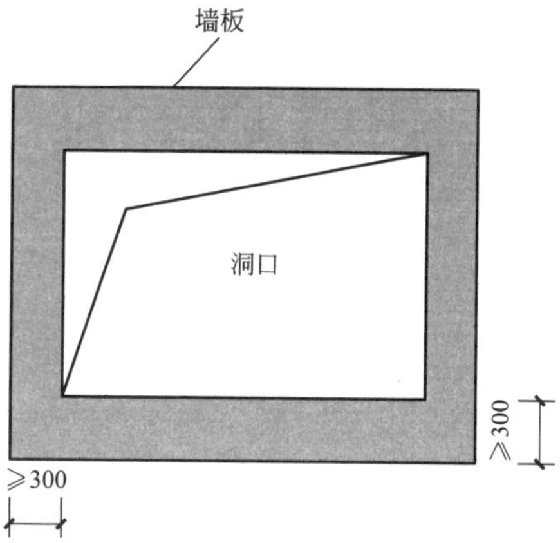

墙板
洞口
≥300
≥300

图 4-47　开口板边缘宽度

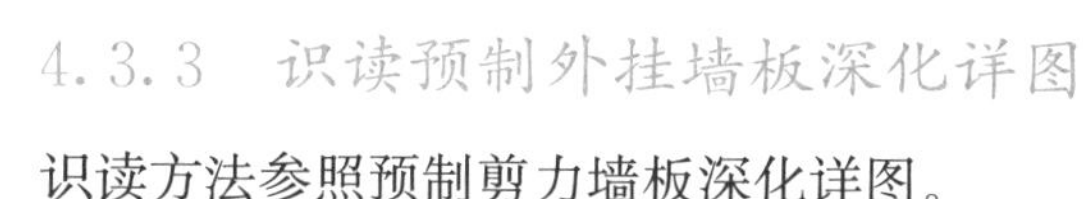

4.3.3　识读预制外挂墙板深化详图

识读方法参照预制剪力墙板深化详图。

4.3.4　预制外挂墙板构造

1. 墙板结构构造设计

（1）外挂墙板的高度不宜大于一个层高，厚度不宜小于 100mm。

（2）外挂墙板宜采用双层、双向配筋，竖向和水平钢筋的配筋率不应小于 0.15%，且钢筋直径不宜小于 5mm，间距不宜大于 200mm。

（3）门窗洞口周边、角部应配置加强钢筋。

（4）外挂墙板最外层钢筋的混凝土保护层厚度除有专门要求外，还应符合下列规定：

1）对石材或面砖饰面，不应小于 15mm。

2）对清水混凝土，不应小于 20mm。

3）对露骨料装饰面，应从最凹处混凝土表面计起，且不应小于 20mm。

（5）外挂墙板的薄弱部位应配置加强筋，具体包括：

1）边缘加强筋。PC 外挂墙板周圈宜设置一圈加强筋（图 4-48）。

2）开口转角处加强筋。PC 外挂墙板洞口转角处应设置加强筋（图 4-49）。

3）预埋件加强筋。PC 外挂墙板连接节点预埋件处应设置加强筋（图 4-50）。

4）L 形墙板转角部位构造。平面为 L 形的转角 PC 墙板转角处的构造和加强筋（图 4-51）。

5）板肋构造。PC 墙板当宽度较大时，可设置板肋加强（图 4-52）。

2. 连接节点设计要求

外挂墙板连接节点不仅要有足够的强度和刚度保证墙板与主体结构可靠连接，还要避免主体结构位移作用于墙板形成内力。

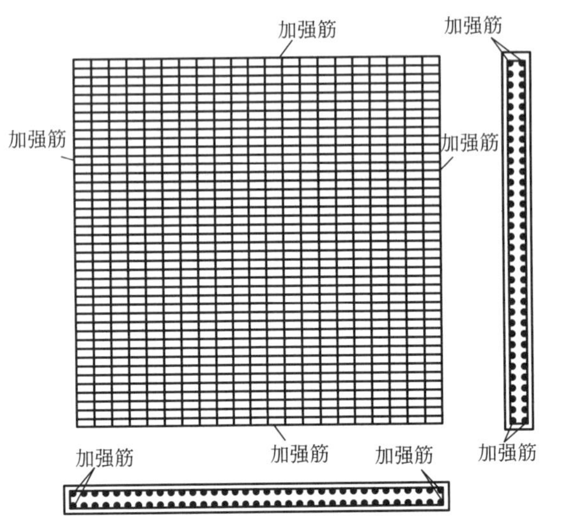

图 4-48　PC 外挂墙板周圈加强筋

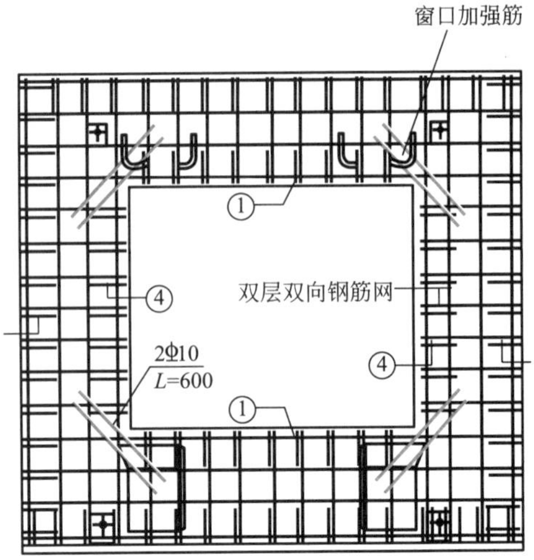

窗口加强筋
双层双向钢筋网
2Φ10
L=600

图 4-49　PC 外挂墙板洞口转角处加强筋

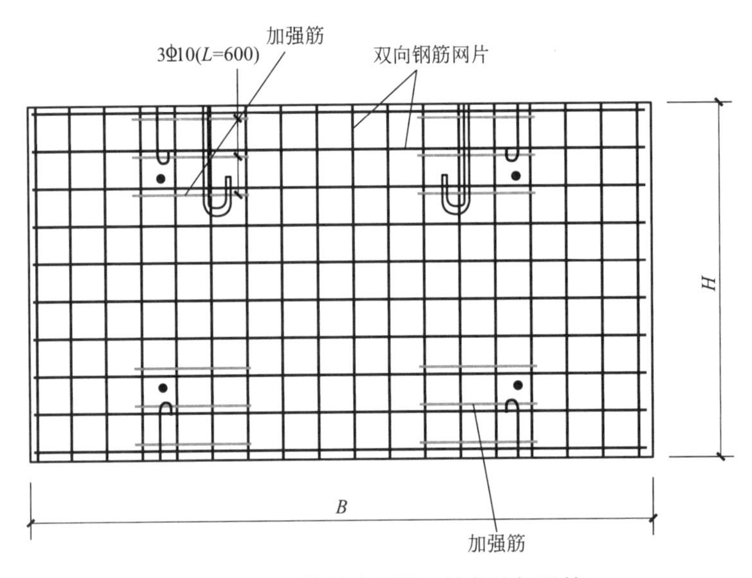

图 4-50　PC 外挂墙板洞口转角处加强筋

主体结构在侧向力作用下会发生层间位移，或由于温度作用产生变形，如果墙板的每个连接节点都牢牢地固定在主体结构上，则主体结构出现层间位移时，墙板就会随之沿板平面方向扭曲，产生较大内力。为了避免这种情况，连接节点应当具有相对于主体结构的可“移动”性或可“滑动”性，或可“转动”性。当主体结构位移时，连接节点允许墙板不随之扭曲，有相对的“自由度”，由此避免了主体结构施加给墙板的作用力，也避免了墙板对主体结构的反作用。

图 4-53 是墙板连接节点应对层间位移的示意图，即在主体结构发生层间位移时墙板与主体结构相对位置的关系图。在正常情况下，墙板的预埋螺栓位于连接到连接板（在主体结构上）卡孔的中间（图 4-53a）；当发生层间位移时，主体结构柱子倾斜，上梁水平位

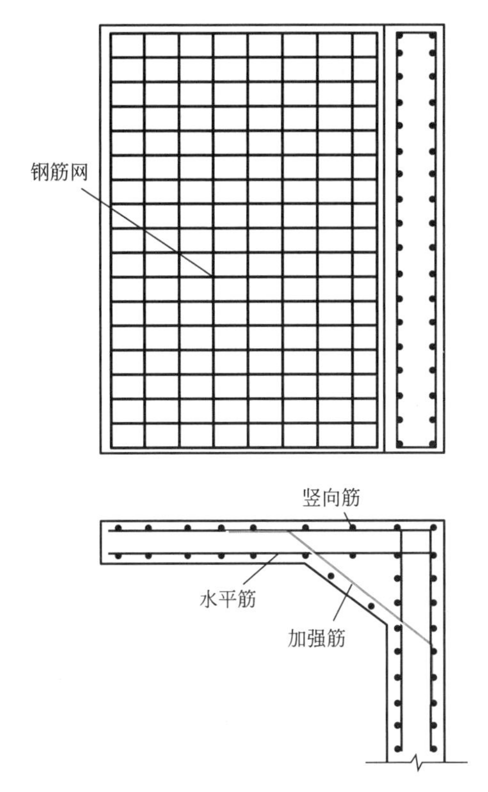

图 4-51　L 形墙板转角部位构造与加强筋

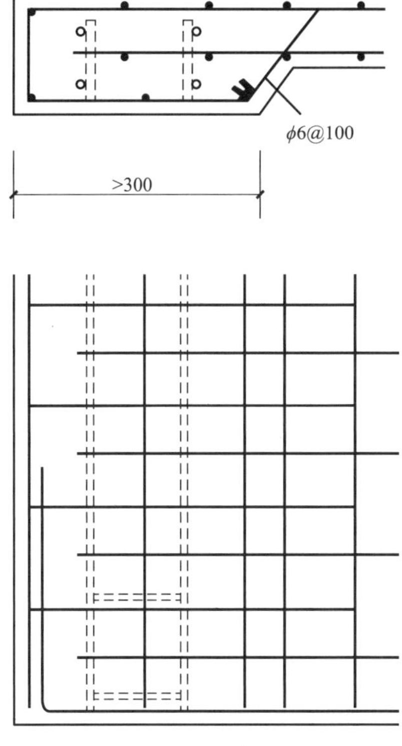

图 4-52　板肋构造

移但墙板没有随之移动，而是连接板随着梁移动了，这时墙板的预埋螺栓位移至连接件长孔的边缘（图 4-53b）。

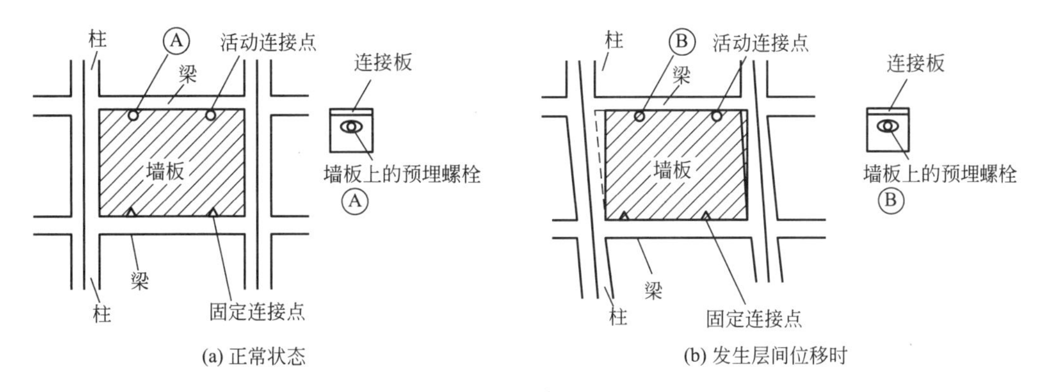

图 4-53　墙板与主体结构位移关系

连接节点设计要求如下：

1）墙板与主体结构应有可靠连接，以保证墙板在自重、风荷载、地震作用下的承载能力和正常使用。

2）当主体结构发生位移时，墙板相对于主体结构应可以“移动”。

3）连接节点部件的强度与变形满足使用要求和规范规定。

4）连接节点位置有足够的空间可以进行安装作业以及放置和锚固连接预埋件。

3. 连接节点分类

连接节点可根据不同的方式进行分类，按承受荷载类型分为：水平支座和重力支座；按连接节点的固定方式分为：固定连接节点和活动连接节点、滑动节点和转动节点。下面具体介绍这几类连接节点。

（1）水平支座与重力支座

外挂墙板承受水平方向和竖直方向两个方向的荷载与作用，故可将连接节点分为水平支座和重力支座。水平支座只承受水平作用，包括风荷载、水平地震作用和构件相对于安装节点偏心形成的水平力，不承受竖向荷载；重力支座是承受竖向荷载的支座，承受重力和竖向地震作用。其实，重力支座同时也承受水平荷载，但一般习惯称为重力支座，主要是为了强调其主要功能是承受重力作用。

（2）固定连接节点与活动连接节点

连接节点按照是否允许移动，分为固定节点和活动节点。固定节点是将墙板与主体结构“固定”连接的节点，活动节点则是允许墙板与主体结构之间有相对位移的节点。

图 4-54 是水平支座固定节点与活动节点的示意图。在墙板上伸出预埋螺栓，楼板底面预埋螺栓，用连接件将墙板与楼板连接。孔眼没有活动空间，就形成了固定节点（图 4-54a）；孔眼有横向的活动空间，就形成可以水平滑动的活动节点（图 4-54b）；孔眼有竖向的活动空间，就形成可以垂直滑动的活动节点（图 4-54c）；孔眼较大，各个方向都有活动空间，就形成了可以各向滑动的活动节点（图 4-54d）。

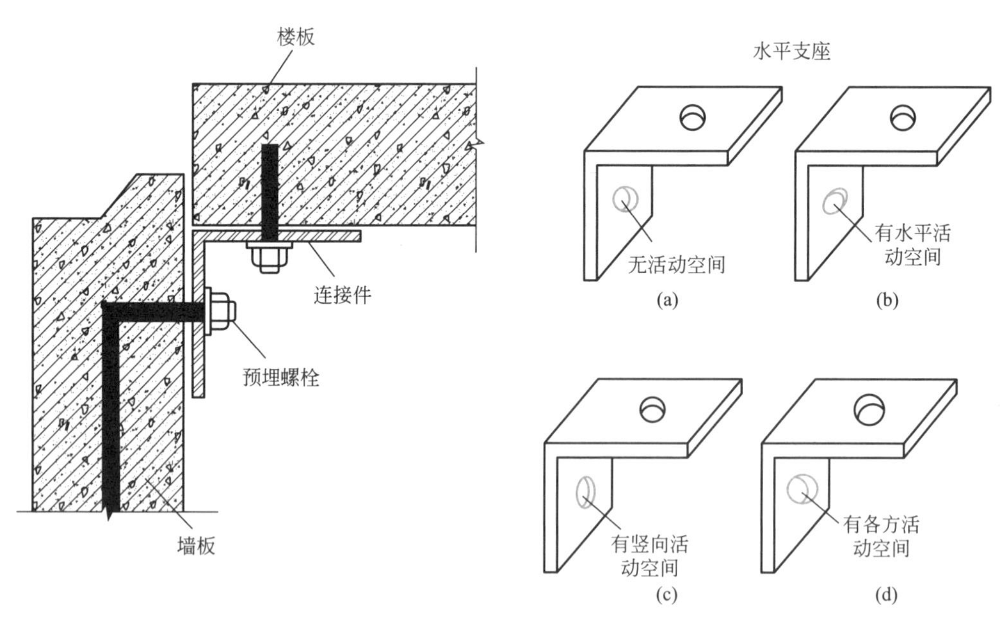

图 4-54　水平支座固定节点与活动节点的示意图

图 4-55 是重力支座的固定节点与活动节点的示意图。在墙板上伸出预埋 L 形钢板，楼板伸出预埋螺栓。孔眼没有活动空间，就形成了固定节点（图 4-55a）；孔眼有横向的活动空间，就形成可以水平滑动的活动节点（图 4-55b）。

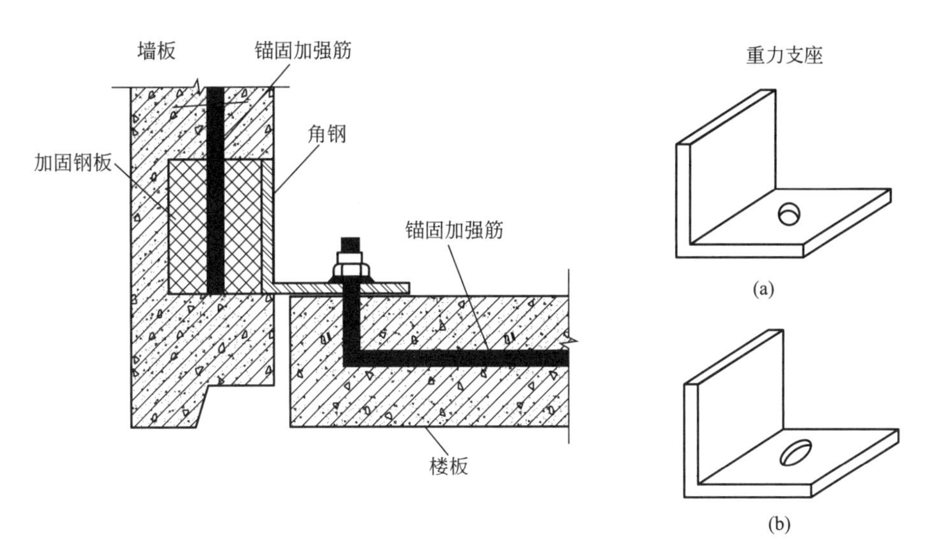

图 4-55　重力支座的固定节点与活动节点的示意图

（3）滑动节点与转动节点

活动节点中，又分为滑动支座和转动支座。图 4-53b 的活动节点是滑动节点，一般的做法是将连接螺栓的连接件的孔眼在滑动方向加长。允许水平滑动就沿水平方向加长；允许竖直方向滑动就沿竖直方向加长；两个方向都允许滑动，就扩大孔径。转动节点可以微转动，一般靠支座加橡胶垫实现。需要强调的是，这里所说的移动是相对于主体结构而言的，实际情况是主体结构在动，活动节点处的墙板并没有随之而动。

4. 连接节点布置

（1）与主体结构的连接

1）墙板连接节点须布置在主体结构构件柱、梁、楼板、结构墙体上。

2）当布置在悬挑楼板上时，楼板悬挑长度不宜大于 600m。

3）连接节点在主体结构的预埋件距离构件边缘不应小于 50mm。

4）当墙板无法与主体结构构件直接连接时，必须从主体结构引出二次结构作为连接的依附体。

（2）连接节点数量

1）一般情况下，外挂墙板布置 4 个连接节点，2 个水平支座、2 个重力支座；重力支座布置在板下部时，称作“下托式”；重力支座布置在板的上部时，称作“上挂式”，如图 4-56 所示。

2）当墙板长度大于 6000mm 时，或墙板为折角板，折边长度大于 600mm 时，可设置 6 个连接节点，如图 4-57 所示。

（3）固定节点与活动节点分布

固定节点与活动节点分布有多种方案，这里介绍活动路线比较清晰的滑动节点方案：1 个重力支座为固定节点，1 个重力支座为水平滑动节点，2 个水平支座为水平和竖直方向都可以滑动的节点。图 4-53 的下托式和上挂式布置都是此方案。以下托式为例，对应主体结构位移的原理是：1个固定支座与主体结构紧固连接，墙板不会随意乱动。当主体

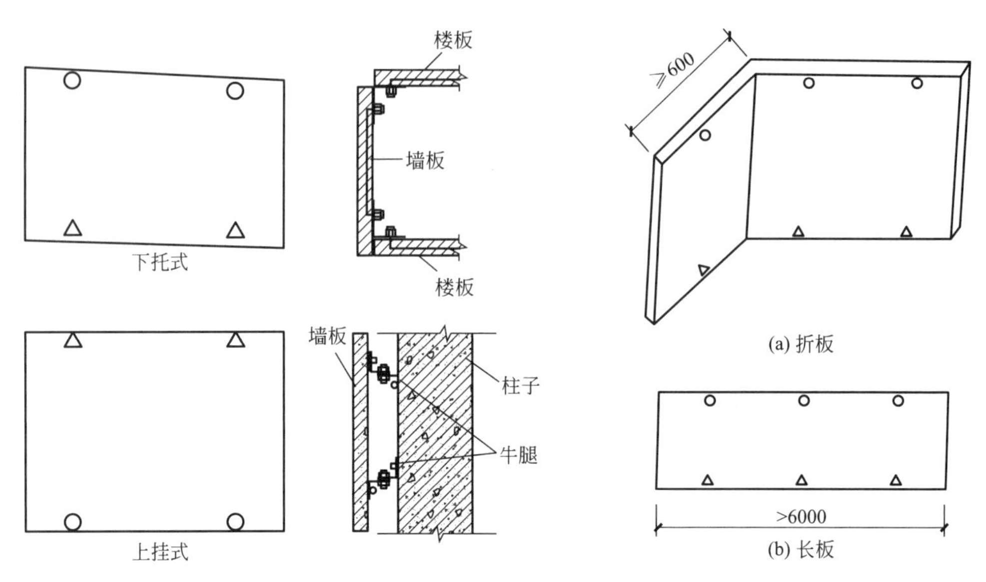

图 4-56　下托式与上挂式连接节点布置图　　图 4-57　折板与长板连接节点布置图

结构发生层间位移时，下部 2 个支座不动；上部 2 个滑动支座允许主体结构相对位移。当主体结构与墙板有横向温度变形差时，与固定支座一列的支座不动，另外一列支座允许移动；当主体结构与墙板有竖向温度变形差时，与固定支座一行的支座不动，另外一行支座允许移动。

上述固定节点和活动节点的构造介绍如下：

1）上部水平支座（滑动方式）构造如图 4-58 所示，PC 墙板伸出预埋螺栓，与角形连接件连接。连接件的两侧是橡胶密封垫，用双重螺母固定角型连接件。安装时，在水平调节完的垫片上固定 PC 板一侧的连接件，根据需要垫上较薄的马蹄形垫片，并进行微调整。固定到规定的位置上后，通过垫片和弹簧片把螺栓固定到已埋置在结构楼板或钢结构上的螺母中。

2）下部重力支座（滑动方式）构造如图 4-59 所示，L 形预埋件埋置在 PC 墙板中，背后焊有腹板，腹板两侧有锚固钢筋。L 形预埋件预留的安装孔大于主体结构预埋的螺栓，包括了安装允许误差和滑动余量。插入螺母后，旋紧螺母。

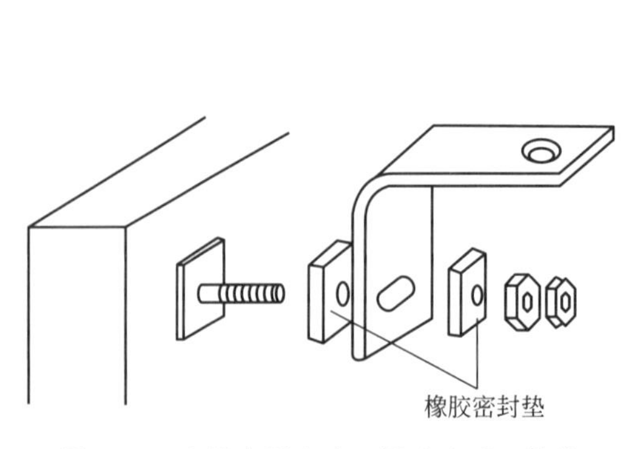

图 4-58　上部水平支座（滑动方式）构造

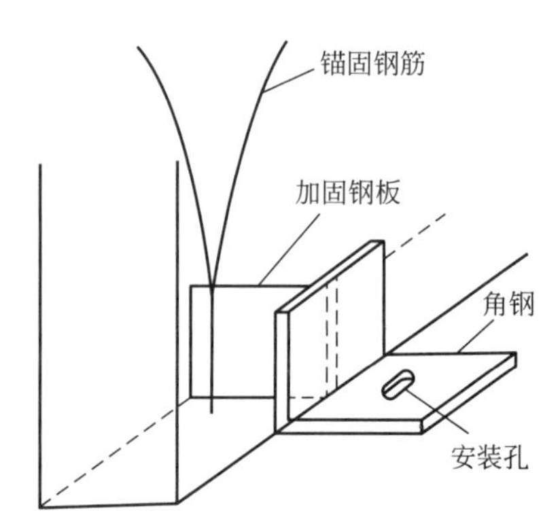

图 4-59　下部重力支座（滑动方式）构造

3）上部水平支座（锁紧方式）构造如图4-60所示，螺栓已经预埋在PC板上，将上下都有活孔的角钢或曲板借助于不锈钢片的两边用螺母锁紧。其具体的安装方法虽然与滑动模式完全相同，但是为了方便角钢随意活动，有时会根据需要进行焊接处理。

4）下部重力支座（锁紧方式）构造如图4-61所示，板一侧连接件虽然滑动方式完全相同，但是安装完成后需要用与螺栓的外径尺寸完全相同的垫片焊接下部连接角钢的方法，代替直接用螺母进行锁紧的方法。

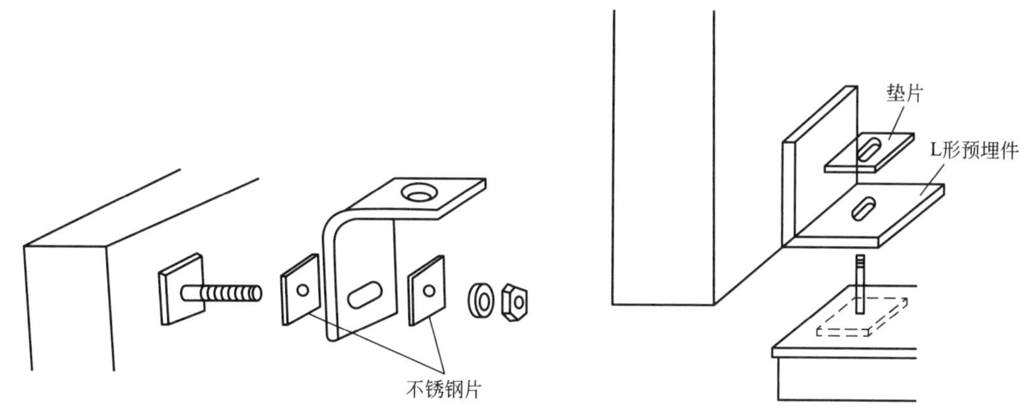

图4-60　上部水平支座（锁紧方式）构造　　图4-61　下部重力支座（锁紧方式）构造

（4）连接节点距离板边缘的距离

图4-62是外挂墙板连接节点距离边缘的位置，板上下部各设置两个连接件，下部连接件中心距离板边缘为150mm以上，上部连接件中心与下部连接件中心之间水平距离为150mm以上。

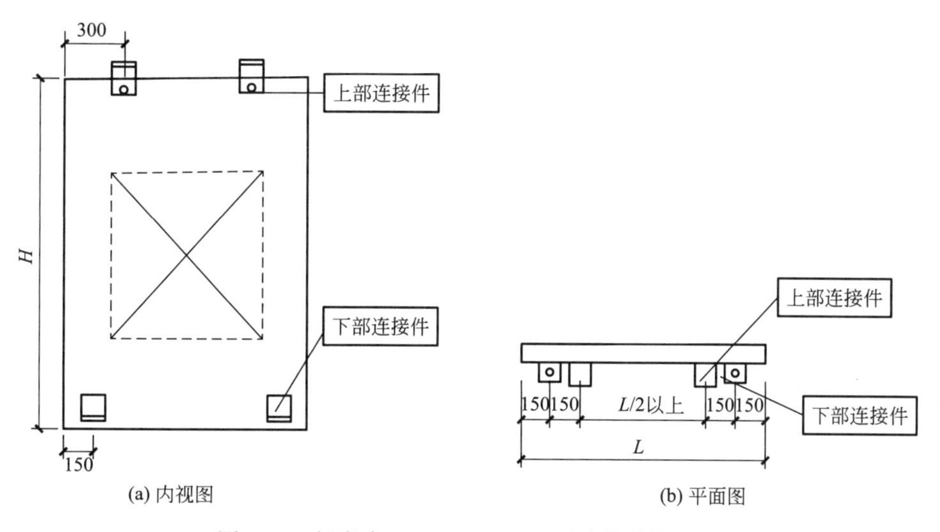

图4-62　板宽为1200～2000mm时连接件位置图

上、下节点不在一条线上，一个显而易见的好处是“不打架”。因为楼板下面需预埋下层墙板的上部连接节点所用的预埋螺母；楼板上面需预埋连接上层墙板重力支座的预埋螺栓；布置在一条线上，锚固空间会拥挤。

（5）偏心节点布置。

连接节点最好对称布置（图 4-63），但许多时候，因柱子对操作空间的影响，不得不偏心布置。当偏心布置时，连接点距离边缘距离不宜过大，节点的距离不宜小于 1/2 板宽。

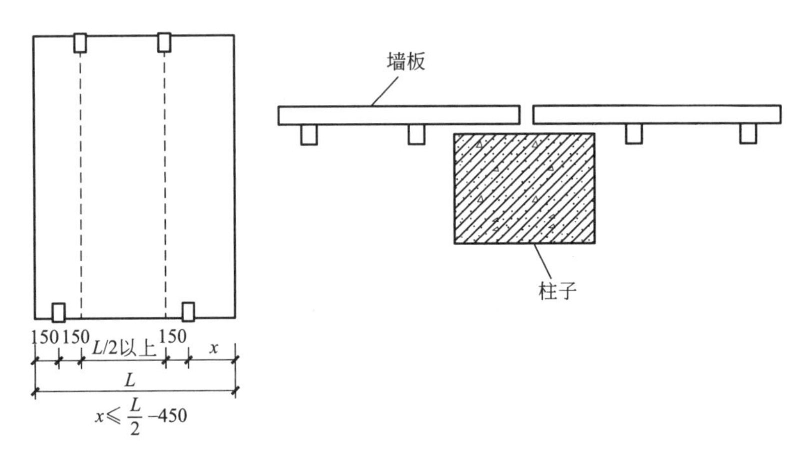

图 4-63　偏心连接节点位置

拓展学习资源

4 拓-3 保温墙板生产 1

4 拓-4 保温墙板生产 2

4 拓-5 保温墙板生产 3

4 拓-6 墙板施工 1

4 拓-7 墙板施工 2

任务训练

识读附录某教师公寓项目 4 号楼预制隔墙 PCGQ-01 配筋图，完成下列各题。

1. 识读 PCGQ-01 配筋图，从内叶板配筋图中可知，a1N-2 有________根，直径为__

______mm 的________级钢筋，洞口转角处加强筋编号为________有________根，窗洞下方的纵筋编号为________有________根；窗洞下方的水平钢筋编号为________有________根。

2. 连梁箍筋的起步间距是________mm，箍筋的加密区配筋是________，非加密区配筋是________；连梁下部钢筋分别伸出两端________mm、________mm，其中编号为________下部钢筋水平段需要弯折。

3. 从外叶板配筋图中可知，a1W-78 有________根，直径为________mm 的________级钢筋；窗洞下方的纵筋编号为________有________根，弯锚的长度为________mm；窗洞下方的水平钢筋编号为________有________根；两窗洞间的水平钢筋编号为________有________根，纵向钢筋编号为________有________根。

项目拓展

识读附录“1F PCGQ-01 模板图”，补全内视图中的预埋件及定位尺寸，补绘左视图或右视图，比例 1∶25，如图 4-64 所示。

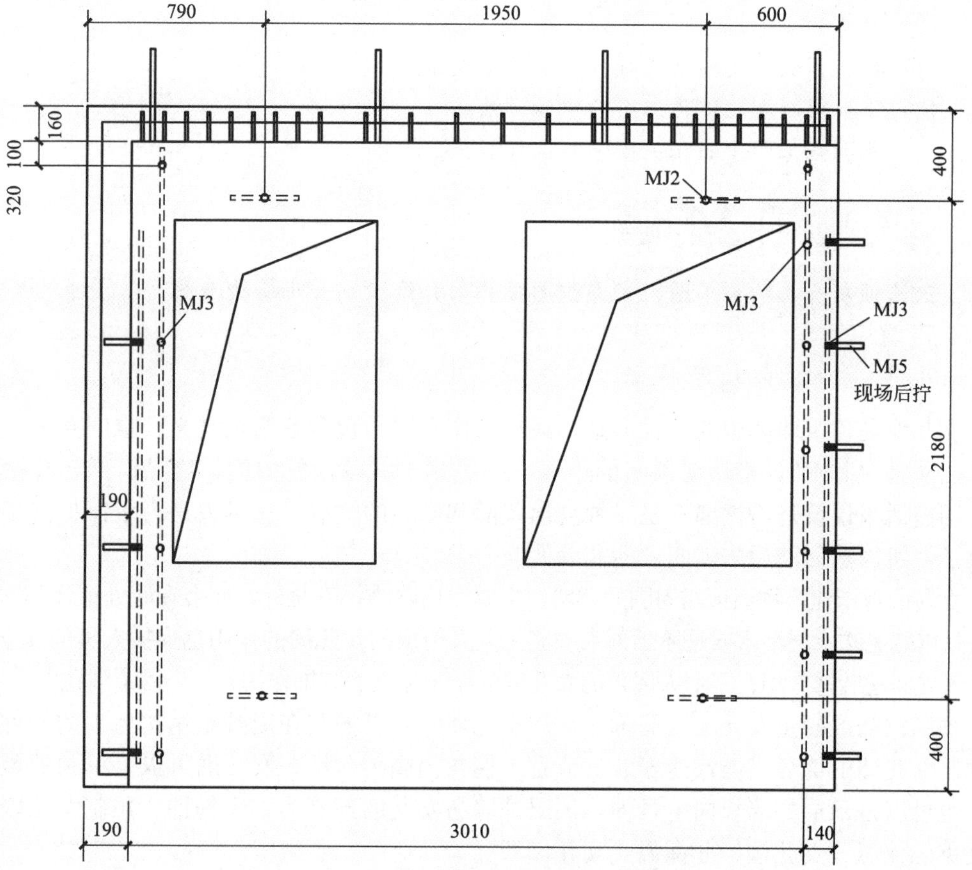

图 4-64　内视图

任务4.4 识读预制女儿墙详图

任务描述

通过对附录某教师公寓项目4号楼预制女儿墙详图的识读，使学生了解预制女儿墙在工程中的应用情况，掌握预制女儿墙的图示内容、表达方法、识读方法，熟悉预制女儿墙的连接方式及构造要求。

能力目标

(1) 能够正确识读预制女儿墙详图。
(2) 能够根据要求选择合理的连接方式。
(3) 能够正确识读预制女儿墙连接节点构造图。

知识目标

(1) 熟悉预制女儿墙的连接方式及构造要求。
(2) 掌握预制女儿墙施工图的识读方法。
(3) 熟悉施工图中的相关国家标准及规范。

学习性工作任务

识读预制女儿墙施工图，完成识图报告，补绘预制女儿墙构造图。

4.4.1 预制女儿墙概述

女儿墙是建筑墙体中的一种形式，最早叫作女墙，包含着窥视之义，也叫女垣，还有一种叫法是“睥睨”，指城墙顶上的小墙，一般建于城墙顶的内侧，比垛口低，起拦护作用，用白话来说就是压檐墙，是一种高出屋面和城墙的矮墙。在过去是为了保护待字闺中的女子，所以这面墙后来就叫“女儿墙”。

女儿墙现指建筑物屋顶四周围的矮墙，主要作用除维护安全外，亦会在底处施作防水压砖收头，以避免防水层渗水或是屋顶雨水漫流。上人屋顶的女儿墙的作用是保护人员的安全，并对建筑立面起装饰作用；不上人屋顶的女儿墙的作用除立面装饰作用外，还固定油毡。

预制钢筋混凝土女儿墙（简称“预制女儿墙”）是安装在混凝土结构屋顶的构件，采用预制女儿墙的优势是能快速安装、节省工期并提高耐久性。女儿墙可以是单独的预制构件，也可以是顶层的墙板向上延伸，顶层外墙与女儿墙预制为一个构件。预制女儿墙主要包括夹心保温式女儿墙、非保温式女儿墙两类。

4.4.2 预制女儿墙材料及构造

1. 材料要求

(1) 预制女儿墙混凝土强度等级为C30，连接点处混凝土强度等级与主体结构相同，且不低于C30。

（2）钢筋采用HRB400、HPB300钢筋。

（3）预埋件锚板宜采用Q235-B钢材制作，同时预埋件锚板表面应作防腐处理。

（4）预制女儿墙密封材料应满足国家现行有关标准的要求。

2. 构造要求

（1）预制女儿墙设计高度为从屋顶结构标高算起，到女儿墙压顶的顶面为止，即设计高度＝女儿墙墙体高度＋女儿墙压顶高度＋接缝高度。

（2）预制女儿墙长度可根据实际需要进行选择，常用开间尺寸有3000mm、3300mm、3600mm、3900mm、4200mm、4500mm、4800mm等。预制女儿墙（转角板）主要有2400mm、2700mm、3000mm、3300mm、3600mm、3900mm、4200mm七种尺寸。预制女儿墙厚度主要根据选定的悬挑长度进行选择，一般在80～100mm之间。

（3）预制女儿墙钢筋保护层厚度一般为15～20mm。

（4）剪力墙后浇段延伸至女儿墙顶（压顶下）作为女儿墙的支座，女儿墙下端的浆锚连接仅作为构造连接。

（5）女儿墙与后浇混凝土结合面做成粗糙面，且凹凸应不小于4mm。

（6）预制女儿墙模板图中表示了外露钢筋，预制构件外露钢筋的定位在配筋图中详细标注，在组装模板时，应时查阅模板图和配筋图。

4.4.3　预制女儿墙规格及编号

预制女儿墙类型中：J1型代表夹心保温式女儿墙（直板）；J2型代表夹心保温式女儿墙（转角板）；Q1型代表非保温式女儿墙（直板）；Q2型代表非保温式女儿墙（转角板），如图4-65所示。

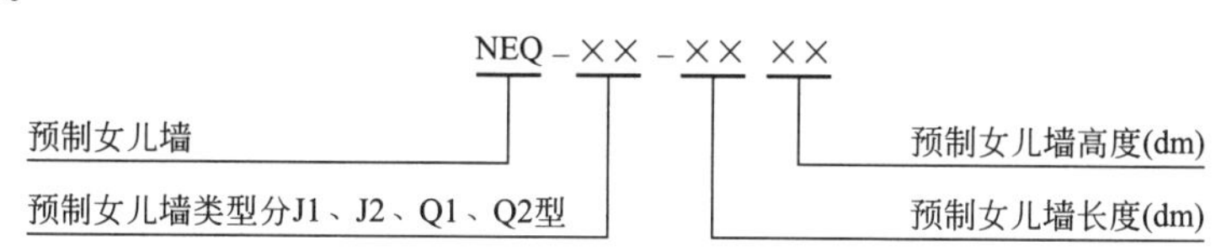

图4-65　预制女儿墙规格及编号

NEQ-J2-3314：是指夹心保温式女儿墙（转角板），单块女儿墙放置的轴线尺寸为3300mm（女儿墙长度为：直段3520mm，转角段590mm），高度为1400mm，具体如图4-66所示。

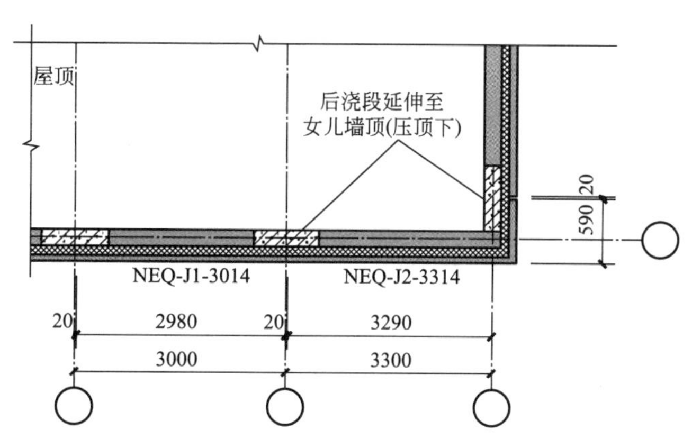

图4-66　预制女儿墙平面布置图

4.4.4 图例、符号及索引方法

1. 图例

图例　　表 4-2

名称	图例	名称	图例
预制钢筋混凝土构件		后浇段、边缘构件	
保温层		夹心保温外墙	
钢筋混凝土现浇层			

2. 符号说明

符号说明　　表 4-3

编号	功能	图例
M1	调节标高用埋件	
M2	吊装用埋件	
	脱模斜撑用埋件	
M3	板板连接用埋件	
	模板拉结用埋件	
M4	后装栏杆用埋件	

3. 详图索引方法（图 4-67）

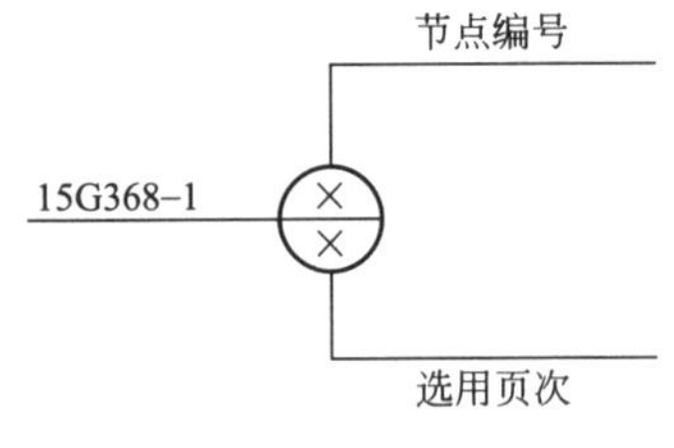

图 4-67　索引符号

4.4.5 预制女儿墙构造图

预制女儿墙构造图是女儿墙生产、施工的依据，一般包括预制空调板选用表、模板图、配筋图、钢筋表和节点连接构造图等内容。现以非保温式女儿墙构造图（NEQ-Q1-4806）为例进行识读，如图 4-68 所示。

1. 选用表

选用表主要表示预制女儿墙的长度、高度、板厚、重量、吊点及预埋件位置等，是预制女儿墙选用及施工的依据，见表 4-4。

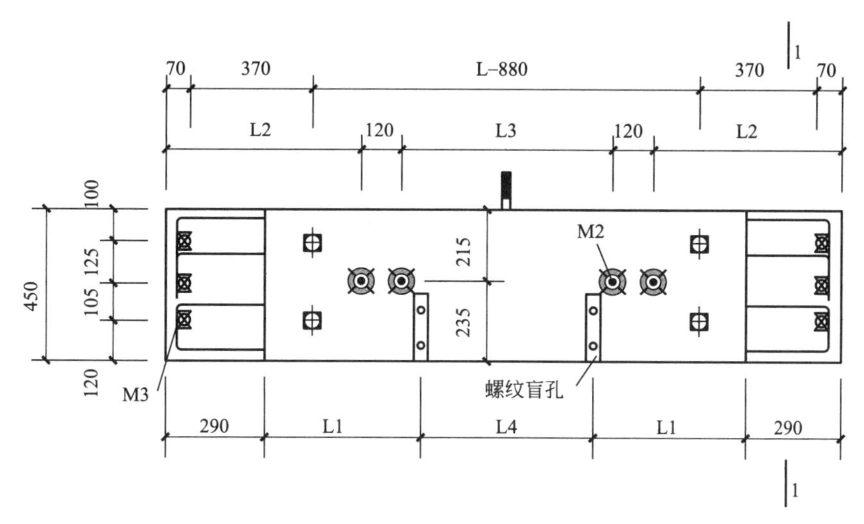

图 4-68　非保温式女儿墙（0.6m）安装图

非保温式女儿墙选用表（直板）　　表 4-4

女儿墙编号	L（mm）	L1（mm）	L2（mm）	L3（mm）	L4（mm）	板厚（mm）	高（mm）	重量（t）
NEQ-Q1-3006	2980	1200	600	1540	—	160	450	0.47
NEQ-Q1-3306	3280	1350	700	1640	—	160	450	0.53
NEQ-Q1-3606	3580	1500	700	1940	—	160	450	0.58
NEQ-Q1-3906	3880	1650	800	2040	—	160	450	0.63
NEQ-Q1-4206	4180	1050	900	2140	1500	160	450	0.69
NEQ-Q1-4506	4480	1200	900	2440	1500	160	450	0.74
NEQ-Q1-4806	4780	1350	1000	2540	1500	160	450	0.80

2. 模板图

模板图主要表示预制女儿墙构件的外部形状、大小、预埋件的位置等，是支模板的依据。主要包括平面图、立面图、底面图、预埋件表等，如图 4-69 和表 4-5 所示。

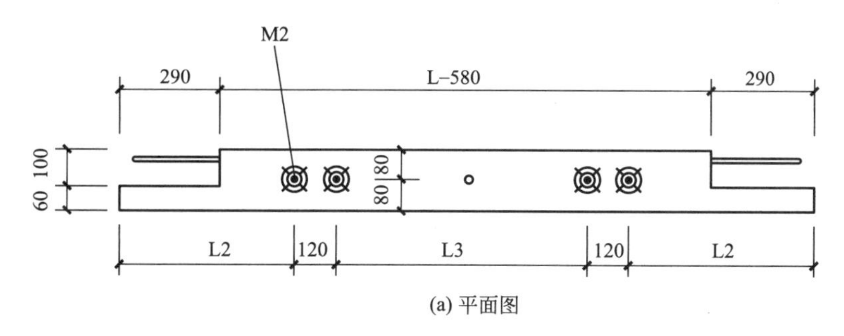

(a) 平面图

图 4-69　非保温式女儿墙（0.6m）模板图（一）

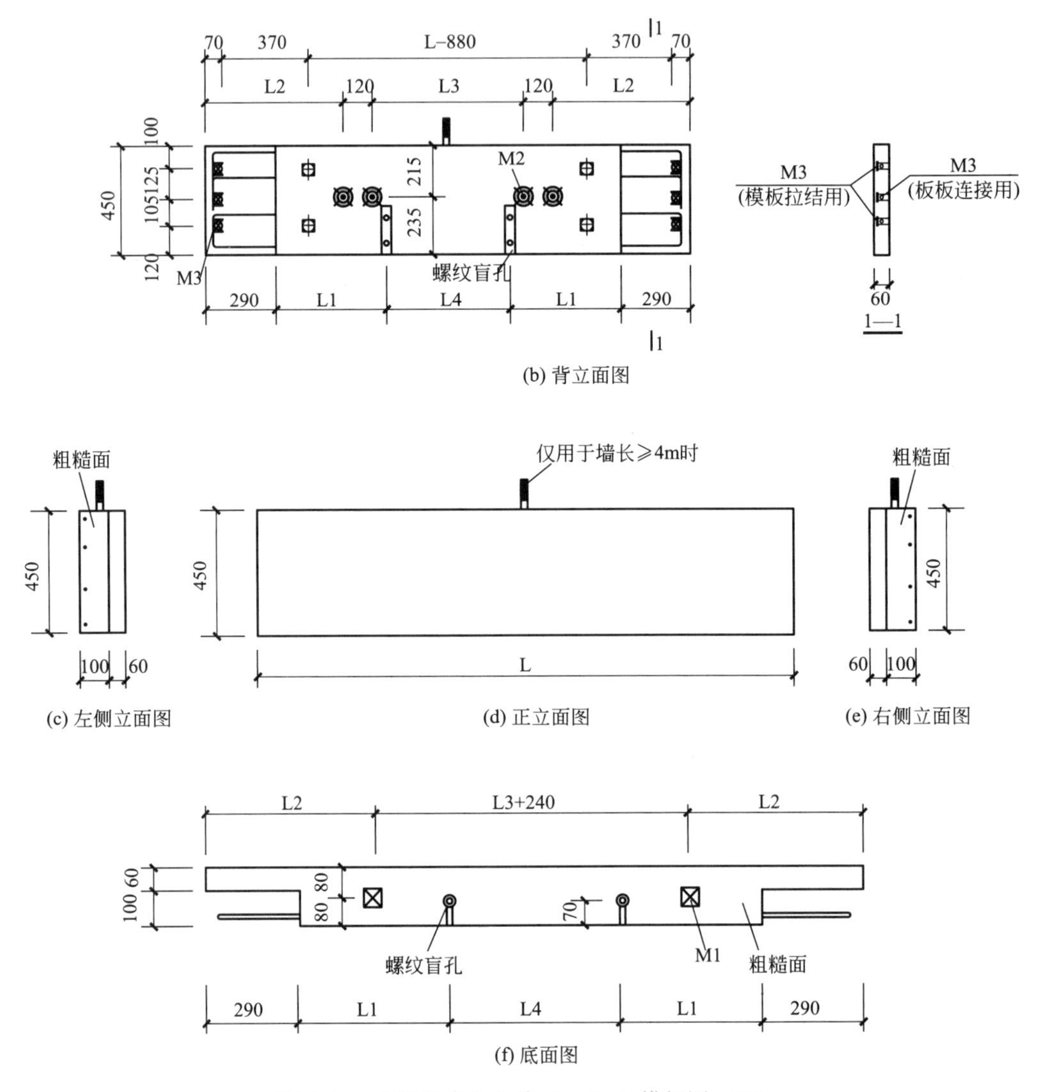

图 4-69　非保温式女儿墙（0.6m）模板图（二）

非保温式女儿墙（0.6m）模板图预埋件表　　　表 4-5

编号	功能	图例	规格	NEQ-Q1-3006	NEQ-Q1-3306	NEQ-Q1-3606	NEQ-Q1-3906	NEQ-Q1-4206	NEQ-Q1-4506	NEQ-Q1-4806
M1	调节标高用埋件	⊠	50×50×5	2	2	2	2	2	2	2
M2	吊装用埋件		M16 埋深 100	4	4	4	4	4	4	4
	脱模斜撑用埋件			4	4	4	4	4	4	4
M3	板板连接用埋件		M14 埋深 45	2	2	2	2	2	2	2
	模板拉结用埋件			8	8	8	8	8	8	8

通过识读选用表及模板图可知，女儿墙（NEQ-Q1-4806）长度L为4780mm，女儿墙高度450mm，女儿墙板厚为160mm，螺纹盲孔距板内立面边（L1）1350mm。吊装（脱模）用预埋件（M2），规格为M16，埋深100mm，共8个，最外侧预埋件距板外立面边（L2）1000mm，最内侧预埋件间距（L3）2540mm，螺纹盲孔间距（L4）1500mm。模板拉结用预埋件（M3），规格为M14，埋深45mm，共10个，其中上埋件距上边缘100mm，下埋件距下边缘120mm，中埋件距上埋件、下埋件分别为125mm、105mm。调节标高用预埋件（M1），规格为50mm×50mm×5mm，共2个，在底面居中对称布置，距端边（L2）1000mm，两埋件间距（L3+240）2780mm。

3. 配筋图

配筋图主要表示钢筋在预制女儿墙构件中的形状、位置、规格与数量，是钢筋下料、绑扎的主要依据。主要包括平面图、立面图、断面图等，如图4-70所示。

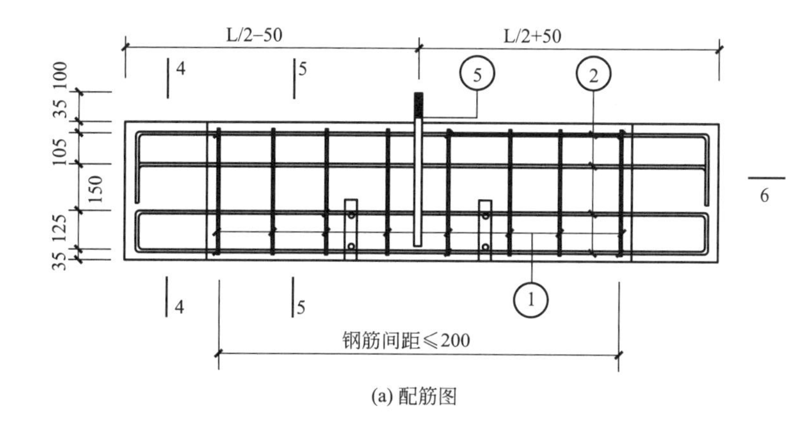

(a) 配筋图

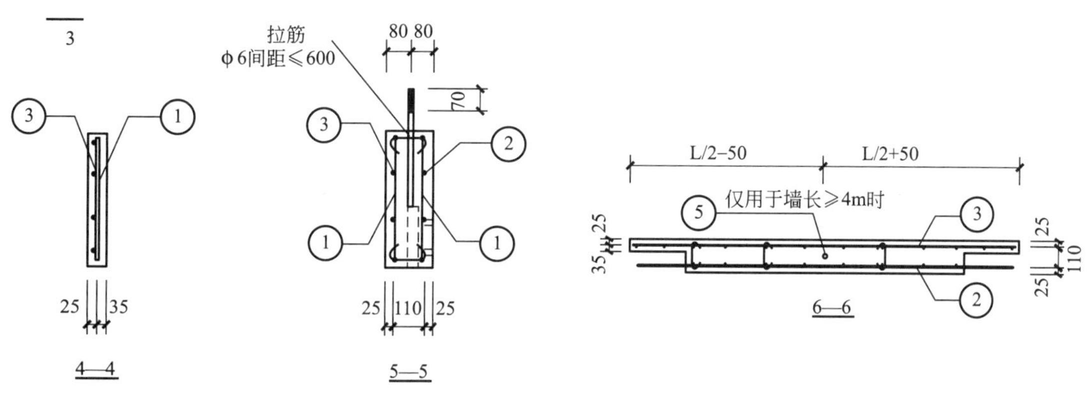

(b) 截面图

图4-70　非保温式女儿墙（0.6m）配筋图

通过识读配筋图及钢筋表可知，预制女儿墙（NEQ-Q1-4806）①号钢筋，直径8mm，数量48根，间距≤200mm，沿女儿墙板两立面布置。②号钢筋，直径8mm，数量4根，沿女儿墙板内立面通长布置，钢筋间距从上到下依次为105mm、150mm、125mm。③号钢筋，直径8mm，数量4根，沿女儿墙板外立面通长布置，钢筋间距从上到下依次为

105mm、150mm、125mm。⑤号钢筋，直径 20mm，数量 1 根，居中布置。顶、底平面设置拉筋，直径 6mm，间距≤600mm。

配筋图应与配筋表一一对应识读。

4. 钢筋表

钢筋表的内容主要包括构件编号、钢筋名称、钢筋规格、钢筋简图、加工尺寸、数量等，见表 4-6。

非保温式女儿墙板配筋表（直板）　　表 4-6

板编号	①			②			③			⑤		
	规格	加工尺寸	数量	规格	加工尺寸	数量	规格	加工尺寸	数量	规格	加工尺寸	数量
NEQ-Q1-3006	Φ8		30	Φ8	120 2800 120	4	Φ8	2940	4	Φ20		—
NEQ-Q1-3306	Φ8		34	Φ8	120 3100 120	4	Φ8	3240	4	Φ20		—
NEQ-Q1-3606	Φ8		36	Φ8	120 3400 120	4	Φ8	3540	4	Φ20		—
NEQ-Q1-3906	Φ8	410	40	Φ8	120 3700 120	4	Φ8	3840	4	Φ20	500	—
NEQ-Q1-4206	Φ8		42	Φ8	120 4000 120	4	Φ8	4140	4	Φ20		1
NEQ-Q1-4506	Φ8		46	Φ8	120 4300 120	4	Φ8	4440	4	Φ20		1
NEQ-Q1-4806	Φ8		48	Φ8	120 4600 120	4	Φ8	4740	4	Φ20		1

5. 节点连接构造图

节点连接构造图主要表示女儿墙板与主体结构连接的做法，主要包括女儿墙板与主体结构安装平面图、断面图、连接节点图等，如图 4-71 所示。

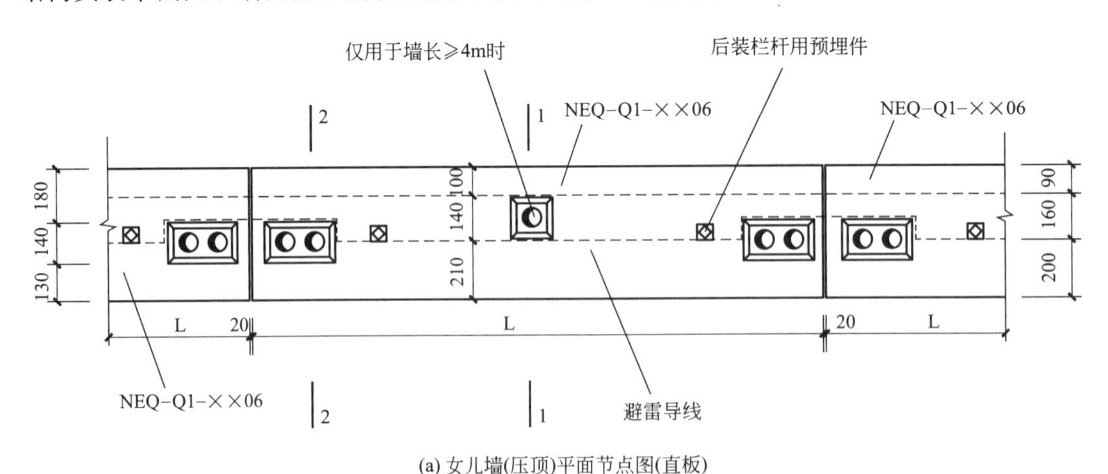

图 4-71　非保温式女儿墙（0.6mm）节点连接构造图（一）

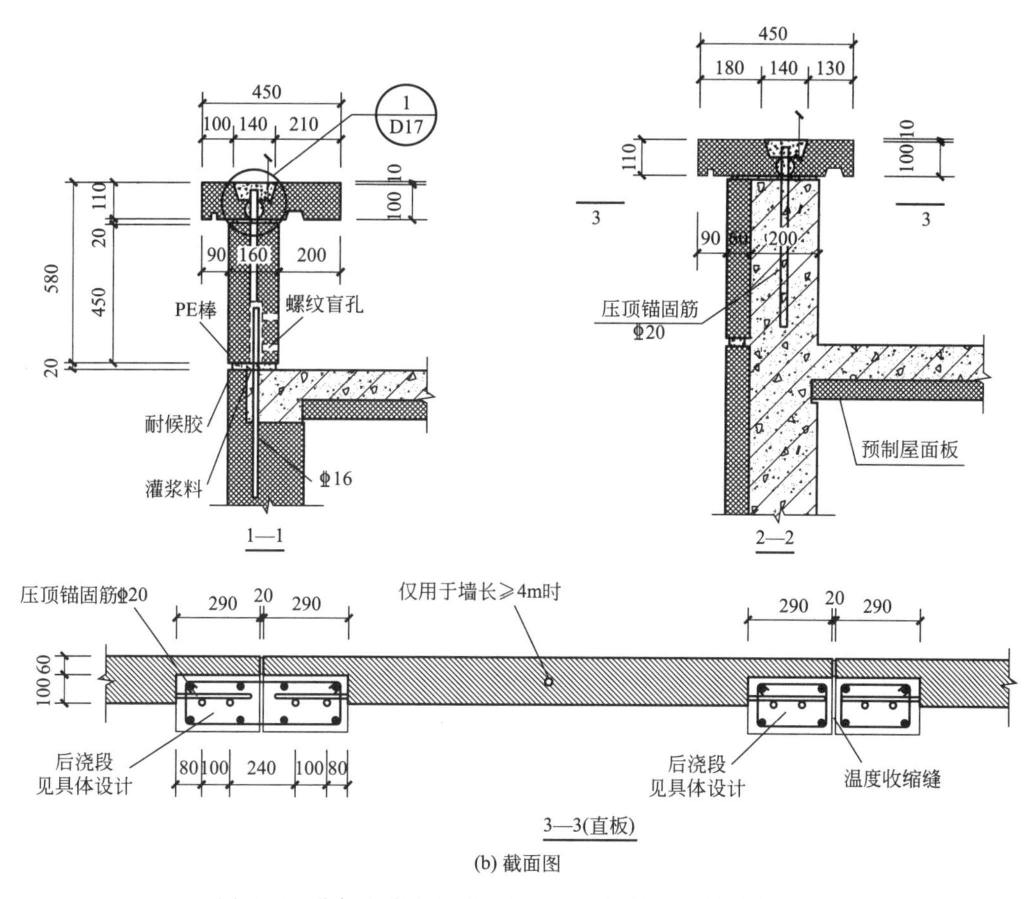

(b) 截面图

图4-71　非保温式女儿墙（0.6mm）节点连接构造图（二）

任务训练

1. 目前预制女儿墙主要包括夹心保温式女儿墙和（　　）两类。

A. 非保温式女儿墙　　B. 整体式女儿墙

C. 板式女儿墙　　D. 梁式女儿墙

2. 预制女儿墙设计高度为从屋顶结构标高算起，到女儿墙压顶的顶面为止，即设计高度包括女儿墙墙体高度、女儿墙压顶高度和（　　）。

A. 楼板高度　　B. 接缝高度　　C. 梁高　　D. 墙厚度

3. 预制女儿墙厚度一般在（　　）mm之间。

A. 40～60　　B. 60～80　　C. 80～100　　D. 100～120

4. 预制女儿墙与后浇混凝土结合面做成粗糙面，粗糙面凹凸应不小于（　　）mm。

A. 10　　B. 8　　C. 6　　D. 4

5. 预制女儿墙 NEQ-J1-3014，其中“J1”表示（　　）。

A. 非保温式女儿墙（直板）　　B. 非保温式女儿墙（转角板）

C. 夹心保温式女儿墙（直板）　　D. 夹心保温式女儿墙（转角板）

任务拓展

某预制女儿墙剖面图如图 4-72 所示，请完成预制女儿墙剖面图的抄绘（比例 1∶100）。具体要求如下：

（1）尺寸标注齐全，字体端正整齐，线型符合标准要求。

（2）图示内容表达完善，合理可行。

（3）符合《建筑制图标准》GB/T 50104—2010 相关要求。

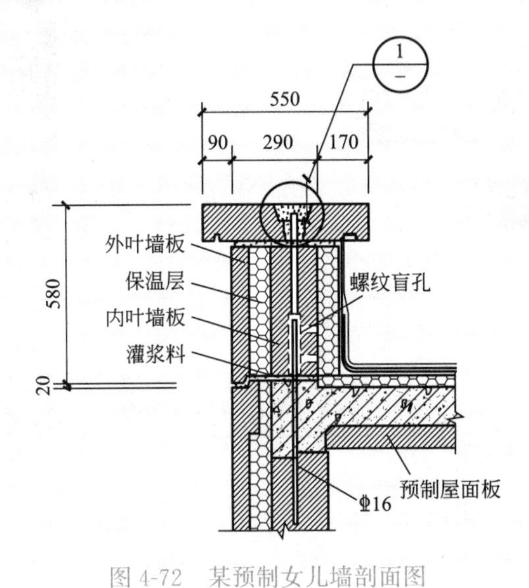

图 4-72　某预制女儿墙剖面图

项目5 Modular 05

识读装配式混凝土建筑预制水平构件详图

项目描述

通过本项目学习，使读者初步了解叠合梁、叠合楼板、预制楼梯、预制阳台板、预制空调板等构件的分类、组成，以及在工程中的应用情况，掌握这些水平构件深化图的图示内容、表达方法、识读方法。通过本项目训练，使读者能进一步了解熟悉这些水平构件的构造组成、连接方式，能熟练识读预制水平构件深化图，能正确选择合理的节点连接构造图，能按规范正确抄绘预制构件图。

任务5.1 识读叠合梁详图

子任务描述

通过对附录某教师公寓项目4号楼叠合梁施工图的识读，使读者了解叠合梁在工程中的应用情况，掌握预制梁的图示内容、表达方法、识读方法，理解预制梁的连接构造。

能力目标

(1) 能够正确识读预制梁详图。
(2) 能够根据要求选择合理的连接方式。
(3) 能够正确识读叠合梁连接节点构造图。

知识目标

(1) 理解叠合梁的构造要求。
(2) 掌握预制梁施工图的识读方法。
(3) 熟悉施工图中的相关国家标准及规范。

学习性工作任务

识读叠合梁施工图，完成识图报告，绘制叠合梁构件深化图。

完成任务所需的支撑知识

5.1.1 概述

5-1 认识预制叠合梁

预制混凝土叠合梁是由预制混凝土底梁和后浇混凝土组成的受弯构件，它主要由两个阶段成型，下半部分的底梁在工厂预制、上半部分则是在工地现场浇筑。预制混凝土叠合梁是PC建筑最重要的预制水平构件，主要包括叠合框架梁和叠合次梁两种，如图5-1所示。

叠合梁通常和叠合楼板配合使用，从而形成整体楼盖。叠合梁一部分受力构件在专业的PC构件工厂生产，具有高度的机械化程度，既能减少大量现场施工湿作业，又能保证结构整体的抗震性能，全面提升工程质量，提高劳动生产效率，达到环境保护和节约资源的目的。

5.1.2 叠合梁的拆分设计

1. 拆分原则

叠合梁拆分不仅要考虑PC生产厂家工作模台和运输条件的限制，还要考虑经济因素、

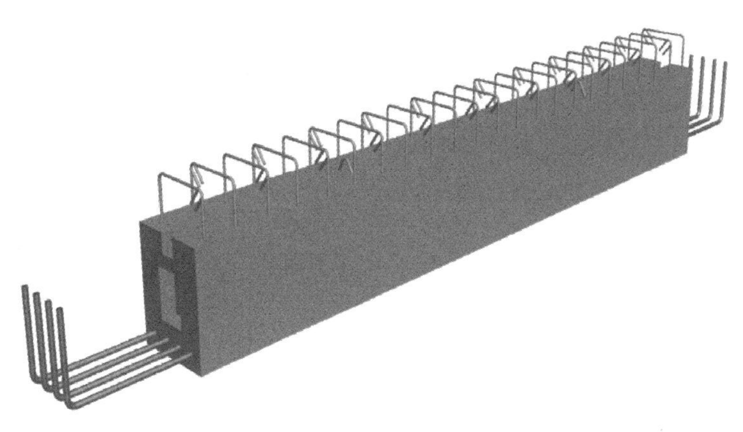

图5-1　预制混凝土叠合梁

现场吊装等因素，叠合梁拆分规定和拆分原则如下：

（1）被拆分的叠合梁宜符合模数协调原则，优化尺寸，坚持“少规格，多组合”的原则，减少开模数量，节约成本。

（2）梁与梁、梁与柱是框架结构最重要的节点，连接处应符合计算简图要求，一般采用现浇方式，不宜进行拆分。

（3）被拆分的叠合梁长度及自重应加以控制，要考虑吊装、运输、施工及安装。

（4）拆分时应全程基于BIM模型进行，在模型中检查并解决钢筋之间碰撞问题、构件内部钢筋与预埋件碰撞问题等。

2. 拆分位置

叠合梁的拆分位置宜设置在构件受力最小的地方，叠合梁拆分位置可以设置在梁端，也可以设置在梁跨1/3的位置处。拆分位置在梁的端部时，梁纵向钢筋套筒连接位置距离柱边不宜小于1.0h（h为梁高），并不小于0.5h（考虑塑性铰区域内存在套筒连接，不利于塑性铰转动）。

在叠合梁拆分时，除了依据套筒的种类、结构塑性铰的位置来确定外，还应考虑生产能力、道路运输、吊装能力以及方便施工等。

5.1.3　识读预制叠合梁深化详图

5-2　叠合梁深化识读

深化设计是PC设计的一种细化补充，是PC设计和工厂生产之间的一个桥梁。深化设计具体到每个构件的外形尺寸、钢筋设置及摆放、连接件及预埋件的具体型号及位置等，是工厂进行深化加工的主要依据。

我们主要结合某教师公寓4号楼来进行叠合梁深化详图的识读。该项目叠合梁混凝土强度等级为C35，梁纵向受力筋和箍筋采用HRB400钢筋。梁底部钢筋混凝土保护层厚度为20mm。梁的截面尺寸均能从梁平法施工图中读取。

1. 识读框架梁

（1）叠合梁的拆分平面图

在进行叠合梁深化设计时，先要绘制一张PC拆分平面图（如教材附录“1～6F PC拆分平面图”），在这张平面图上，我们可以找到每个构件的编号，然后在目录中找到相应编号构件的详图所对应的图纸号。

叠合梁的编号主要由三部分组成：层数、构件名称和编号。如“二～六层 PCL-06”，表示这根梁在二层到六层设置，是根钢筋混凝土预制梁，梁的编号是 06。

（2）2～6F PCL-06 模板图

识读教材附录“2～6F PCL-06 详图”，从顶视图可以看出该梁的预制部分长度为 2800mm，预制部分的顶面是粗糙面。在顶部距离预制部分的两端 500mm 的地方各有一个吊环，吊环的编号是 MJ1a，配筋为 ϕ12，吊环也可以用吊钉来替代。从外视图可以看出该梁左侧的现浇部分长度为 280mm，右侧的现浇部分长度为 270mm。从左视图和右视图可以看出，该梁预制部分的高度为 270mm，现浇部分的高度为 110mm，梁宽为 200mm，左右两侧面为粗糙面，并且都设置有一个键槽。从 3D 内视图和外视图可以很直观地看到叠合梁钢筋之间的相互关系。

（3）2～6F PCL-06 配筋图

通过识读教材附录“2～6F PCL-06 详图”的“配筋图”可知，该梁的箍筋为 21 根编号为 c1-13 的钢筋，通过配筋表可以查出 c1-13 表示直径为 8mm 的 HRB400 钢筋，两端第一根箍筋距离端部为 50mm，左端箍筋加密区有 6 根箍筋，右端箍筋加密区有 7 根箍筋，间距均为 100mm，中间部分为 7 根间距为 200mm 的箍筋。从 A-A 剖面可以识读，梁底部钢筋为 2 根直径为 18mm 的 HRB400 钢筋，钢筋中心距梁边均为 40mm。我们还可以从配筋表中读出每种钢筋的重量和形状。

2. 识读次梁

（1）跃层 PCL-11 模板图

识读教材附录“跃层 PCL-11 详图”，这是一个 L 形的转角梁。从顶视图可以看出该梁的预制部分，水平段的长度为 3300mm，竖直段的长度为 1560mm，预制部分的顶面是粗糙面。在顶部水平段距离两边端头 740mm 和 560mm 的地方和竖直段距梁端 700mm 的地方各有一个吊环，吊环的编号是 MJ1a，配筋为 ϕ12，吊环也可以用吊钉来替代。从前视图可以看到该梁左侧的现浇部分长度为 130mm，从右视图可以看出该梁下侧的现浇部分长度为 250mm。从图中可以看出，该梁预制部分的高度为 340mm，现浇部分高度为 105mm，梁宽为 200mm。在钢筋甩出的面均为粗糙面，并且都设置有一个键槽。从 3D 内视图和外视图可以很直观地看到叠合梁钢筋之间的相互关系。

（2）跃层 PCL-11 配筋图

通过识读教材附录“跃层 PCL-11 详图”的“配筋图”可知，该梁水平段左右两端各设置有 3 根箍筋，同时设有 3 根附加钢筋。水平段的箍筋为 17 根 C1-19 的钢筋，间距为 200mm，水平段的底部钢筋为 C2-42 和 C2-43；竖直段的箍筋为 15 根 C3-2 的钢筋，间距为 100mm，竖直段的底部钢筋为 1 根 C2-42 和 1 根 C2-46 钢筋。我们可以在配筋表中查找每个编号所对应的钢筋类型和直径，还可以从配筋表中读出每种钢筋的重量和形状。

5.1.4 叠合梁的构造要求

1. 叠合梁截面形式

当采用预制混凝土叠合梁时，整体楼盖一般采用叠合板、叠合梁、板的后浇叠合层组成。当楼板的总厚度不小于梁的后浇层厚度时，可采用矩形截面预制梁（图 5-2a）；当楼板的总厚度小于梁的后浇层厚度时，可采用凹口形截面预制梁（图 5-2b），主要为了增加梁的后浇层厚度。某些特殊情况，由于设计要求或是为了方便施工，预制梁也可以采用其他截面形式。

5-3　叠合梁节点构造

当采用叠合梁时，框架梁的后浇混凝土叠合层厚度不宜小于 150mm，次梁的后浇混凝土叠合层厚度不宜小于 120mm；当采用凹口形截面预制梁时，凹口深度不宜小于 50mm，凹口边厚度不宜小于 60mm。叠合框架梁截面示意图如图 5-2 所示。预制梁粗糙面凹凸深度≥6mm，端部设键槽。

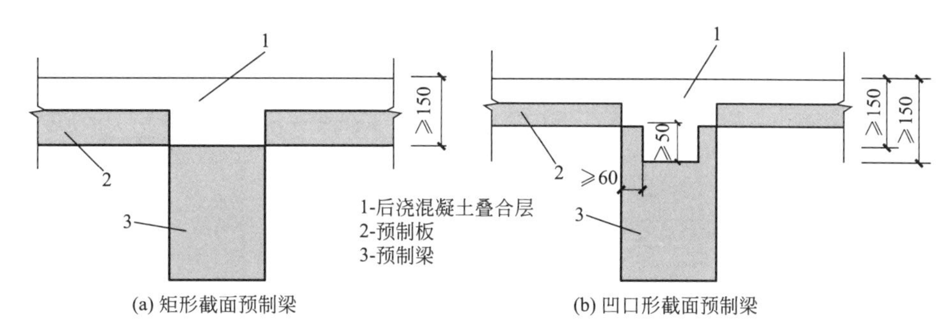

图 5-2　叠合框架梁截面示意

2. 叠合梁箍筋形式

叠合梁的箍筋形式主要有整体封闭箍筋和组合封闭箍筋两种形式。由于整体封闭箍筋整体性较好，受力性能好，所以在施工条件允许的情况下，箍筋宜优先采用整体封闭箍筋。

叠合梁的箍筋配置应符合以下几点规定：

（1）抗震等级为一、二级的叠合框架梁的梁端箍筋加密区宜采用整体封闭箍筋；当叠合梁受扭时，宜采用整体封闭箍筋，且整体封闭箍筋的搭接部分宜设置在预制部分，如图 5-3（a）所示。

（2）当采用组合封闭箍筋时，开口箍筋上方两端应做成 135°弯钩，对框架梁弯钩平直段长度不应小于 10d（d 为箍筋直径），次梁弯钩平直段长度不应小于 5d。现场应采用箍筋帽封闭开口箍，箍筋帽宜两端做成 135°弯钩，也可做成一端 135°另一端 90°弯钩，但 135°弯钩和 90°弯钩应沿纵向受力钢筋方向交错设置，框架梁弯钩平直段长度不应小于 10d（d 为箍筋直径），次梁 135°弯钩平直段长度不应小于 5d，90°弯钩平直段长度不应小于 10d，如图 5-3（b）所示。

（3）框架梁箍筋加密区长度内的箍筋肢距：一级抗震等级，不宜大于 200mm 和 20 倍箍筋直径的较大值，且不应大于 300mm；二、三级抗震等级，不宜大于 250mm 和 20 倍箍筋直径的较大值，且不应大于 350mm；四级抗震等级，不宜大于 300mm，且不应大于 400mm。

3. 叠合梁的连接形式

叠合梁可采用对接连接（图 5-4），并应符合下列规定：

（1）连接处应设置后浇段，后浇段的长度应满足梁下部纵向钢筋连接作业的空间需求。

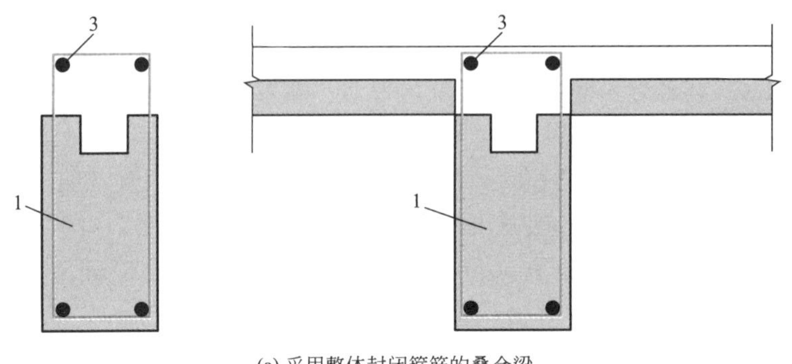

(a) 采用整体封闭箍筋的叠合梁

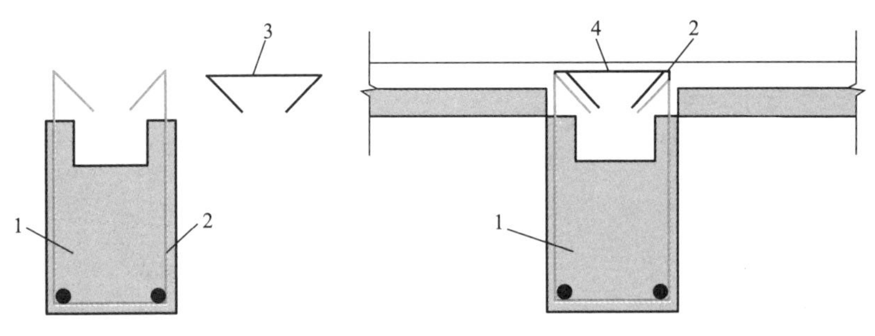

(b) 采用组合封闭箍筋的叠合梁

图 5-3 叠合梁的箍筋形式

1-预制梁；2-开口箍筋；3-上部纵向钢筋；4-箍筋帽

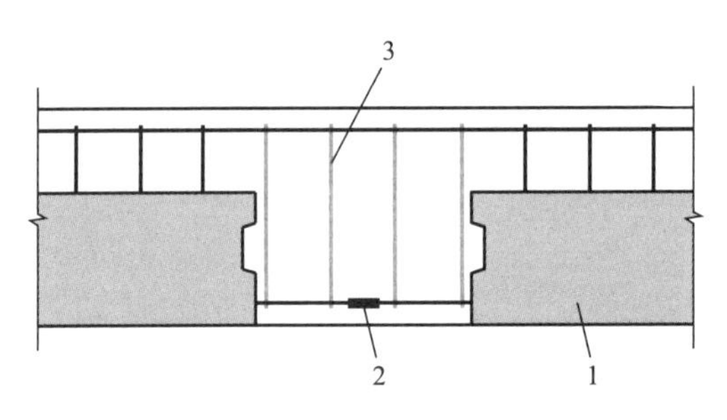

图 5-4 叠合梁连接节点示意

1-预制梁；2-钢筋连接接头；3-后浇段

（2）梁下部纵向钢筋在后浇段内宜采用机械连接、套筒灌浆连接或焊接连接。

（3）后浇段内的箍筋应加密，箍筋间距不应大于 5d（d 为纵向钢筋直径），且不应大于 100mm。

4. 主梁与次梁的连接形式

主梁与次梁采用后浇段连接时，应符合下列规定：

（1）在端部节点处，次梁下部纵向钢筋伸入主梁后浇段内的长度不应小于 12d；次梁上部纵向钢筋应在主梁后浇段内锚固。当采用弯折锚固（图 5-5a）或锚固板时，锚固直段长度不应小于 0.6l_{ab}；当钢筋应力不大于钢筋强度设计值的 50%时，锚固直段长度不应小于 0.35l_{ab}；弯折锚固的弯折后直段长度不应小于 12d（d 为纵向钢筋直径）。

（2）在中间节点处，两侧次梁的下部纵向钢筋伸入主梁后浇段内长度不应小于 12d

（d 为纵向钢筋直径）；次梁上部纵向钢筋应在现浇层内贯通（图 5-5b）。

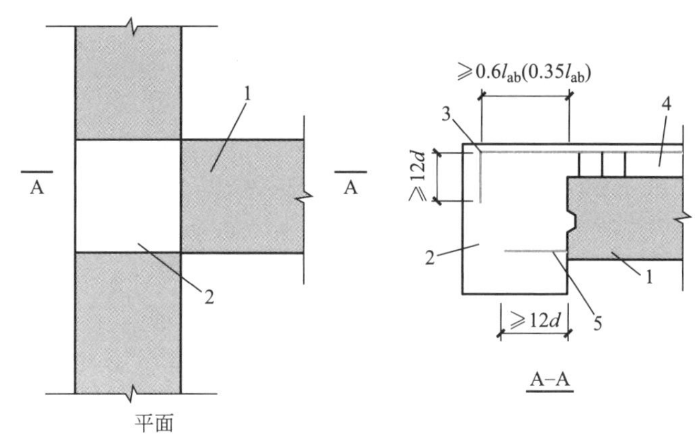

(a) 主次梁端部节点连接节点构造示意

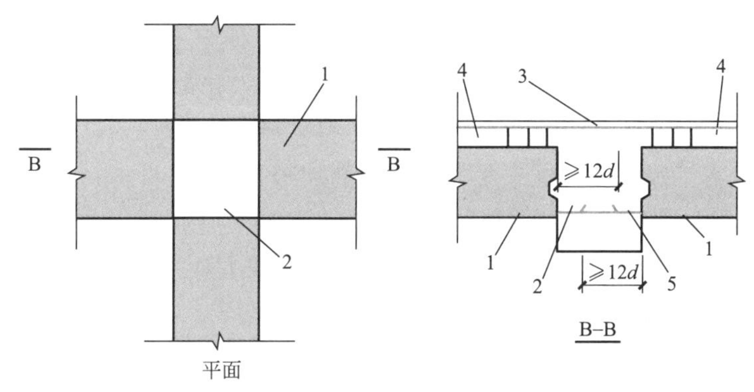

(b) 主次梁中间节点连接节点构造示意

图 5-5　主次梁连接节点构造示意

1-次梁；2-主梁后浇段；3-次梁上部纵向钢筋；4-后梁混凝土叠合层；5-次梁下部纵向钢筋

拓展学习资源

5 拓-1　叠合梁生产

任务训练

1. 以下哪个不属于叠合梁的拆分原则？（　　）

A. 宜符合模数协调原则　　　　B. 梁与梁、梁与柱的节点

C. 要考虑吊装、运输、施工及安装　　　　D. 全程基于 BIM 模型进行

2. 叠合梁拆分位置在梁的端部时，梁纵向钢筋套筒连接位置距离柱边不宜小于（　　），并不小于 0.5h。

A. 1.0h　　B. 1.5h　　C. 2.0h　　D. 1.25h

3. 识读附录“2～6F PCL-06 详图”，箍筋直径和间距是（　　），底部钢筋是（　　）。

A. Φ8@100/150；2Φ18　　B. Φ8@100/150；2Φ20

C. Φ8@100/200；2Φ18　　D. Φ8@100/200；2Φ20

4. 识读附录“跃层 PCL-11 详图”，吊环有（　　）个，为（　　）型号。

A. 4；ϕ12 吊环　　B. 3；ϕ12 吊环

C. 5；ϕ12 吊环　　D. 6；ϕ12 吊环

5. 采用叠合梁时，框架梁的后浇混凝土叠合层厚度不宜小于（　　）mm，次梁的后浇混凝土叠合层厚度不宜小于（　　）mm；当采用凹口形截面预制梁时，凹口深度不宜小于（　　）mm，凹口边厚度不宜小于（　　）mm。

A. 150；120；50；60　　B. 100；120；100；60

C. 150；150；50；60　　D. 150；120；100；60

6. 叠合梁的箍筋形式主要有整体封闭箍筋和组合封闭箍筋两种形式。整体封闭箍筋整体性较好，受力性能好。以下哪个部位宜采用整体封闭箍筋？（　　）

A. 抗震等级为三级的叠合框架梁的梁端箍筋加密区

B. 抗震等级为四级的叠合框架梁的梁端箍筋加密区

C. 抗震等级为一、二级的叠合框架梁的梁端箍筋加密区

D. 抗震等级为一、二级的叠合框架梁的箍筋非加密区

7. 下面对框架梁箍筋加密区长度内的箍筋肢距的描述，不对的是（　　）。

A. 一级抗震等级，不宜大于 200mm 和 20 倍箍筋直径的较大值，且不应大于 300mm

B. 二级抗震等级，不宜大于 250mm 和 20 倍箍筋直径的较大值，且不应大于 350mm

C. 三级抗震等级，不宜大于 300mm，且不应大于 350mm

D. 四级抗震等级，不宜大于 300mm，且不应大于 400mm

8. 在端部节点处，次梁下部纵向钢筋伸入主梁后浇段内的长度不应小于（　　）d。

A. 15　　B. 12　　C. 13　　D. 18

拓展训练

为什么叠合梁拆分位置宜设置在梁端，或设置在梁跨 1/3 的位置处？

任务 5.2　识读叠合楼板详图

任务描述

通过对附录某教师公寓项目 4 号楼叠合楼板详图的识读，使读者了解叠合楼板在工程中的应用情况、拆分设计，掌握叠合楼板详图的图示内容、表达方法、识读方法，理解叠合楼板的连接构造。

能力目标

(1) 能够正确识读预制楼板详图。
(2) 能够根据要求选择合理的连接方式。
(3) 能够正确识读叠合楼板连接节点构造图。

知识目标

(1) 理解钢筋桁架叠合楼板的构造要求。
(2) 掌握预制楼板施工图的识读方法。
(3) 熟悉施工图中的相关国家标准及规范。

学习性工作任务

识读叠合楼板施工图，完成识图报告，补绘预制构件图。

完成任务所需的支撑知识

5.2.1 概述

5-4 认识预制楼板

装配式混凝土建筑楼盖包括叠合楼盖（半预制楼盖）、全预制楼盖和现浇楼盖。楼盖由楼板组成，预制楼板是PC建筑最重要的预制水平构件。

叠合楼板是由预制薄板和现浇钢筋混凝土层叠合而成的装配整体式楼板。预制板既是楼板结构的组成部分之一，又是现浇钢筋混凝土叠合层的永久性模板，现浇叠合层内可敷设水平设备管线。叠合楼板的预制厚度不宜小于60mm，后浇混凝土叠合层厚度不应小于60mm。叠合楼板不仅整体性好、刚度大，可节省模板，而且板的上下表面平整，便于饰面层装修，适用于对整体刚度要求较高的高层建筑和大开间建筑。叠合楼板包括普通叠合楼板（图5-6）、带肋预应力叠合楼板（简称PK板）（图5-7）、空心预应力叠合楼板、双T形预应力叠合楼（图5-8）等。全预制楼板包括预应力空心板（简称SP板）、全预制双T板、圆孔箱形板等。

图5-6 普通叠合楼板

图 5-7　带肋预应力叠合楼板

图 5-8　双 T 形预应力叠合楼板

普通叠合楼板按《装配式混凝土结构技术规程》JGJ 1—2014 可以做到 6m 长，甚至可以做到 9m，宽度一般不超过运输限宽，可以做到 3.5m，如果在施工现场预制，尺寸可以放宽。叠合楼板广泛应用在各类装配式混凝土建筑中，目前是我国应用量最大的预制构件类型之一。

5.2.2　叠合楼盖的拆分设计

1. 拆分原则

叠合楼盖拆分除了要考虑 PC 生产厂家工作模台和运输条件的限制，还要考虑经济性、施工吊装等因素，PC 楼盖拆分规定和拆分原则如下：

（1）在板的次要受力方向拆分，也就是板缝应当垂直于板的长边，如图 5-9 所示。

（2）在板的受力小的部位分缝，如图 5-10 所示。

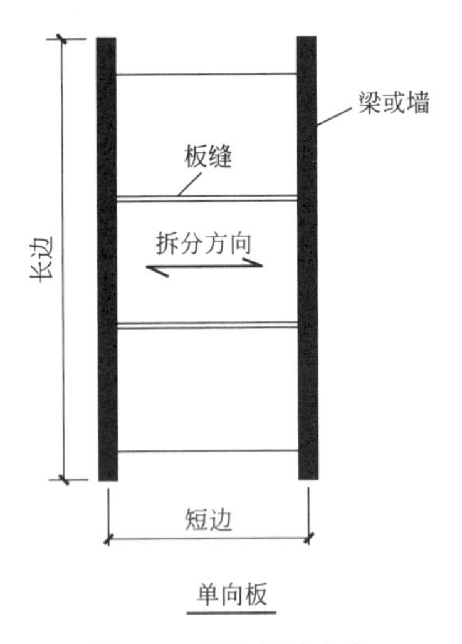

图 5-9　板的拆分方向

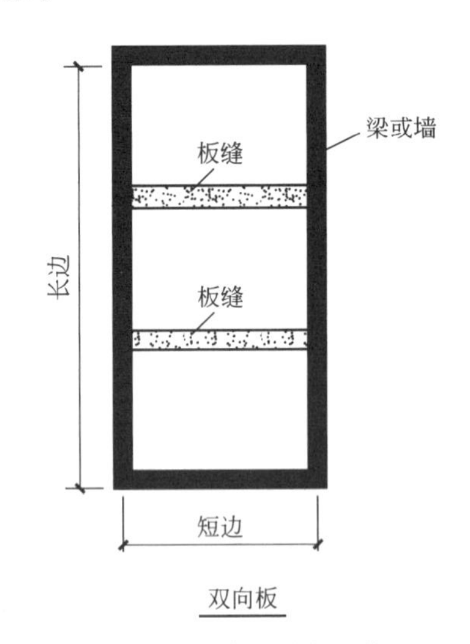

图 5-10　板分缝适宜的位置

（3）板的宽度不超过运输超宽的限制和工厂生产线模台宽度的限制，一般不超过 3.5m。

（4）尽可能统一或减少板的规格，宜取相同宽度。

（5）有管线穿过的楼板，拆分时须考虑避免与钢筋或桁架筋的冲突。

（6）当顶棚无吊顶时，板缝应避开灯具、接线盒或吊扇位置。

2. 叠合板设计分类

叠合板设计分为单向板和双向板两种情况，根据接缝构造、支座构造和长宽比确定。

《装配式混凝土结构技术规程》JGJ 1—2014 第 6.6.3 条规定：当预制板之间采用分离式接缝时，宜按单向板设计。对长宽比不大于 3 的四边支承叠合板，当其预制板之间采用整体式或无接缝时，可按双向板计算。叠合板的预制板布置形式示意如图 5-11 所示。

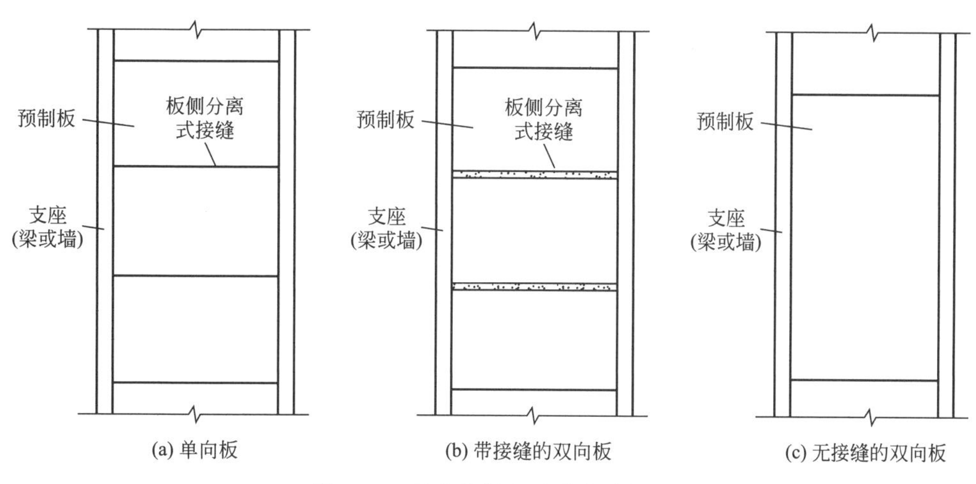

图 5-11　叠合楼板布置形式示意图

5.2.3　识读预制叠合楼板深化详图

叠合楼板深化详图节选自《桁架钢筋混凝土叠合板（60mm 厚底板）》15G366-1 中典型的单向板底板和双向板底板，其中双向板底板根据拼装位置不同可以分为边板和中板。这些叠合楼板适用于环境类别为一类的住宅建筑、屋面叠合板用的底板（不包括阳台、厨房和卫生间）、剪力墙墙厚为 200mm 的情况，其他墙厚及结构形式可参考使用。

图集中的叠合楼底板混凝土强度等级为 C30，底板钢筋及钢筋桁架的上弦、下弦钢筋采用 HRB400 钢筋，钢筋桁架腹杆钢筋采用 HPB300 钢筋。底板最外层钢筋混凝土保护层厚度为 15mm。底板厚度均为 60mm，后浇混凝土叠合层厚度为 70mm、80mm、90mm 三种。

1. 识读单向板

（1）DBD67-2712-2 模板图（图 5-12）

通过识读板模板图可知，单向叠合楼板用底板标志跨度 L 为 2700mm，预制混凝土底板混凝土面长 L_0 为 2520mm，标志宽度和预制混凝土底板混凝土面宽均为 1200mm；桁架钢筋沿板长度方向布置两道；板短边两端设置粗糙面，伸出钢筋长度为 90mm，伸出钢筋距离长边 25mm，伸出钢筋主要间距为 150mm；叠合楼板上部四边倒角宽均为 20mm。

通过识读 1-1 断面图可知，桁架钢筋距短边间距为 50mm；底板混凝土面在桁架钢筋外露一侧为粗糙面，反方向一侧为模板面；预制混凝土厚度为 60mm。通过识读 2-2 断面图可知，桁架钢筋距板长度为 300mm，间距为 600mm。通过识读 1-1、2-2 断面图可知，叠合楼板上部四边倒角高均为 20mm，下部四边倒角高均为 10mm。

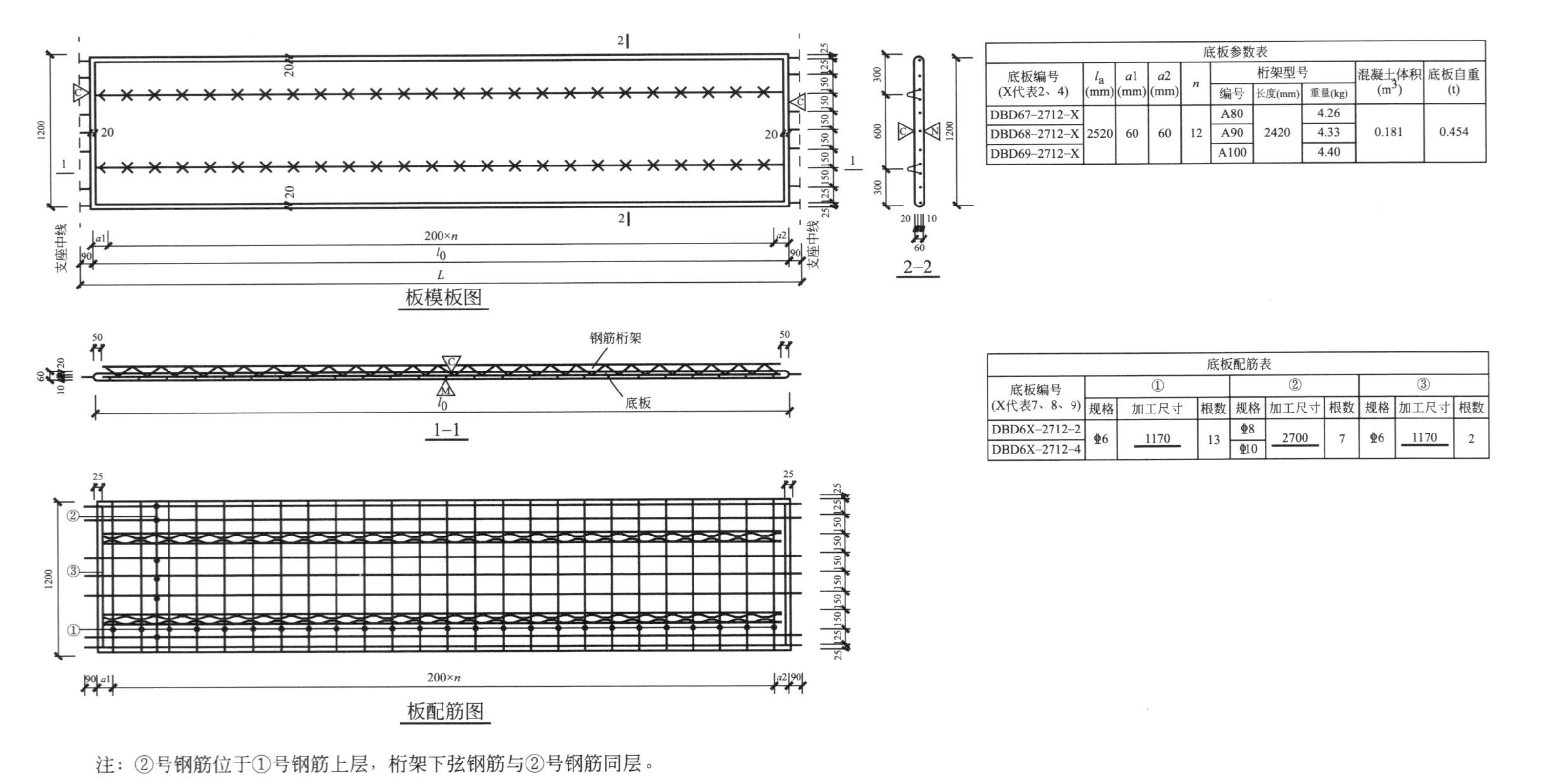

底板参数表

底板编号（X代表2、4）	l_a (mm)	$a1$ (mm)	$a2$ (mm)	n	桁架型号 编号	桁架型号 长度(mm)	桁架型号 重量(kg)	混凝土体积 (m^3)	底板自重 (t)
DBD67-2712-X	2520	60	60	12	A80	2420	4.26	0.181	0.454
DBD68-2712-X					A90		4.33		
DBD69-2712-X					A100		4.40		

底板配筋表

底板编号（X代表7、8、9）	① 规格	① 加工尺寸	① 根数	② 规格	② 加工尺寸	② 根数	③ 规格	③ 加工尺寸	③ 根数
DBD6X-2712-2	Φ6	1170	13	Φ8	2700	7	Φ6	1170	2
DBD6X-2712-4				Φ10					

注：②号钢筋位于①号钢筋上层，桁架下弦钢筋与②号钢筋同层。

图 5-12　DBD67-2712-2 模板图及配筋图

（2）DBD67-2712-2 配筋图（图 5-12）

预制板板筋为网片状，宽度方向分布筋（①号钢筋）在下，跨度方向受力筋（②号钢筋）在上。桁架下弦钢筋与跨度方向受力筋同层。

底板跨度方向：②号受力筋共 7 根，直径为 8mm 的 HRB400 钢筋，加工长度为 2700mm，矩板长边 25mm 开始布置，以桁架钢筋为基准，间距 150mm 布置，在桁架钢筋位置处不重复布置，在桁架钢筋之间布置 3 道，两道桁架钢筋外侧 150mm 各布置 1 道，受力板筋在两侧支座处均外伸 90mm。

底板宽度方向：①号分布筋共 13 根，直径为 6mm 的 HRB400 钢筋，加工长度为 1170mm，距板短边为 60mm，间距为 200mm，长为 1170mm，沿宽方向通长布置，不外伸；端部封边板筋（③号钢筋）沿板宽两端各布置 1 根，直径为 6mm 的 HRB400 钢筋，加工长度为 1170mm，距板短边为 25mm，长为 1170mm，沿宽方向通长布置，不外伸。

2. 识读双向板边板

（1）DBS1-67-3012-32 模板图（图 5-13）

通过识读板模板图可知，双向叠合楼板用底板标志跨度 L 为 3000mm，预制混凝土底板混凝土面长 L_0 为 2820mm，标志宽度为 1200mm，预制混凝土底板混凝土面宽均为 960mm；桁架钢筋沿板长度方向布置 2 道；预制底板四边设置粗糙面，四边均有伸出钢筋，上部四边倒角宽均为 20mm；宽方向伸出钢筋距离长边 25mm，两端伸出钢筋距离桁架钢筋 155mm，中间伸出钢筋间距及距离桁架钢筋均为 200mm；长方向伸入支座钢筋距离板左右两端分别为 80mm、40mm，间距为 150mm。

通过识读 1-1 断面图可知，桁架钢筋距板短边间距为 50mm；底板混凝土面在桁架钢筋外露一侧为粗糙面，反方向一侧为模板面；预制混凝土厚度为 60mm。通过识读 2-2 断面图可知，桁架钢筋距板长度为 180mm，间距为 600mm。通过识读 1-1、2-2 断面图可知，叠合楼板上部四边倒角高均为 20mm。

（2）DBS1-67-3012-32 配筋图（图 5-13）

预制板板筋为网片状，宽度方向水平筋（①号钢筋）在下，跨度方向水平筋（②号钢筋）在上。桁架下弦钢筋与长度方向水平筋同层。

底板跨度方向：②号水平筋共 4 根，直径为 10mm 的 HRB400 钢筋，加工长度为 3000mm，以桁架钢筋为基准，间距 200mm 布置，在桁架钢筋位置处不重复布置，在桁架钢筋之间布置 2 道，两道桁架钢筋外侧 155mm 各布置 1 道，距长边为 25mm，伸入左右两侧支座均为 90mm。

底板宽度方向：①号水平筋共 19 根，直径为 8mm 的 HRB400 钢筋，加工长度为 1340mm，伸入拼缝一端做 135°弯钩，弯钩平直段长度为 40mm，距左右两端板边分别为 80mm、40mm，间距为 150mm，伸入支座一侧 90mm，伸入拼缝一侧 290mm；端部封边板筋（③号钢筋）沿板宽两端各布置 1 根，直径为 6mm 的 HRB400 钢筋，加工长度为 910mm，距板宽为 25mm，沿宽方向通长布置，不外伸。

3. 识读双向板中板

（1）DBS2-67-3012-32 模板图（图 5-14）

通过识读板模板图可知，双向叠合楼板用底板标志跨度 L 为 3000mm，预制混凝土底板混凝土面长 L_0 为 2820mm，标志宽度为 1200mm，预制混凝土底板混凝土面宽均为 900mm；

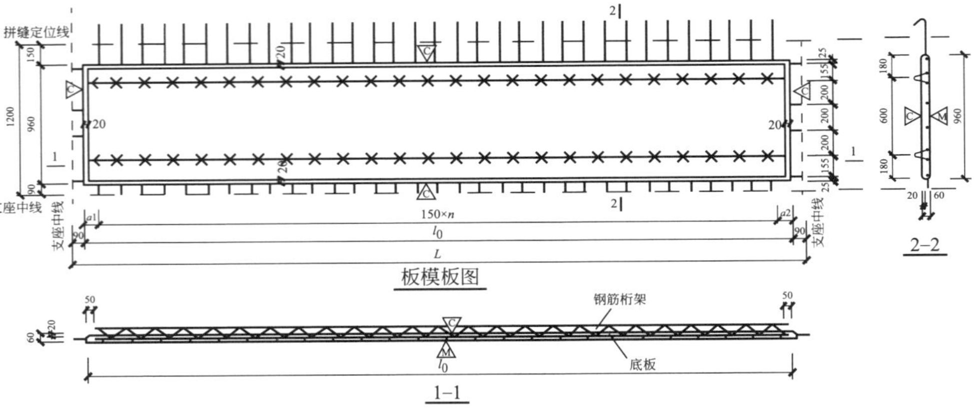

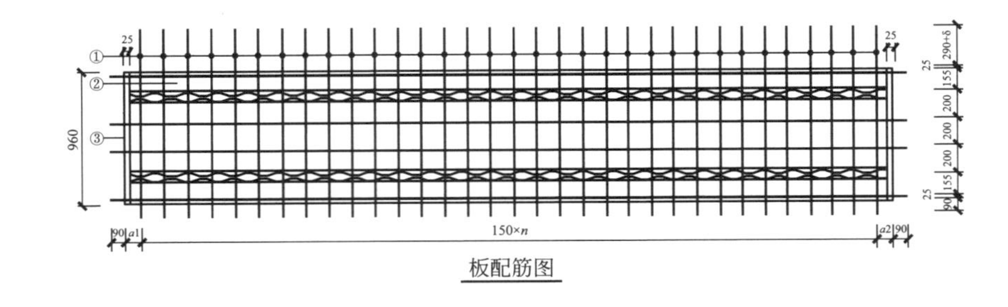

底板参数表

底板编号	l_a (mm)	$a1$ (mm)	$a2$ (mm)	n	桁架型号 编号	长度(mm)	重量(kg)	混凝土体积 (m³)	底板自重 (t)
DBS1-67-3012-32					A80		4.79		
DBS1-68-3012-32	2820	80	40	18	A90	2720	4.87	0.162	0.406
DBS1-69-3012-32					A100		4.95		

底板配筋表

底板编号 (X代表7、8、9)	① 规格	① 加工尺寸	① 根数	② 规格	② 加工尺寸	② 根数	③ 规格	③ 加工尺寸	③ 根数
DBS1-6X-3012-32	⌀8	1340+δ 40	19	⌀10	3000	4	⌀6	910	2
DBS1-6X-3312-32	⌀8	1340+δ 40	21	⌀10	3300	4	⌀6	910	2
DBS1-6X-3612-32	⌀8	1340+δ 40	23	⌀10	3600	4	⌀6	910	2

注：1. δ由设计人员确定。
2. ①号钢筋弯钩角度为135°，弯弧内直径D为32mm。
3. ②号钢筋位于①号钢筋上层，桁架下弦钢筋与②号钢筋同层。

图 5-13　DBS1-67-3012-32 模板图及配筋图

板模板图

1–1

2–2

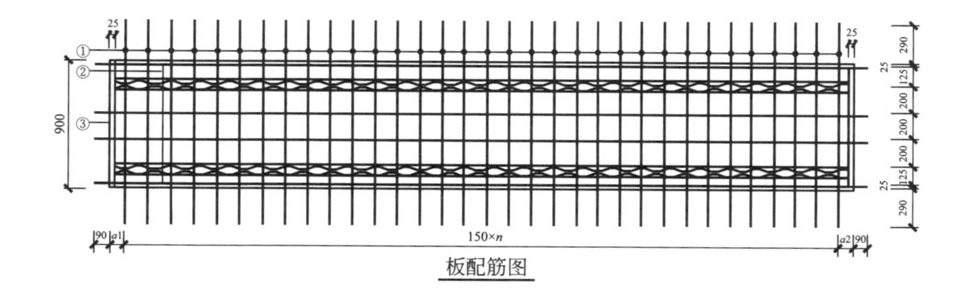

底板参数表

底板编号	l_a (mm)	$a1$ (mm)	$a2$ (mm)	n	桁架型号 编号	长度(mm)	重量(kg)	混凝土体积 (m^3)	底板自重 (t)
DBS2-67-3012-32	2820	70	50	18	A80	2720	4.79	0.152	0.381
DBS2-68-3012-32					A90		4.87		
DBS2-69-3012-32					A100		4.95		

底板配筋表

底板编号 (X代表7、8、9)	① 规格	① 加工尺寸	① 根数	② 规格	② 加工尺寸	② 根数	③ 规格	③ 加工尺寸	③ 根数
DBS2-6X-3012-32	⌀8	40 1480 40	19	⌀10	3000	4	⌀6	850	2
DBS2-6X-3312-32	⌀8	40 1480 40	21	⌀10	3300	4	⌀6	850	2
DBS2-6X-3612-32	⌀8	40 1480 40	23	⌀10	3600	4	⌀6	850	2

注：1.①号钢筋弯钩角度为135°，弯弧内直径D为32mm。
2.②号钢筋位于①号钢筋上层，桁架下弦钢筋与②号钢筋同层。

图5-14　DBS2-67-3012-32模板图及配筋图

桁架钢筋沿板长度方向布置两道；预制底板四边设置粗糙面，四边均有伸出钢筋，上部四边倒角宽均为 20mm；宽方向伸出钢筋距离长边 25mm，两端伸出钢筋距离桁架钢筋 125mm，中间伸出钢筋间距及距离桁架钢筋均为 200mm；长方向伸入支座钢筋距离板左右两端分别为 70mm、50mm，间距为 150mm。

通过识读 1-1 断面图可知，桁架钢筋距板短边间距为 50mm；底板混凝土面在桁架钢筋外露一侧为粗糙面，反方向一侧为模板面；预制混凝土厚度为 60mm。通过识读 2-2 断面图可知，桁架钢筋距板长边为 150mm，间距为 600mm。通过识读 1-1、2-2 断面图可知，叠合楼板上部四边倒角高均为 20mm。

（2）DBS2-67-3012-32 配筋图（图 5-14）

预制板板筋为网片状，宽度方向水平筋（①号钢筋）在下，跨度方向水平筋（②号钢筋）在上。桁架下弦钢筋与长度方向水平筋同层。

底板跨度方向：②号水平筋共 4 根，直径为 10mm 的 HRB400 钢筋，加工长度为 3000mm，以桁架钢筋为基准，间距 200mm 布置，在桁架钢筋位置处不重复布置，在桁架钢筋之间布置 2 道，两道桁架钢筋外侧 125mm 各布置 1 道，距长边为 25mm，伸入左右两侧支座均为 90mm。

底板宽度方向：①号水平筋共 19 根，直径为 8mm 的 HRB400 钢筋，加工长度为 1480mm，两端伸入拼缝做 135°弯钩，弯钩平直段长度为 40mm，伸入拼缝一侧 290mm，距左右两端板边分别为 70mm、50mm，间距为 150mm；端部封边板筋（③号钢筋）沿板宽两端各布置 1 根，直径为 6mm 的 HRB400 钢筋，加工长度为 850mm，距板宽为 25mm，沿宽方向通长布置，不外伸。

4. 识读吊点位置

预制构件在脱模、翻转、吊运、安装工作状态下需要设置吊点。吊点有内埋螺母、钢索吊环、钢筋吊环、吊钉、桁架钢筋等方式。吊点位置的设计要考虑受力合理、重心平衡、与钢筋和其他预埋件互不干扰、制作与安装便利等因素。普通叠合楼板常将吊点直接设置在桁架钢筋上。

（1）单向板吊点位置图

吊点位置需要加强节点，设置加强钢筋，如图 5-15 所示。跨度 2700mm，宽 1200mm 单向板吊点设置在沿跨度方向布置的 2 道桁架钢筋上，共 4 个吊点，距宽度方向 500mm 间距，对称布置。在吊点两侧分别布置 1 根直径为 8mm 的 HRB400 短钢筋，以桁架钢筋为中心两端各伸出 140mm。

（2）双向板吊点位置图

吊点位置需要加强节点，设置加强钢筋，如图 5-16 所示。跨度 3000mm，宽 1200mm 双向板吊点设置在沿跨度方向布置的 2 道桁架钢筋上，共 4 个吊点，距宽度方向 600mm 间距，对称布置。在吊点两侧分别布置 1 根直径为 8mm 的 HRB400 短钢筋，以桁架钢筋为中心两端各伸出 140mm。

5.2.4 叠合楼板节点构造

1. 桁架筋构造

叠合楼板中的桁架钢筋是由上弦钢筋、腹杆钢筋、下弦钢筋所组成，如图 5-17 所示。

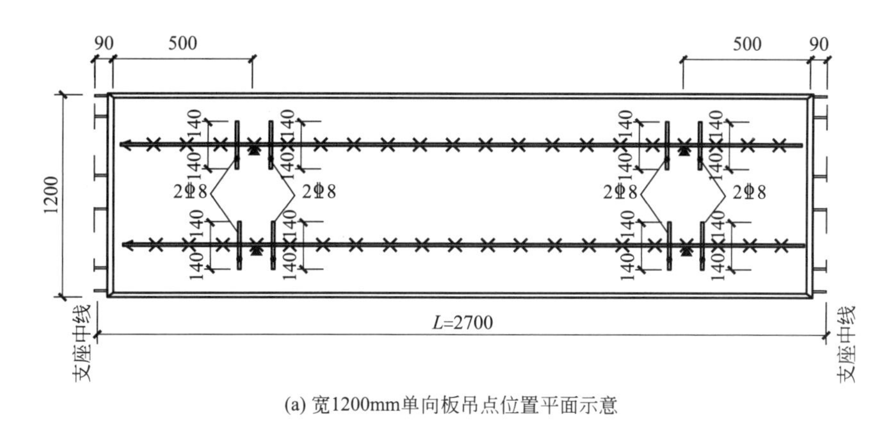

(a) 宽1200mm单向板吊点位置平面示意

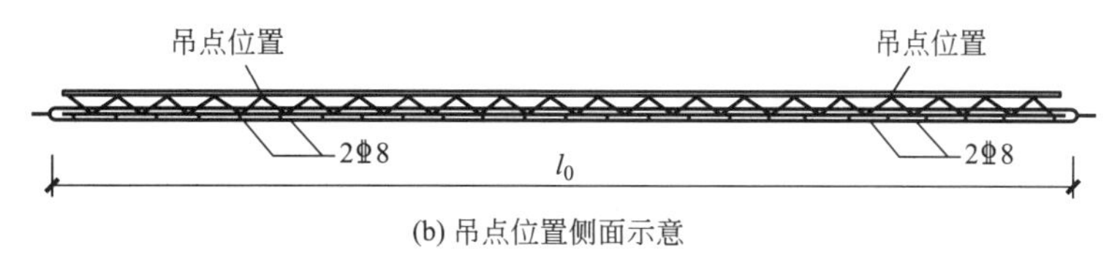

(b) 吊点位置侧面示意

图 5-15　单向板吊点位置示意（$L=2700$mm）

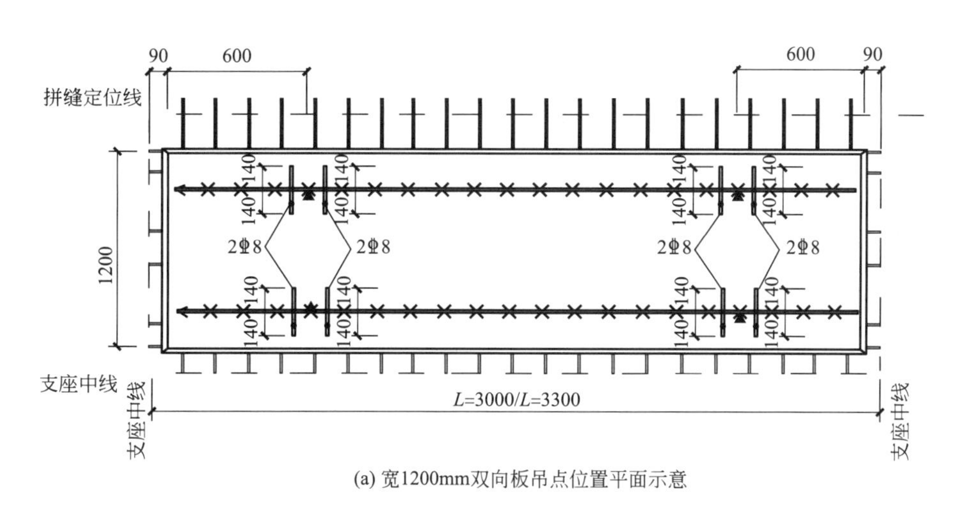

(a) 宽1200mm双向板吊点位置平面示意

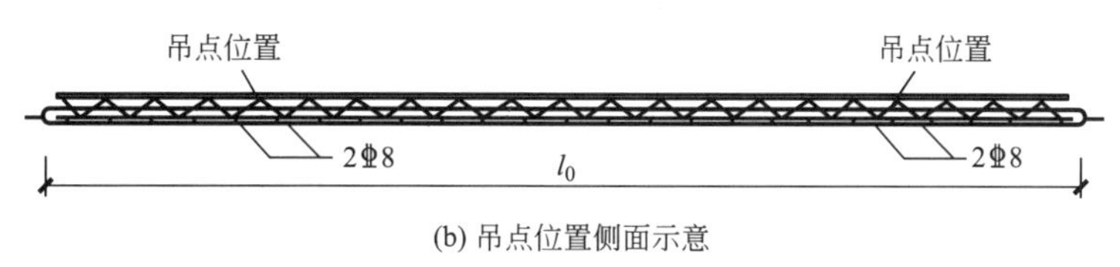

(b) 吊点位置侧面示意

图 5-16　双向板吊点位置示意图（$L=3000$mm）

桁架钢筋的作用主要有 4 个方面：一是增加刚度，由于预制底板厚度较薄，钢筋桁架可以明显提高楼板刚度；二是增加叠合面受剪，但这个并不明显，对于常规居住、办公荷载的叠合楼板，不配抗剪钢筋的叠合面仍可满足受剪计算要求；三是施工“马凳”；四是吊装时作为“吊钩”。

5-5　叠合楼板节点构造

桁架钢筋沿主要受力方向布置，距离板边不应大于 300mm，间距不宜大于 600mm，弦杆钢筋直径不宜小于 8mm，腹杆钢筋直径不应小于

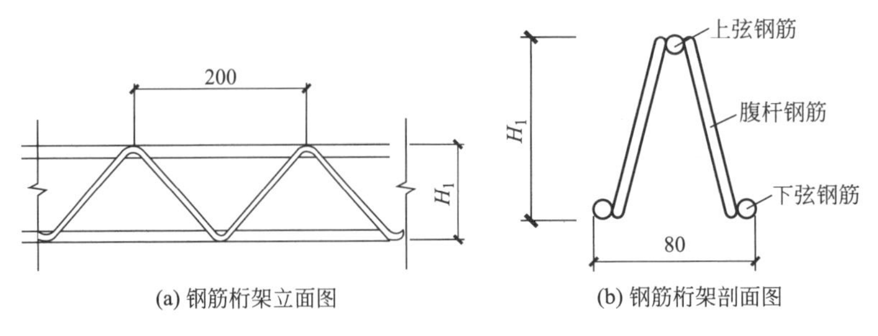

图 5-17 桁架钢筋示意图

4mm，弦杆混凝土保护层厚度不应小于 15mm。

2. 叠合板边角构造

叠合板侧边上部边角做成 45°倒角。单向板和双向板的上部都做成倒角，一是为了保证连接节点钢筋保护层厚度，二是为了避免后浇段混凝土转角部位应力集中。单向板侧边下部边角做成倒角是为了便于接缝处理，如图 5-18 所示。如采取吊顶，单向板侧下部倒角可以不做。

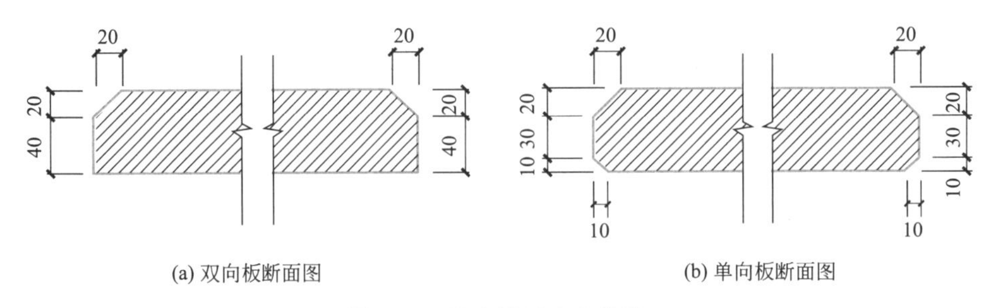

图 5-18 叠合楼板边角构造

3. 叠合板拼缝构造

单向叠合板板侧的分离式接缝宜配置附加钢筋，如图 5-19 所示。接缝处紧邻预制板顶面宜设置垂直于板缝的附加钢筋，附加钢筋伸入两侧后浇混凝土叠合层的锚固长度不应小于 15d（d 为附加钢筋直径）；附加钢筋截面面积不宜小于预制板中该方向钢筋面积，钢筋直径不宜小于 6mm、间距不宜大于 250mm。

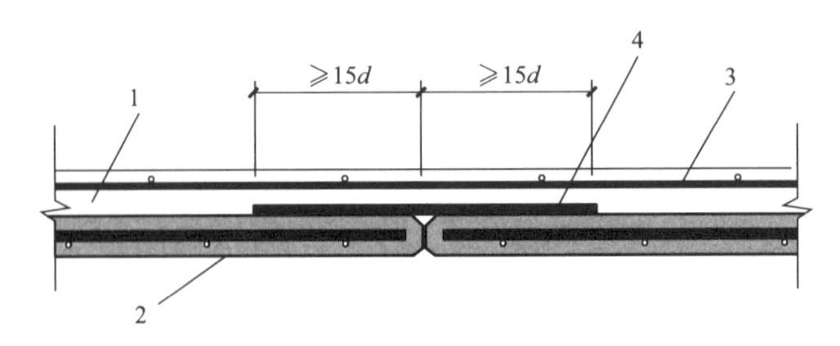

图 5-19 单向叠合板板侧分离式拼缝构造示意图

1-后浇混凝土叠合层；2-预制板；3-后浇层内钢筋；4-附加钢筋

双向叠合板板侧的整体式接缝宜设置在叠合板的次要受力方向上且宜避开最大弯矩截面。接缝可采用后浇带形式，后浇带跨度不宜小于 200mm，后浇带两侧板底纵向受力钢筋可在后浇带中焊接、搭接连接、弯折锚固、机械连接。

当后浇带两侧板底纵向受力钢筋在后浇带中弯折锚固时，叠合板厚度不应小于 $10d$，且不应小于 120mm（d 为弯折钢筋直径的较大值）；接缝处预制板侧伸出的纵向受力钢筋应在后浇混凝土叠合层内锚固，且锚固长度不应小于 l_a；两侧钢筋在接缝处重叠的长度不应小于 $10d$，钢筋弯折角度不应大于 30°，弯折处沿接缝方向应配置不少于 2 根通长构造钢筋，且直径不应小于该方向预制板内钢筋直径，如图 5-20 所示。

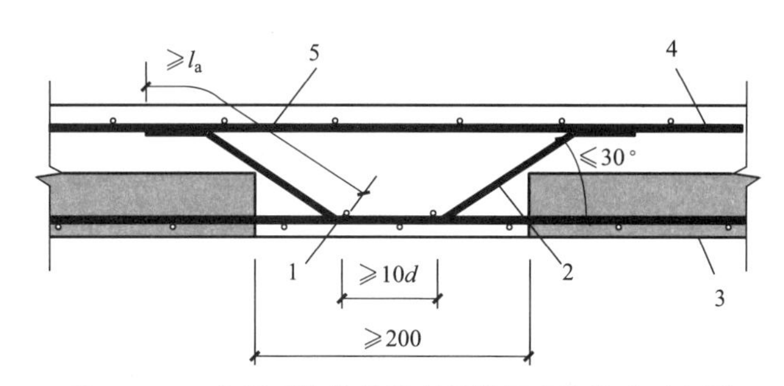

图 5-20　双向板后浇带纵筋弯折锚固连接构造示意图

1-通长构造钢筋；2-纵向受力钢筋；3-预制板；4-后浇混凝土叠合层；5-后浇层内钢筋

当后浇带两侧板底纵向受力钢筋在后浇带中搭接连接时，预制板板底外伸钢筋可为直线形（图 5-21a）时；预制板板底外伸钢筋端部为 90°或 135°弯钩（图 5-21b、c）时，90°和 135°弯钩钢筋弯后直段长度分别为 $12d$ 和 $5d$（d 为钢筋直径）。钢筋搭接长度应符合《混凝土结构设计规范》GB 50010—2010 的规定。

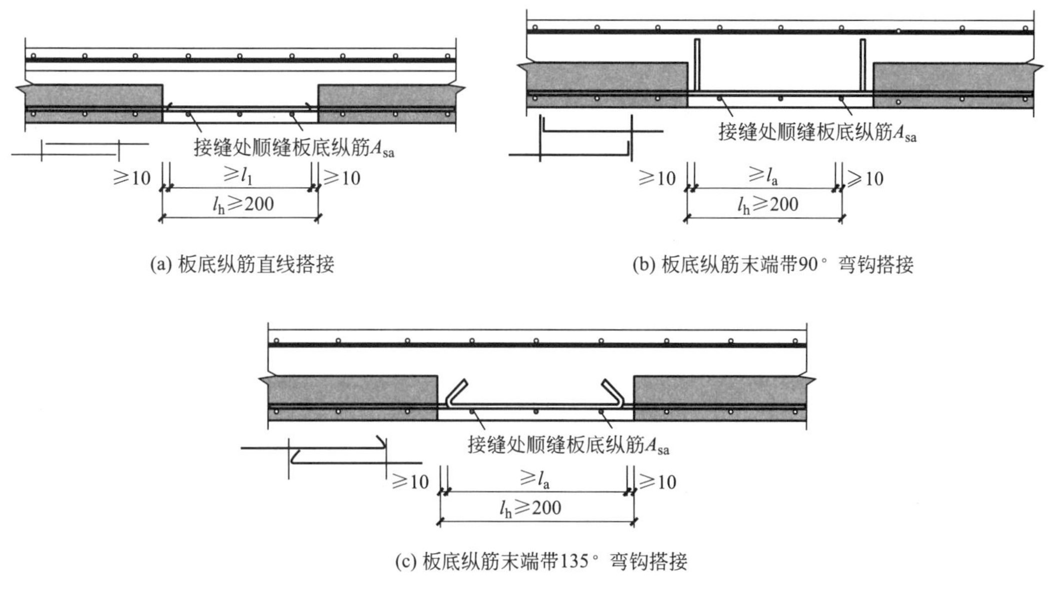

图 5-21　双向叠合板整体式拼缝构造示意图

4. 叠合板支座构造

单向板和双向板的板端支座节点是一样的。板端支座处，预制板内的纵向受力钢筋宜从板端伸出并锚入支承梁或墙的后浇混凝土中，锚固长度不应小于 $15d$（d 为纵向受力钢筋直径），且宜伸过支座中心线，如图 5-22a 所示。

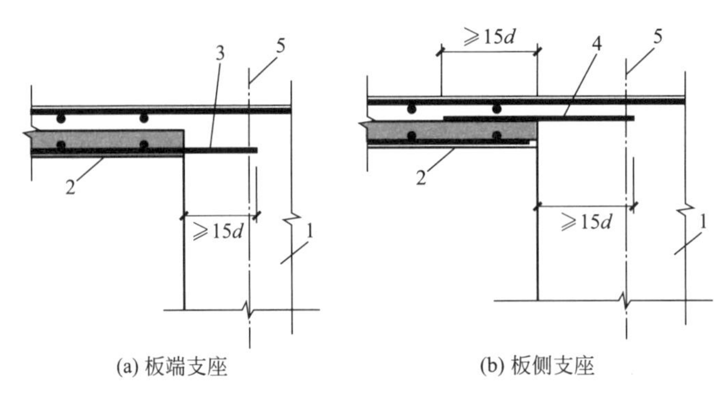

图 5-22　叠合板端及板侧支座构造示意

1-支承梁或墙；2-预制板；3-纵向受力钢筋；4-附加钢筋；5-支座中心线

单向叠合板的板侧支座处，当预制板内的板底分部钢筋伸入支承梁或墙的后浇混凝土中时，锚固长度不应小于 15d（d 为纵向受力钢筋直径），且宜伸过支座中心线，如图 5-22a 所示；当板底分布钢筋不伸入支座时，宜在紧邻预制板顶面的后浇混凝土叠合层中设置附加钢筋，附加钢筋截面面积不宜小于预制板内的同向分布钢筋面积，间距不宜大于 600mm，在板的后浇混凝土叠合层内锚固长度不应小于 15d，在支座内锚固长度不应小于 15d（d 为附加钢筋直径）且宜伸过支座中心线，如图 5-22b 所示。双向板每一边都是端支座，不存在所谓的侧支座，如果习惯把长边支座叫作侧支座，其构造也与端支座完全一样，即按照图 5-22a 中的构造。

中间支座需要考虑多种情况：墙或梁的两侧是单向板还是双向板，支座对于两侧的板是板端支座还是板侧支座。无论是哪种情况，中间支座的构造设计应考虑以下几个原则：①上部负弯矩钢筋伸入支座不用转弯，而是与另一侧板的负弯矩钢筋共用一根钢筋；②底部伸入支座的钢筋与板端支座或板侧支座一样伸入即可；③如果支座两边的板支座都是单向板侧边支座，则连接钢筋合为一根，如图 5-23 所示；④如果有一个板支座不是单向板侧边支座，则与板侧支座（图 5-22b）一样，伸到中心线位置即可。

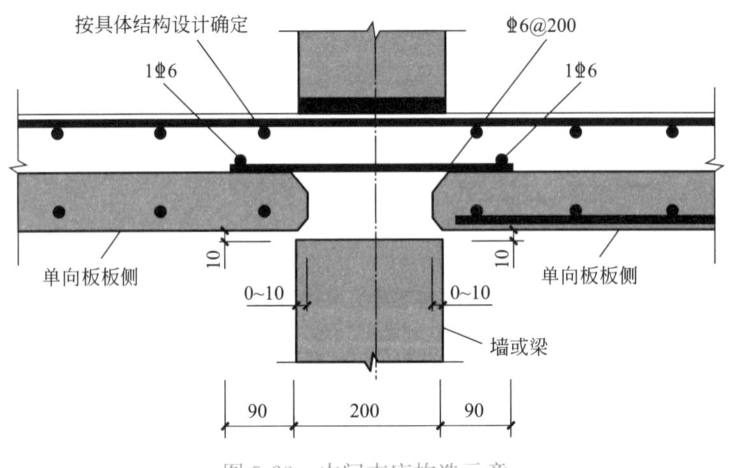

图 5-23　中间支座构造示意

5. 预留洞口构造

叠合楼板底板需要预留洞口，根据水暖专业的条件预留套管洞口，根据施工单位提供的条件预留放线孔、混凝土泵管洞口等，这些预留洞口必须在设计时确定位置，并在制作时预留出来，不准在施工现场打孔切断钢筋，若叠合楼板钢筋网片和桁架筋与孔洞互相干扰，或移动孔洞位置，或调整板的拆分，实在无法避开时，再去调整钢筋布置。当洞口边长不大于300mm时，根据国家标准图集《桁架钢筋混凝土叠合板（60mm厚底板）》15G366-1中给出了局部放大钢筋网的大样图（图5-24）；当洞口边长大于300m时，需要切断钢筋，应当采取钢筋补强措施（图5-25）。

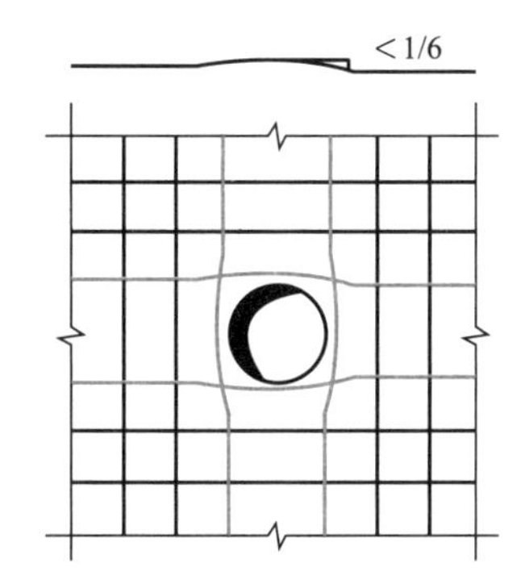

图5-24　叠合板局部放大孔眼钢筋网构造图

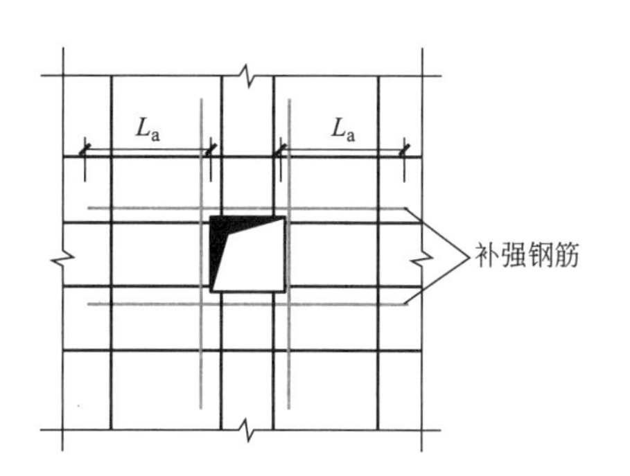

图5-25　洞口加强筋

拓展学习资源

5拓-2　叠合楼板生产1

5拓-3　叠合楼板生产2

任务训练

识读附录预制楼板“2～6F PCYB-02详图”，完成下列各题。

1. 预制底板厚度为________mm，后浇叠合层厚度为________mm，实际跨度为________mm，实际宽度为________mm，上板边倒角宽为________mm，下板边倒角高为________mm。

2. 桁架筋数量为________道，桁架筋距板下侧边为________mm，距板上侧边为________mm，距左板端为________mm，距右板端为________mm；桁架筋高度为________mm，上弦钢筋采用直径为________mm的________级钢筋，下弦钢筋采用直径为________mm的________级钢筋，腹杆钢筋采用直径为________mm的________级钢筋。

3. 预埋线盒个数有________个，它们之间间距为 ________mm；左边预埋线盒距离楼板左端为 ________mm，距离上板端为 ________mm，距离下板端为 ________mm；粗糙面有________面，模板图中间的箭头表示________，便于施工定位。PCYB-02 叠合板有________个吊装点，分别设置的加强筋为________根直径为 ________mm 的________级钢筋。楼板中预留管道有________种规格，共________个。

4. 跨度方向钢筋编号为________，共________根；宽度方向钢筋编号为________________，共________根；右下角缺口较大，在跨度方向设置________根编号为________加强钢筋，直径为 ________mm 的________级钢筋，在宽度方向均设置________根编号为________加强钢筋。d1-43 钢筋长度为 ________mm，有________根，伸出板边长度分别为 ________mm。

项目拓展

在准确识读预制楼板工艺图和节点构造的基础上，参照附录预制楼板“2～6F PCYB-02 详图”绘制一块预制叠合楼板工艺图，进一步加深对预制楼板工艺图的理解和提高识图的基本技能。如叠合楼板模板图中预制埋件埋设位置、预埋线盒位置要求，叠合楼板配筋图与板结构施工图、PC 拆分图的对照识读。

任务 5.3　识读预制楼梯详图

任务描述

通过对附录某教师公寓项目 4 号楼预制楼梯构件图的识读，使学生了解预制楼梯在工程中的应用情况，掌握预制楼梯的图示内容、表达方法、识读方法，熟悉预制楼梯的连接方式及构造要求。

能力目标

（1）能够正确识读预制楼梯的安装图、模板图、配筋图等构造图。

（2）能够根据要求选择合理的连接方式。

（3）能够正确识读预制楼梯连接节点构造图。

知识目标

（1）熟悉预制楼梯的连接方式及构造要求。

（2）掌握预制楼梯施工图的识读方法。

（3）熟悉施工图中的相关国家标准及规范。

学习性工作任务

识读预制楼梯施工图，完成识图报告，补绘预制楼梯构造图。

5.3.1　预制楼梯概述

5-6　认识预制楼梯

楼梯是建筑物中作为楼层间垂直交通用的构件，用于楼层之间和高差较大时的交通联系。在设有电梯、自动梯作为主要垂直交通手段的多层和高层建筑中也要设置楼梯，供火灾时逃生之用。

楼梯通常用现浇或预制的钢筋混凝土楼梯，其中预制钢筋混凝土楼梯（简称预制楼梯）指在工厂预制而成的混凝土楼梯构件。

1. 预制楼梯构成

楼梯由连续梯级的梯段（又称梯跑）、平台（休息平台）和围护构件等组成。楼梯的最低和最高一级踏步间的水平投影距离为梯长，梯级的总高为梯高。

（1）预制楼梯的主体部分

楼梯的主体部分包括楼梯休息平台部分、楼梯段部分以及楼梯踏板部分。

1）楼梯休息平台部分。楼梯的休息平台部分是指在两个楼梯段之间负责承上启下，供人们暂时停留以及保护行人安全的部分。人们在登楼梯时，十层台阶一般是正常人的极限，一旦超过这个数量，人身就会出现不适。因此，两个楼梯段之间设计一个休息平台，一方面，行人可以在攀登楼梯的过程中进行适当的休息，缓解连续攀登所带来的不适；另一方面，当人们出现意外不慎滚落楼梯时，休息平台可以接住行人，防止行人连续性地滚落楼梯，降低意外出现时给人们带来的伤害。休息平台作为楼梯中一个单独存在的构件，其结构连接在平台梁、结构墙体等相关的构件上，也有的休息平台是与平台梁以及楼梯段整体预制，在休息平台的构建中应当注意在不同的位置上，平台的结构可以单独预制，也可以整体预制。

2）楼梯段。在预制混凝土楼梯中，楼梯段可以作为整体的一部分，直接连接在平台梁以及楼梯主体的结构中。在梁式的楼梯里，楼梯段既可以当成是踏步段的整体进行搭接，同时也可以作为单独的楼梯段进行搭接。

3）楼梯踏板。在许多小型楼梯的构件中，楼梯的踏板可以在现场单独的预制。例如，在梁式的楼梯设计中，楼梯的踏板会与一般的楼梯梁连接，而在悬臂楼梯的设计中，楼梯的踏板会与其专门承载重力的墙体部分连接，在这样的构造中踏板上会装有与墙体连接部分。在悬挂楼梯，楼梯的踏板需要使用螺栓与吊筋等部分连接，重新吊装到梁上。

（2）预制混凝土楼梯的支撑部分

楼梯的支撑部分是预制混凝土楼梯中最为重要的部分，通常会由楼梯的承重墙、平台梁、楼梯梁以及其他梁柱部分共同起到承重的作用。在承载楼梯自身的重量之外，还需要有足够的支撑力去承载行人的负荷。

1）梁柱部分。在预制混凝土楼梯的整体结构中，楼梯的支撑力主要由梁柱承担。因此楼梯的梁柱一般也会被视为建筑结构中整体的一部分存在。

2）墙体。楼梯的墙体在功能上不仅仅会起到支撑的作用，同时也会起到围合的作用。在预制混凝土楼梯中，墙体通常是由钢筋混凝土结构制成，主要承载楼梯的自身重量。在现代的建筑工程中，楼梯墙体还会与保温材料、外层装饰等结合建设。

3）平台梁。平台梁是楼梯与主体之间进行连接的构件，作为连接楼梯柱、梁、墙体的平台梁会将楼梯的重量传递到与之相连的各个受力结构上。

4）楼梯梁。在梁式楼梯中，楼梯梁会连接在平台梁上，有的施工过程中则会将楼梯梁连接在建筑的主体部分上。

2. 预制楼梯分类

预制楼梯主要有板式楼梯、折板式楼梯两类。板式楼梯是指不带平台板的直板式楼梯，有双跑楼梯和剪刀楼梯两种，双跑楼梯一层楼两跑，长度短，如图 5-26（a）所示。剪刀楼梯一层楼一跑，长度较长，如图 5-26（b）所示。折板式楼梯是指带平台板的折板式楼梯，如图 5-27 所示。

(a) 双跑楼梯

(b) 剪刀楼梯

图 5-26　板式楼梯

图 5-27　折板式楼梯

3. 预制楼梯的优缺点

（1）优点

1）与传统的现浇楼梯相比，预制楼梯的安装效率高、施工速度快，能够最大限度地发挥出拼装灵活的特点。

2）与现浇楼梯的缺棱掉角相比，预制楼梯省去了二次抹灰的环节，节省了一道工序，相对于节省了抹灰量成本，符合国家提倡节材、节能、环保产业政策。

3）现浇楼梯模板支拆、绑筋、浇筑混凝土相对于预制楼梯会费工很多，影响进度，而预制楼梯不占工位，可提前预制。

4）预制楼梯质量、观感好，外形规整、尺寸统一。

5）可快速形成人行上下通道。既省去临时通道，又方便施工人员上下。

6）预制楼梯与传统楼梯相比，工人建造楼梯时并不需要设置复杂的框架，也不需要考虑天气是否合适，且无需花费大量的时间拌合和浇筑混凝土，预制楼梯的中空特征，也使其重量更轻。这些因素结合起来，使预制混凝土楼梯比传统楼梯的安装快得多。

7）裂缝和空隙是所有楼梯的麻烦。一旦水分渗入裂缝，其在裂缝中冻结与解冻的过程，不仅很容易损坏混凝土，并且随着时间的推移，这些裂缝将不断扩大，降低楼梯的安全系数。而由于预制混凝土楼梯采用无缝设计，所以没有这么多裂缝，安全度高。

（2）缺点

1）组装要求技术实力强，对于很多施工单位难以达到。

2）尺寸控制较难与现场充分吻合。

3）预制楼梯施工工序相较现浇楼梯繁琐，需要加强各工序之间衔接。

5.3.2 预制楼梯材料及构造

1. 材料要求

（1）预制楼梯混凝土强度等级为C30，连接点处混凝土强度等级与主体结构相同，且不低于C30。

（2）钢筋采用HRB400、HPB300钢筋。

（3）预埋件锚板宜采用Q235B钢材制作，同时预埋件锚板表面应作防腐处理。

（4）锚筋预埋件的锚筋应采用HRB400钢筋，吊环应采用HPB300钢筋，严禁采用冷加工钢筋。

（5）锚筋与锚板之间的焊接采用埋弧压力焊，采用HJ431型焊剂，采用T形角焊缝时采用E50型、E55型焊条，或其他性能相近的焊条。

2. 构造要求

（1）配筋构造要求

在预制混凝土楼梯中，通常会使用滑动式的连接方式，以免在楼梯中出现支撑，楼梯板的上端部分要制作相应的铰接底座，而在楼梯段的下端则需要设置滑动支座。楼梯的支撑梁需要使用钢制梁，钢制梁与楼梯的连接部分不可以对楼梯的斜板造成变形效果上的约束。计算楼梯斜板时，应根据楼梯的弯矩以及预制混凝土楼梯的自身重量，计算出楼梯的跨度以及楼梯板应当采用的厚度。楼梯的上半部分需要安装通长钢筋，一方面避免预制混凝土楼梯在使用的过程中由于地震原因造成混凝土开裂，另一方面防止出现在运输、安装中脱模。

（2）地震构造要求

预制混凝土楼梯承受的地震影响主要是来自于其自身重量。因此，在使用等效侧力的计算方式中，可以计算预制混凝土楼梯在地震中会受到的地震作用数值。在预制混凝土楼梯的地震作用中，还需要计算铰接底座的承载力计算，铰接底座是安装在楼梯段顶端的支点，而滑动支座则设置在楼梯的底端。当地震发生时，地震的剪力由楼梯的铰接底座负责传递，而楼梯与钢制的楼梯梁之间的水平方向的剪力则是由钢制楼梯梁的楼梯板和栓钉与梁的接触面承担，但在钢制楼梯梁与梯板接触面之间能够产生的摩擦力太小，因此这一部分的承重能力只能作为地震时的安全后备，通常在设计的过程中是不计算在内的。发生地震时，楼梯的水平剪力会由楼梯支座部分的栓钉承担，在每个楼梯上都会有两个栓钉连接。

（3）支座构造要求

滑动支座在设计上会出现两种情况，首先是在非地震的设计中，预制混凝土楼梯在位移上的数值不能小于楼梯主体部分上弹性层上的楼梯位移数值；其次在具有避震以及紧急疏散的楼梯中，需要进行抗震设计，其中预制混凝土楼梯的位移数值不能低于主体部分大震条件中的位移。而在大型的地震情况下，层间的位移数值为限值的 1/50。

1）常规连接方式

我国市场上常用的装配式楼梯连接形式主要有两种：①两端预留圆孔（方孔），用普通灌浆料灌实；②两端预留圆孔（方孔），一端灌实，另一端空腔。这两种装配式楼梯的连接方法都有比较大的缺陷。

对于第①种：由于两端都用灌浆料灌实，灌浆料的强度一般为 80MPa，强度较高，为强连接节点，基本无法产生变形，在水平力（地震作用或风荷载）作用下，主体结构产生侧向变形，楼梯不可避免发挥斜撑作用，不仅对主体结构（特别是楼梯间处的梁柱）产生不利影响，而且楼梯连接销栓有破坏的可能，当销栓剪断时，楼梯失去约束，可能向外跌落，有较大的安全隐患，无法起到楼梯作为疏散“安全岛”的作用。不过这种构造做法对于剪力墙结构或者框筒的核心筒内等变形很小的位置也许是可行的。

对于第②种：该做法是对①种做法的创新和改良，目标是实现一端固定铰支座、另一端滑动铰支座的受力模式，但在消除了楼梯在顺梯跑方向的斜撑作用的同时，带来了新的问题，楼梯在垂直梯跑方向的受力存在安全隐患，在垂直梯跑方向的地震作用（惯性力）作用下，下端空腔中的螺栓在冲击荷载作用下很容易剪切破坏，出现仅由上端两个螺栓承载的情况，如图 5-28 所示。

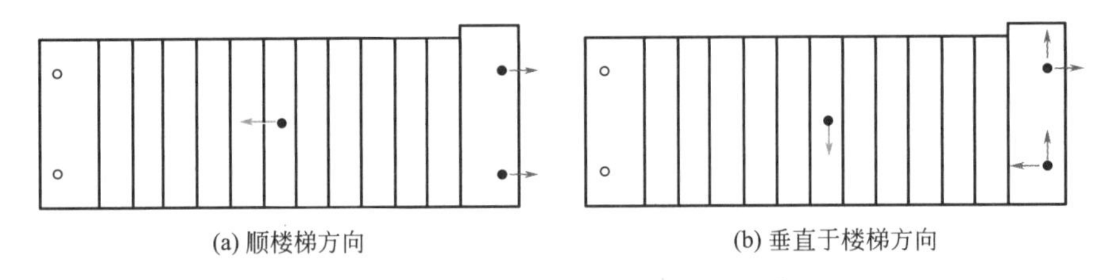

图 5-28　国内常规连接方式受力状态

由于灌浆料的强度高、固定支座的变形能力小，在小震下将屈服甚至有破坏的可能，大震下四个销栓则可能出现各个击破的破坏模式，有安全隐患，无法满足我国“小震不坏、中震可修、大震不倒”的基本设防目标。

2）创新连接方式

创新连接方式如图 5-29 所示。这种连接方法一方面将预留销键孔设计为哑铃型，另一方面在楼梯上下两端均灌孔，且对灌孔材料的性能有特殊要求，既要求灌孔材料既要有一定的强度，又要有一定的变形能力，例如水泥沥青砂浆（CA 砂浆）或者低强度易碎的水泥砂浆。

在多遇地震作用下，楼梯板随主体结构的侧向位移较小，灌孔材料既可以保证正常使

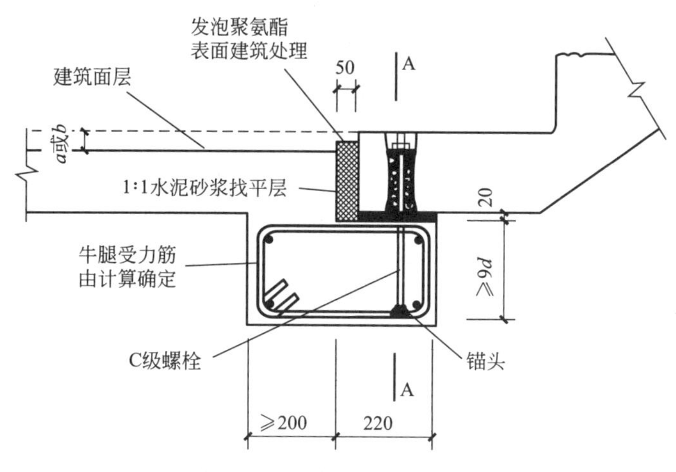

图 5-29　一种创新的连接做法

用状态下的牢固，又可以适应小变形；在顺楼梯方向罕遇地震作用下，灌孔材料在锚栓的挤压下可以发生较大变形，该构造将灌孔设计为哑铃状，可以诱导锚栓发生弯曲变形，避免锚栓的纯剪切破坏模式；在垂直于梯跑方向的罕遇地震作用下，上下段都灌孔的做法可以保证上下两端同时承受梯板的惯性力，避免惯性力偏心作用对锚栓的附加扭转，从而避免上下锚栓各个击破的可能性，免除了大震安全隐患。

该连接方法每个连接点的构造完全相同，连接模型理论上是介于固定铰接支座和滑动铰接支座之间的一种力学模型，顺梯跑方向和垂直于梯跑方向均由两端共同受力，如图 5-30 所示。

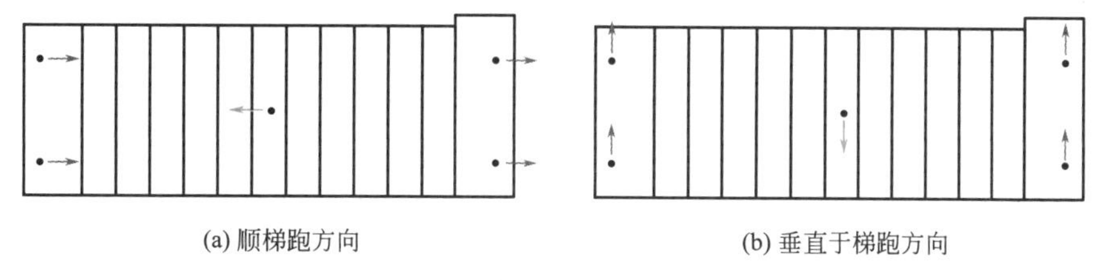

图 5-30　创新连接受力状态

该连接方法既能有效地避免或释放水平力作用下楼梯梯段的斜撑作用，减少其对主体结构产生不利影响，又能有效地抵抗垂直于楼梯梯跑方向的地震作用，可以完全满足我国“小震不坏、中震可修、大震不倒”的设防三水准，是一种创新的连接方式。

（4）节点构造要求

在楼梯节点设计的过程中，其设计的原则主要是考虑楼梯结构在受力时要明确，力量传递的渠道要可靠，节点的构造在延性、耐久性以及承载能力上要符合标准。在顶端的铰接底座节点上，如果在非地震时，通常预制混凝土楼梯的楼梯板会使用纵向的承重方式将负荷传送到钢制楼梯梁上，也就是将楼梯板设置在钢制楼梯梁上；在地震时，需要预制混凝土楼梯在钢制的楼梯梁上安装螺杆，负责传递地震的水平作用力，因此在预制混凝土楼梯上就需要在顶端设置支座安装孔，专门安装螺杆，并在施工后期于安装孔内注浆，使螺杆与楼梯连接成为一个整体。

在支座的设计中，安装孔的位置应当设计在楼梯边缘，距离应为楼梯板宽度的0.25倍，并在安装孔的周围设计加强环避免在施工或者制作时对安装孔造成破坏。同时，在支座孔的设计时需要将安装的空间误差考虑进去，在顶端安装边缘与休息平台之间留出空隙，在安装完成之后再使用灌浆材料将缝隙填满。在滑动支座设计时，需要保证节点在构造上减小地震时的位移，降低对楼梯的整体构造的影响，留有一定空隙的连接方式，避免地震时位移太大而使楼梯的主体从支撑结构中脱落。需要做到以下几点：首先，预制混凝土楼梯在顶端部分支撑的长度需要大于100mm；其次，预制混凝土楼梯在支座上的栓钉需要符合大地震中剪力的承载标准。在预制混凝土楼梯与钢制楼梯梁之间，应当铺设石墨粉，以保证滑动支座的效果，减小钢制楼梯梁与楼梯板之间的摩擦力。在楼梯板与楼梯的休息平台之间应当留有一定的空间，以免出现误差，在全部安装完成之后再将预留空间填满。

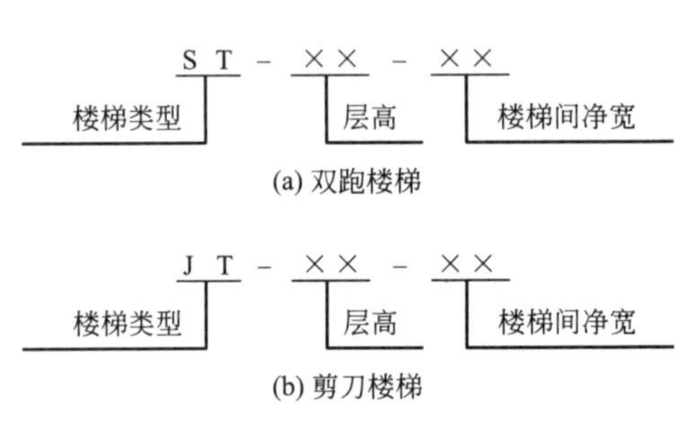

图5-31 预制楼梯规格及编号

5.3.3 预制楼梯规格及编号

预制楼梯类型中：ST代表双跑楼梯，JT代表剪刀楼梯，如图5-31所示。

ST-28-25表示双跑楼梯，建筑层高2.8m、楼梯间净宽2.5m，所对应的预制混凝土板式双跑楼梯梯段板，具体如图5-32所示。

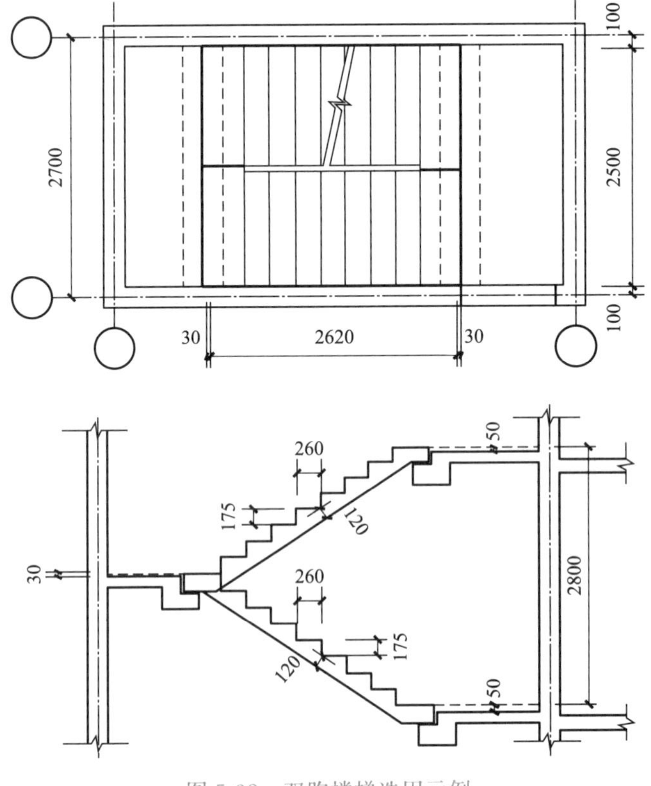

图5-32 双跑楼梯选用示例

JT-28-25 表示剪刀楼梯，建筑层高 2.8m、楼梯间净宽 2.5m，所对应的预制混凝土板式剪刀楼梯梯段板，具体如图 5-33 所示。

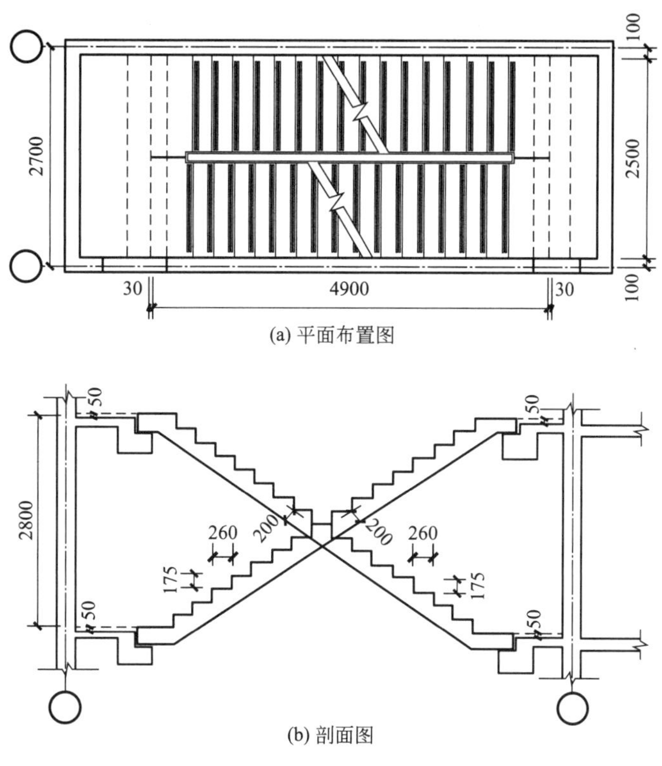

(a) 平面布置图

(b) 剖面图

图 5-33　剪刀楼梯选用示例

5.3.4　预制楼梯图例及符号说明

○ D1为栏杆预留洞口

⊕ M1为梯段板吊装预埋件

 M2为梯段板吊装预埋件

--- M3为栏杆预留埋件

图 5-34　预制楼梯图例及符号说明

5-7　识读预制楼梯深化详图

5-8　认识预制楼梯节点连接方式及构造

5.3.5　预制楼梯构造图

预制楼梯构造图是楼梯生产、施工的依据，一般包括安装图、模板图、配筋图、节点详图等内容。本教材的预制楼梯深化详图节选自标准图集《预制钢筋混凝土板式楼梯》15G367-1 中典型的双跑楼梯和剪刀楼梯，适用于非抗震设计和抗震设防烈度为 6、7、8

度地区的多高层剪力墙结构体系的住宅。本图集中，建筑层高要求一般为 2.8m、2.9m 和 3.0m。楼梯间净宽要求，双跑楼梯一般为 2.4m、2.5m，剪刀楼梯一般为 2.5m、2.6m。建筑面层做法厚度要求，楼梯入户处一般为 50mm，楼梯平台板处一般为 30mm。楼梯梯段板为预制混凝土构件，平台梁、板可采用现浇混凝土。若具体工程项目预制楼梯尺寸与上述要求不符时，可参考使用。

预制楼梯材料要求方面，混凝土强度等级一般为 C30，连接点处混凝土强度等级与主体结构相同，且不低于 C30。钢筋采用 HRB400、HPB300 钢筋。预埋件锚板宜采用 Q235B 钢材制作，同时预埋件锚板表面应作防腐处理。预埋件的锚筋应采用 HRB400 钢筋，吊环应采用 HPB300 钢筋，严禁采用冷加工钢筋。锚筋与锚板之间的焊接采用埋弧压力焊，采用 HJ431 型焊剂，采用型角焊缝时采用 E50 型、E55 型焊条，或其他性能相近的焊条。

1. 双跑楼梯

双跑楼梯示意图如图 5-34 所示，现以预制双跑楼梯（ST-28-25）为例，识读预制楼梯构造图。

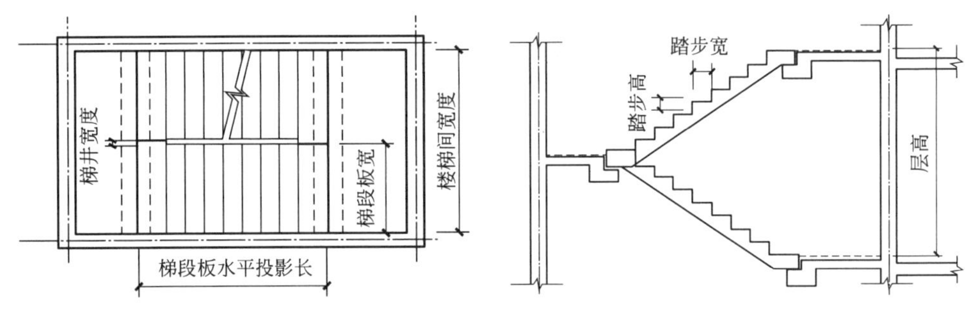

图 5-34　双跑楼梯示意图

（1）选用表

选用表主要表示预制楼梯的层高、楼梯间宽度、梯井宽度、楼梯板水平投影长、梯段板宽、踏步高、踏步宽、钢筋重量、混凝土方量、梯段板重等，是预制楼梯选用及施工的依据，见表 5-1。

预制楼梯选用表　　表 5-1

楼梯样式	层高 (m)	楼梯间宽度 (净宽 mm)	梯井宽度 (mm)	梯段板水平投影长 (mm)	梯段板宽 (mm)	踏步高 (mm)	踏步宽 (mm)	钢筋重量 (kg)	混凝土方量 (m^3)	梯段板重 (t)	梯段板型号
双跑楼梯	2.8	2400	110	2620	1125	175	260	72.18	0.6524	1.61	ST-28-24
		2500	70	2620	1195	175	260	73.32	0.6931	1.72	ST-28-25
	2.9	2400	110	2880	1125	161.1	260	74.15	0.724	1.81	ST-29-24
		2500	70	2880	1195	161.1	260	75.29	0.7688	1.92	ST-29-25
	3.0	2400	110	2880	1125	166.6	260	74.83	0.7352	1.84	ST-30-24
		2500	70	2880	1195	166.6	260	75.97	0.7807	1.95	ST-30-25

(2) 安装图

安装图主要表示预制楼梯构件的位置、标高等，明确构件支承位置、安装和吊装控制点，是支模及安装的依据，主要包括平面图、断面图、节点详图等，如图 5-35 所示。

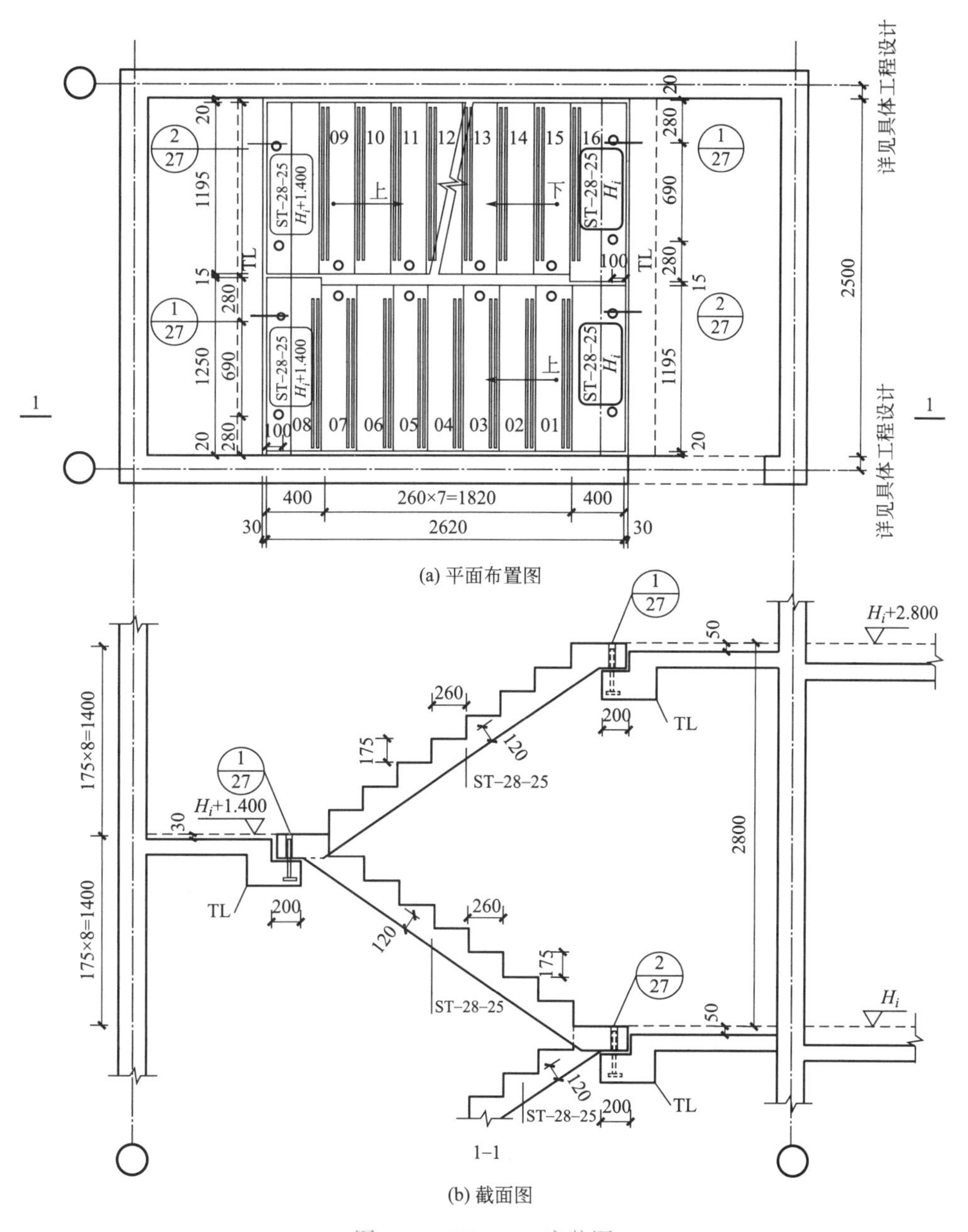

图 5-35　ST-28-25 安装图

通过识读预制楼安装图可知，层高为 2800mm、楼梯间净宽 2500mm、梯段板水平投影长度为 2620mm，选用 ST-28-25 预制双跑楼梯，踏步宽 260mm、踏步高 175mm，共 16 级踏步。楼梯入户处建筑面层做法厚度为 50mm，标高为楼层标高 H_i；楼梯平台板处建筑面层做法厚度为 30mm，标高为楼层标高 H_i +1.4m。梯段板高端支承为固定铰支座，低端支承为滑动铰支座，每个梯段板高端及低端各预留销键孔洞 2 个，预留孔中心距梯段板边 280mm，孔间距 690mm，距板端边均为 100mm。

（3）模板图

模板图主要表示预制楼梯构件的外部形状、大小、预埋件的位置等，是支模板的依据。主要包括平面图、断面图、底面图等，如图 5-36 所示。

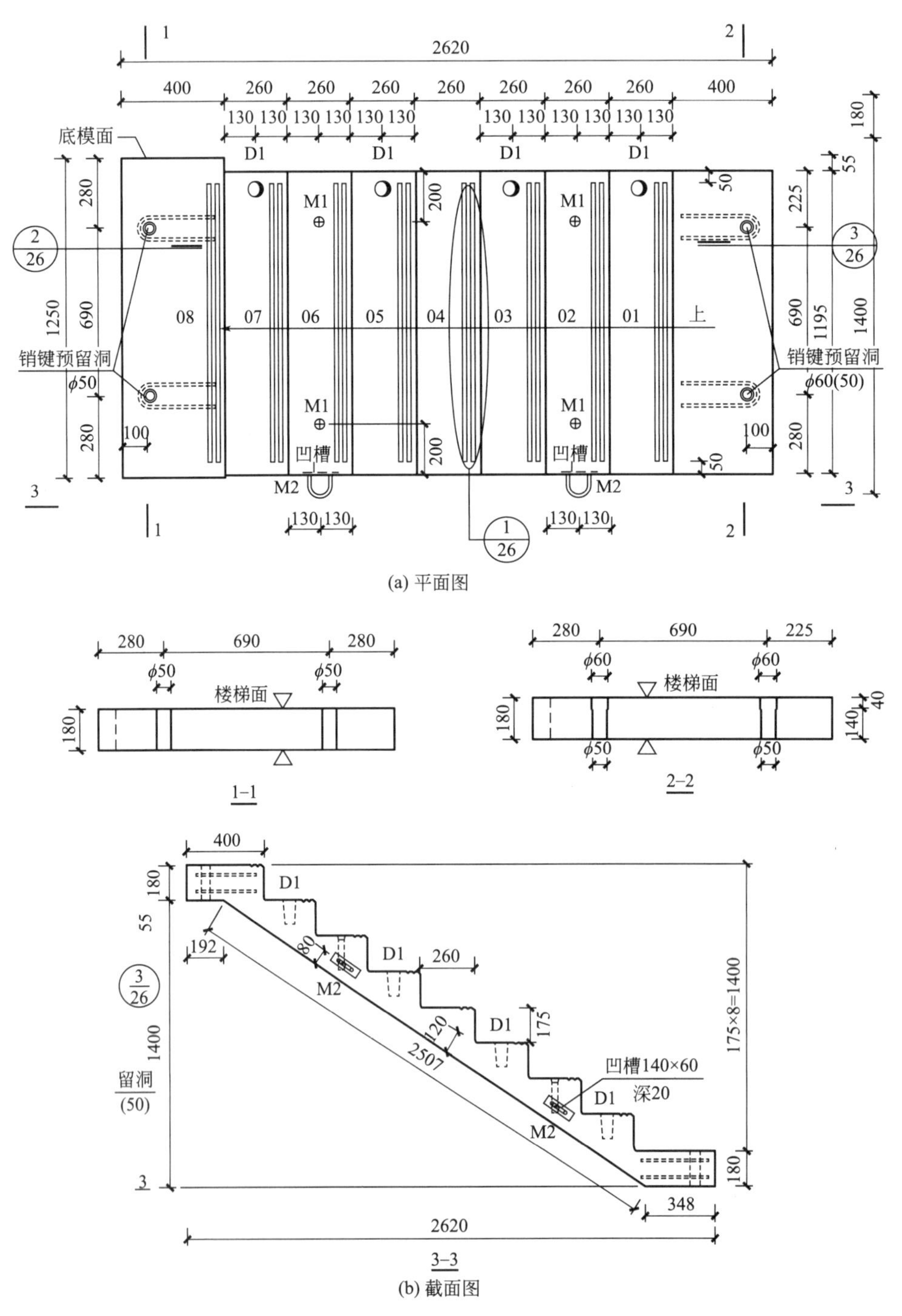

图 5-36　ST-28-25 模板图（一）

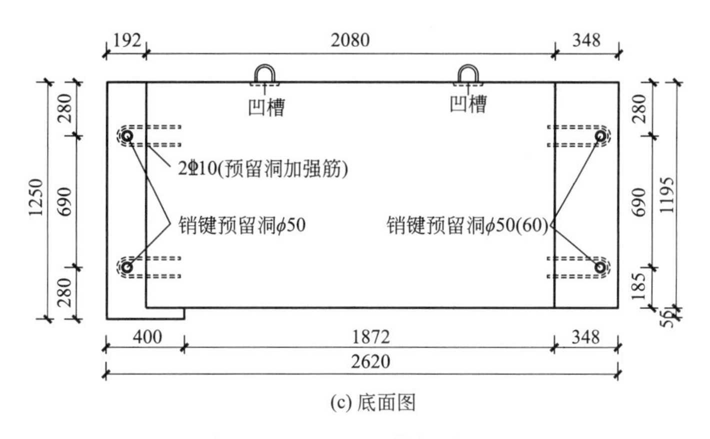

(c) 底面图

图 5-36　ST-28-25 模板图（二）

通过识读梯段板模板图可知，梯段板水平投影长度为 2620mm，梯段板宽 1195mm，梯段板厚 180mm，踏步宽 260mm，踏步高 175mm。梯段板高端及低端各预留销键孔洞 2 个，孔径 50mm，预留孔中心距梯段板边 280mm，孔间距 690mm，距板端边均为 100mm。吊装（脱模）用预埋件（M1）4 个，预埋件距梯段板边 200mm，距梯段板端边水平投影长度 790mm。吊装用预埋件（M2）2 个，设置凹槽，距梯段板端边水平投影长度 790mm。

（4）配筋图

配筋图主要表示钢筋在预制楼梯构件中的形状、位置、规格与数量，是钢筋下料、绑扎的主要依据。主要包括平面图、立面图、断面图等，如图 5-37 所示。

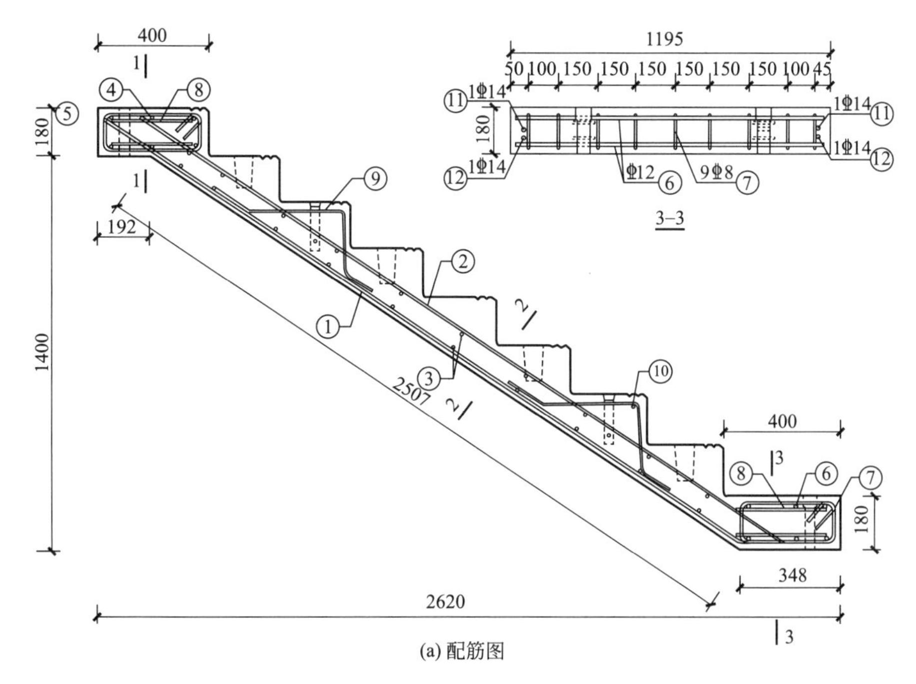

(a) 配筋图

图 5-37　ST-28-25 配筋图（一）

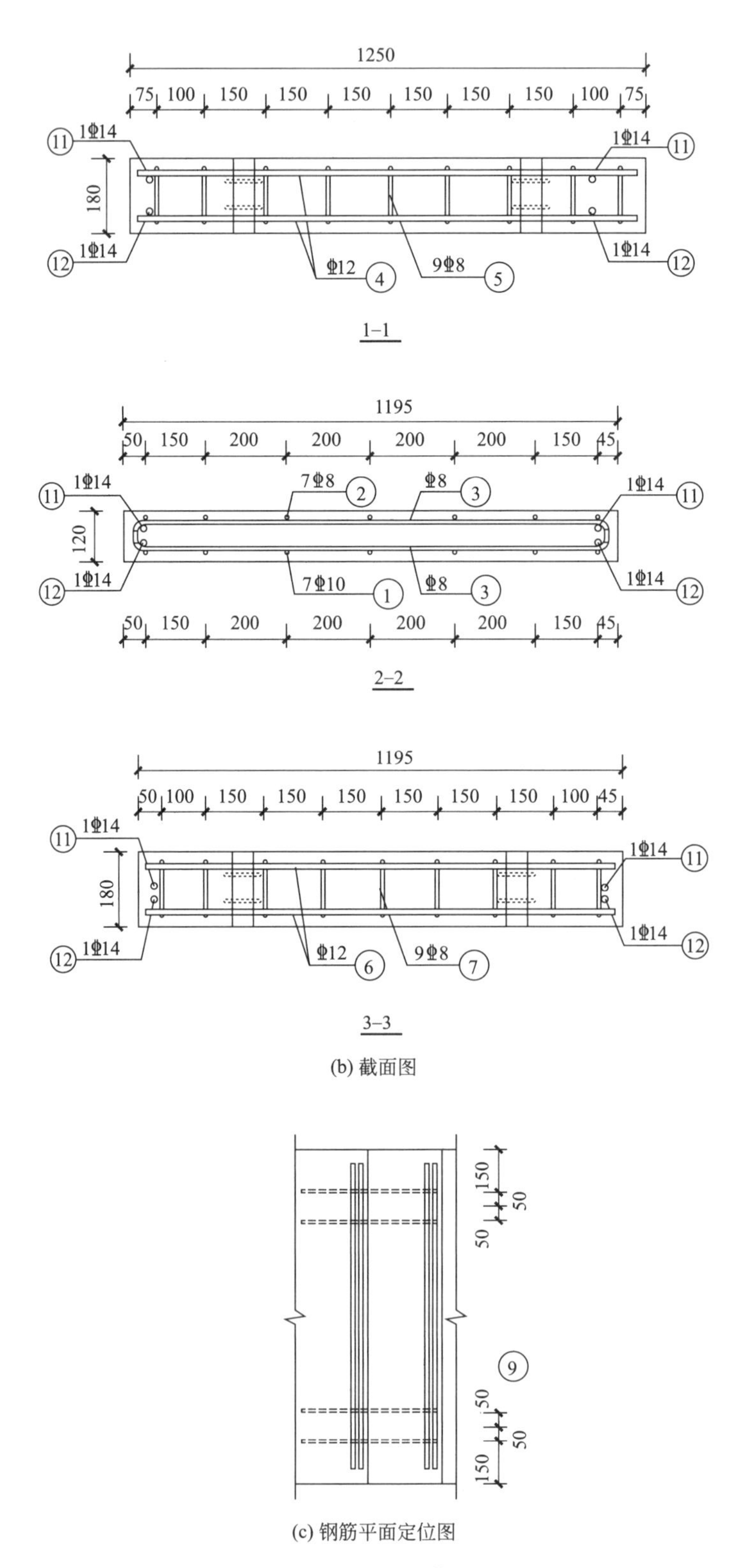

(b) 截面图

(c) 钢筋平面定位图

图 5-37 ST-28-25 配筋图（二）

通过识读配筋图及钢筋表可知，预制楼梯（SF-28-25）①号钢筋为下部纵筋，直径10mm，数量7根，第1根与第7根钢筋距边分别为50mm、45mm，第1根与第2根、第6根与第7根间距150mm，其余间距200mm。②号钢筋为上部纵筋，直径8mm，数量7根，第1、7根钢筋距边分别为50mm、45mm，第1根与第2根、第6根与第7根间距150mm，其余间距200mm。③号钢筋为上下分布筋，直径8mm，数量20根。④号钢筋为边缘纵筋，直径12mm，数量6根。④、⑥号钢筋为边缘纵筋，直径12mm，数量共12根。⑤、⑦号钢筋为边缘箍筋，直径8mm，数量共18根。⑧号钢筋为加强筋，直径10mm，数量8根。⑨、⑩号钢筋为吊点加强筋，直径8mm，数量共10根。⑪、⑫号钢筋为边缘加强筋，直径14mm，数量共4根。

（5）钢筋表

钢筋表的内容主要包括构件编号、钢筋名称、钢筋规格、钢筋简图、加工尺寸、数量等，预制楼梯（ST-28-25）钢筋明细见表5-2。

钢筋明细表　　表5-2

编号	数量	规格	形状	钢筋名称	重量（kg）	钢筋总重（kg）	混凝土（m³）
①	7	Φ10	2700　321	下部纵筋	13.05	73.32	0.6524
②	7	Φ8	2728	上部纵筋	7.54		
③	20	Φ8	80　1155　80	上下分布筋	10.39		
④	6	Φ12	1210	边缘纵筋1	7.73		
⑤	9	Φ8	360　140	边缘箍筋1	3.56		
⑥	6	Φ12	1155	边缘纵筋2	6.16		
⑦	9	Φ8	328　140	边缘箍筋2	3.33		
⑧	8	Φ10	280	加强筋	3.31		
⑨	8	Φ8	100　327　213　100	吊点加强筋	2.34		
⑩	2	Φ8	1155	吊点加强筋	0.92		

续表

编号	数量	规格	形状	钢筋名称	重量(kg)	钢筋总重(kg)	混凝土(m^3)
⑪	2	Φ14	150 / 2700 / 275	边缘加强筋	7.57	73.32	0.6524
⑫	2	Φ14	2700 / 368	边缘加强筋	7.42		

（6）节点连接构造图

节点连接构造图主要表示楼梯细部节点的构造做法，主要包括防滑槽加工做法、销键预留孔洞加强筋做法、梯梁与梯段板空隙处理做法、连接节点大样图等，如图 5-38 所示。

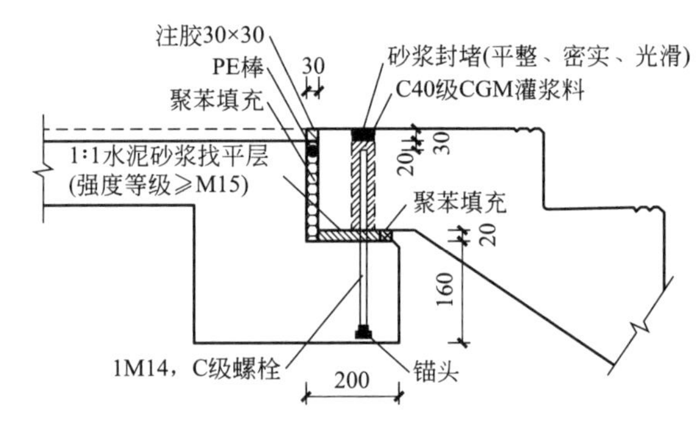

(a) 双跑梯固定铰端安装节点大样

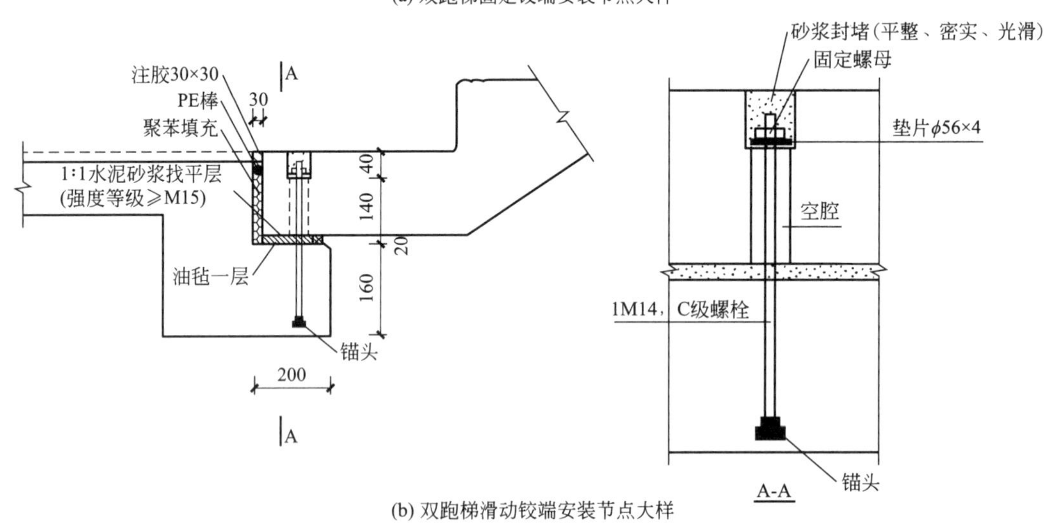

(b) 双跑梯滑动铰端安装节点大样

图 5-38　ST-28-25 节点图

2. 剪刀楼梯

剪刀楼梯示意如图 5-39 所示，现以预制剪刀楼梯（JT-28-25）为例，识读预制剪刀楼梯构造图。

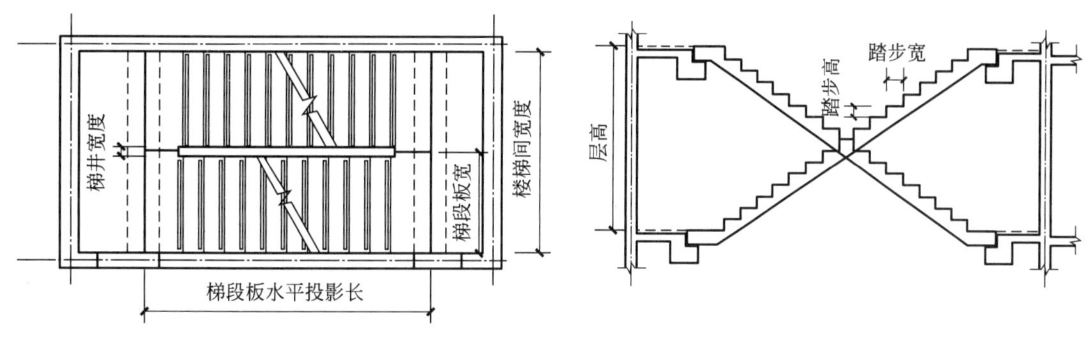

图 5-39　剪刀楼梯示意图

（1）选用表

选用表主要表示预制楼梯的层高、楼梯间宽度、梯井宽度、楼梯板水平投影长、梯段板宽、踏步高、踏步宽、钢筋重量、混凝土方量、梯段板重等，是预制楼梯选用及施工的依据见表 5-3。

楼梯选用表　　表 5-3

楼梯样式	层高（m）	楼梯间宽度（净宽 mm）	梯井宽度（mm）	梯段板水平投影长（mm）	梯段板宽（mm）	踏步高（mm）	踏步宽（mm）	钢筋重量（kg）	混凝土方量（m^3）	梯段板重（t）	梯段板型号
剪刀楼梯	2.8	2500	140	4900	1160	175	260	194.35	1.736	4.34	JT-28-25
		2600	140	4900	1210	175	260	193.77	1.813	4.5	JT-28-26
	2.9	2500	140	5160	1160	170.6	260	206.67	1.856	4.64	JT-29-25
		2600	140	5610	1210	170.6	260	208.51	1.930	4.83	JT-29-26
	3.0	2500	140	5420	1160	166.7	260	213.26	1.993	4.98	JT-30-25
		2600	140	5420	1210	166.7	260	215.20	2.078	5.20	JT-30-26

（2）安装图

安装图主要表示预制楼梯构件的位置、标高等，明确构件支承位置、安装和吊装控制点，是支模及安装的依据，主要包括平面图、断面图、节点详图等，如图 5-40 所示。

通过识读预制楼安装图可知，层高为 2800mm，楼梯间净宽 2500mm，梯段板水平投影长度为 4900mm，选用 JT-28-25 预制剪刀楼梯，踏步宽 260mm，踏步高 175mm，共 16 级踏步。楼梯入户处建筑面层做法厚度为 50mm，标高为楼层标高 H_i；楼梯平台板处建筑面层做法厚度为 50mm，标高为楼层标高 $H_i+2.8$m。梯段板高端支承为固定铰支座，低端支承为滑动铰支座，每个梯段板高端及低端各预留销键孔洞 2 个，预留孔中心距梯段板边 200mm，孔间距 690mm，距板端边均为 100mm。

（3）模板图

模板图主要表示预制楼梯构件的外部形状、大小、预埋件的位置等，是支模板的依据。主要包括平面图、断面图、底面图等，如图 5-41 所示。

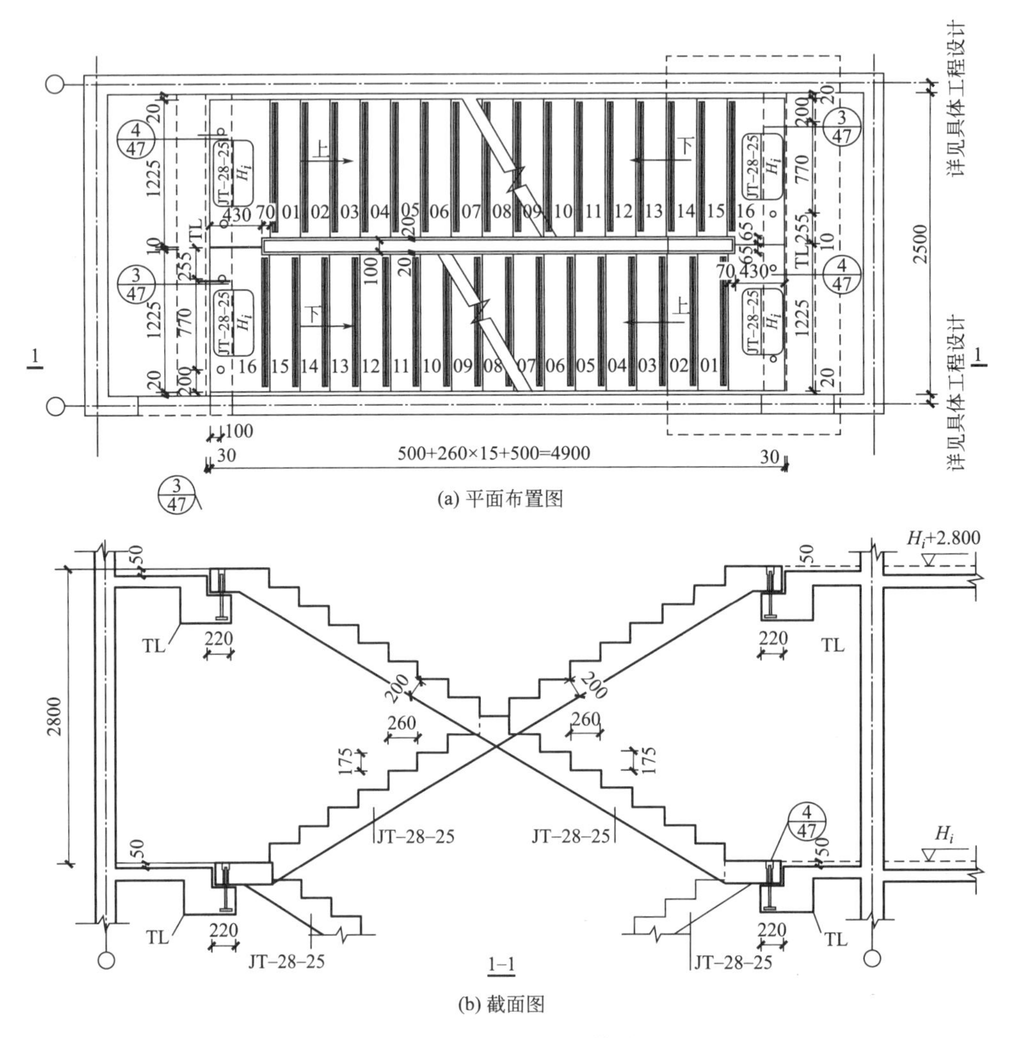

(a) 平面布置图

(b) 截面图

图 5-40　JT-28-25 安装图

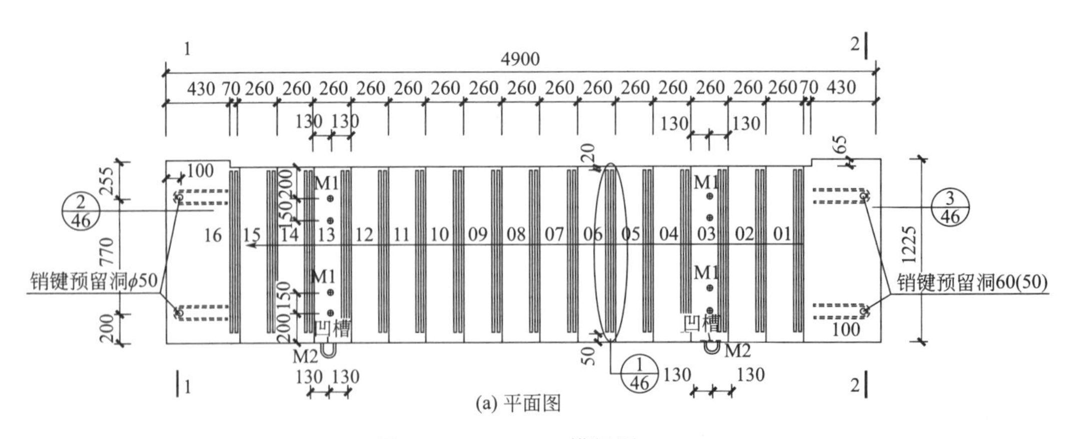

(a) 平面图

图 5-41　JT-28-25 模板图（一）

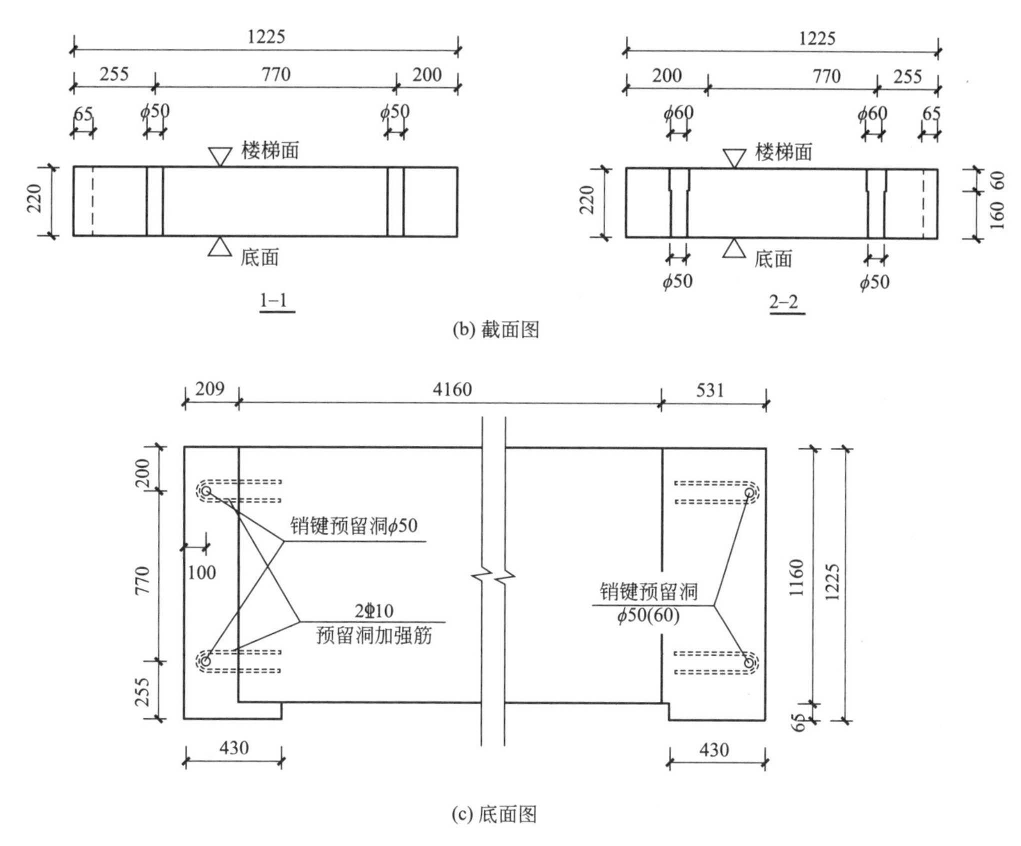

(b) 截面图

(c) 底面图

图 5-41　JT-28-25 模板图（二）

通过识读 JF-28-25 模板图可知，梯段板水平投影长度为 4900mm，梯段板宽 1225mm，梯段板厚 220mm，踏步宽 260mm，踏步高 175mm。梯段板高端及低端各预留销键孔洞 2 个，孔径 50mm，预留孔中心距梯段板边 200mm，孔间距 770mm，距板端边均为 100mm。吊装（脱模）用预埋件（M1）8 个，高低端各布置 4 个，距梯段板端边水平投影长度 1150mm。吊装用预埋件（M2）2 个，设置凹槽，距梯段板端边水平投影长度 1150mm。

（4）配筋图

配筋图主要表示钢筋在预制楼梯构件中的形状、位置、规格与数量，是钢筋下料、绑扎的主要依据，主要包括平面图、立面图、断面图等，如图 5-42 所示。

通过识读配筋图及钢筋表可知，预制楼梯（JT-28-25）①号钢筋为下部纵筋，直径 14mm，数量 8 根，第 1、8 根钢筋距边为 55mm，钢筋间距 150mm。②号钢筋为上部纵筋，直径 10mm，数量 7 根，第 1、7 根钢筋距边为 30mm，第 1 根与第 2 根、第 6 根与第 7 根间距 150mm，其余间距 200mm。③号钢筋为上下分布筋，直径 8mm，数量 50 根。④号钢筋为边缘纵筋，直径 12mm，数量 12 根。⑤、⑥号钢筋为边缘箍筋，直径 12mm，数量共 18 根。⑦号钢筋为加强筋，直径 10mm，数量共 8 根。⑧号钢筋为吊点加强筋，直径 8mm，数量 12 根。⑨号钢筋为吊点加强筋，直径 10mm，数量共 2 根。⑩、⑪号钢筋为边缘加强筋，直径 18mm，数量共 4 根。

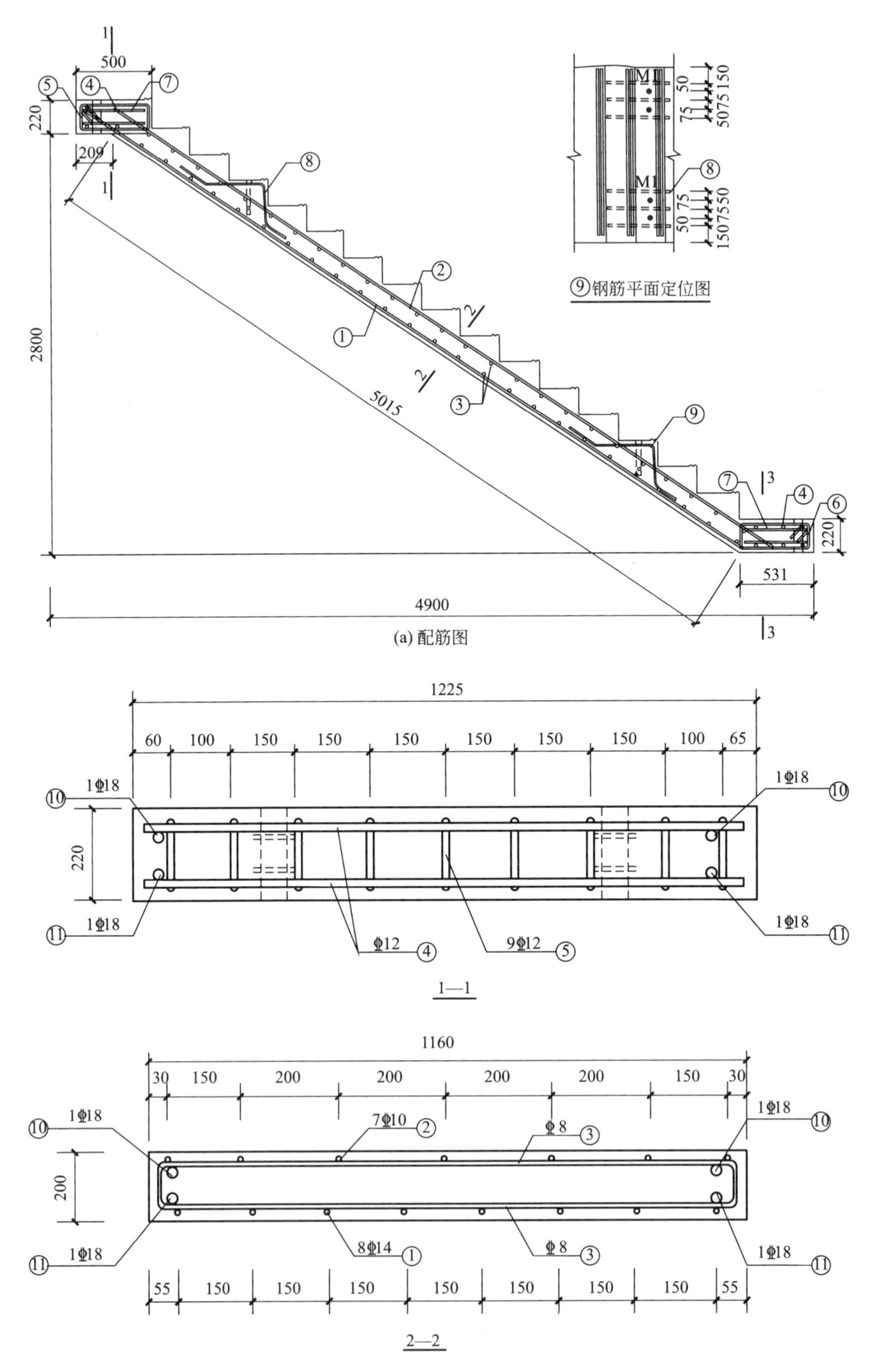

图 5-42　JT-28-25 配筋图（一）

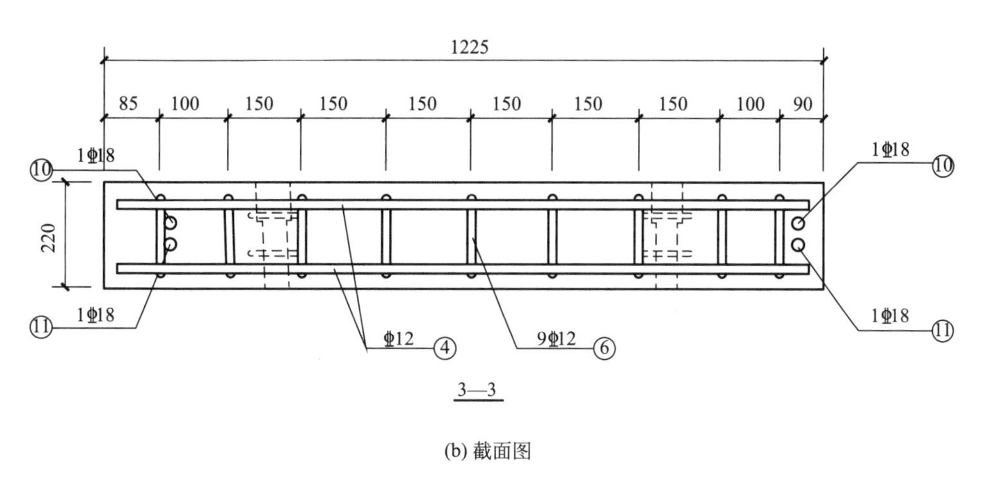

(b) 截面图

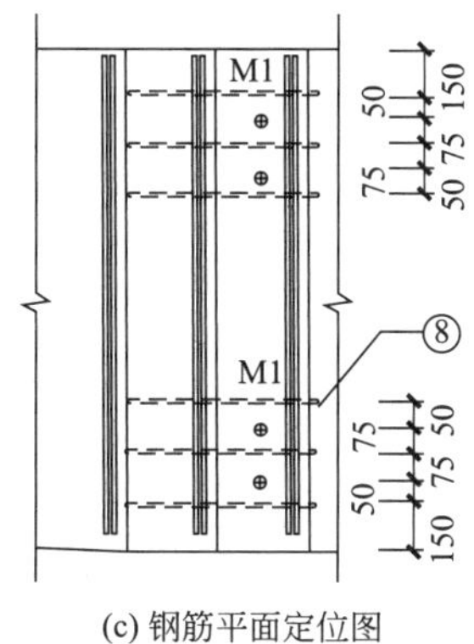

(c) 钢筋平面定位图

图 5-42　JT-28-25 配筋图（二）

（5）钢筋表

钢筋表的内容主要包括构件编号、钢筋名称、钢筋规格、形状、数量等，见表 5-4。

钢筋明细表　　表 5-4

编号	数量	规格	形状	钢筋名称	重量（kg）	钢筋总重（kg）	混凝土（m^3）
①	8	Φ14	5269 473	下部纵筋	55.56	194.25	1.736
②	7	Φ10	5234	上部纵筋	22.61		
③	50	Φ8	150 1120 150	上、下分布筋	28.04		
④	12	Φ12	1185	边缘纵筋 1	12.64		
⑤	9	Φ12	460 180	边缘箍筋 1	10.24		
⑥	9	Φ12	500 180	边缘箍筋 2	10.88		

续表

编号	数量	规格	形状	钢筋名称	重量(kg)	钢筋总重(kg)	混凝土(m^3)
⑦	8	Φ10	300	加强筋	3.51	194.25	1.736
⑧	12	Φ8	100 383 170 100	吊点加强筋	3.36		
⑨	2	Φ10	1120	吊点加强筋	1.39		
⑩	2	Φ18	180 5173 340	边缘加强筋	22.76		
⑪	2	Φ18	5245 572	边缘加强筋	23.26		

（6）节点连接构造图

节点连接构造图主要表示楼梯细部节点的构造做法，主要包括防滑槽加工做法、销键预留孔洞加强筋做法、梯梁与梯段板空隙处理做法、连接节点大样图等，如图 5-43 所示。

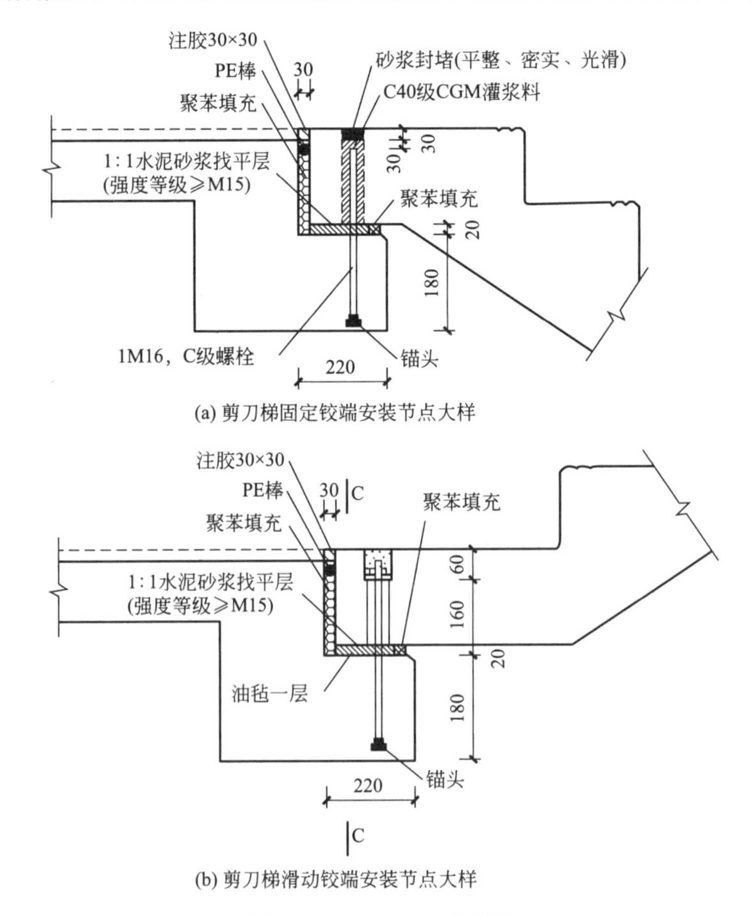

(a) 剪刀梯固定铰端安装节点大样

(b) 剪刀梯滑动铰端安装节点大样

图 5-43　JT-28-25 节点图

拓展学习资源

5拓-4 楼梯生产1

5拓-5 楼梯生产2

5拓-6 楼梯吊装

任务训练

1. 预制楼梯是指在工厂预制而成的混凝土楼梯构件，其主体部分主要由楼梯休息平台、（ ）、楼梯踏板等构件组成。

A. 楼梯梁柱　　B. 楼梯段　　C. 楼梯栏杆　　D. 楼梯墙

2. 预制楼梯主要有板式楼梯和（ ）两类。

A. 梁式楼梯　　B. 折板式楼梯　　C. 悬挑式楼梯　　D. 双跑楼梯

3. 预制楼梯混凝土强度等级为（ ）。

A. C10　　B. C20　　C. C25　　D. C30

4. 预制楼梯在支撑构件上的最小搁置长度不宜小于（ ）mm。

A. 50　　B. 65　　C. 75　　D. 100

5. 预制楼梯在预制梁端、预制柱端、预制墙端的粗糙面凹凸深度不宜小于（ ）mm。

A. 5　　B. 6　　C. 7　　D. 8

6. 全预制板式楼梯，板内负弯矩钢筋伸入现浇混凝土不应小于（ ）d。

A. 9　　B. 10　　C. 11　　D. 12

7. 预制楼梯踏步梯段的支撑方式一般有（ ）四种形式。

A. 墙承楼梯、板式楼梯、旋转楼梯和多跑楼梯

B. 梁式楼梯、板式楼梯、悬臂式楼梯和双剪楼梯

C. 墙承楼梯、板式楼梯、旋转楼梯和吊挂式楼梯

D. 梁式楼梯、板式楼梯、悬臂式楼梯和吊挂式楼梯

8. 预制楼梯 JT-28-25，其中“28”表示（ ）。

A. 层高 2800mm　　B. 楼梯净宽 2800mm

C. 楼梯踏步宽 280mm　　D. 楼梯踏步高 280mm

9.（ ）主要表示预制楼梯构件的外部形状、大小、预埋件的位置等，是支模板的依据，主要包括平面图、断面图、底面图等。

A. 模板图　　B. 配筋图　　C. 安装图　　D. 节点图

10.（ ）主要表示预制楼梯构件的位置、标高等，明确构件支承位置、安装和吊装控制点，是支模及安装的依据，主要包括平面图、断面图、节点详图等。

A. 模板图　　B. 配筋图　　C. 安装图　　D. 节点图

拓展训练

1. 某工程选用型号 ST-30-25 的预制楼梯，根据标准图集《预制钢筋混凝土板式楼梯》15G367-1，则该楼梯样式是什么？层高、楼梯间净宽、梯井宽度、楼梯板水平投影长度、梯段板宽、踏步宽、踏步高各为多少？

2. 某预制楼梯高端支承固定支座节点构造如图 5-44 所示，请完成预制楼梯连接节点构造图的抄绘（比例 1∶100）。具体要求如下：

（1）尺寸标注齐全，字体端正整齐，线型符合标准要求。

（2）图示内容表达完善，合理可行。

（3）符合《建筑制图标准》GB/T 50104—2010 相关要求。

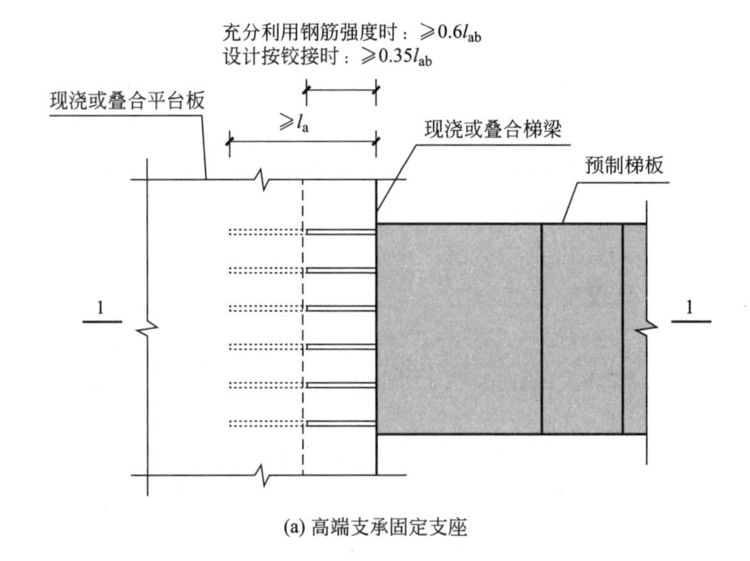

(a) 高端支承固定支座

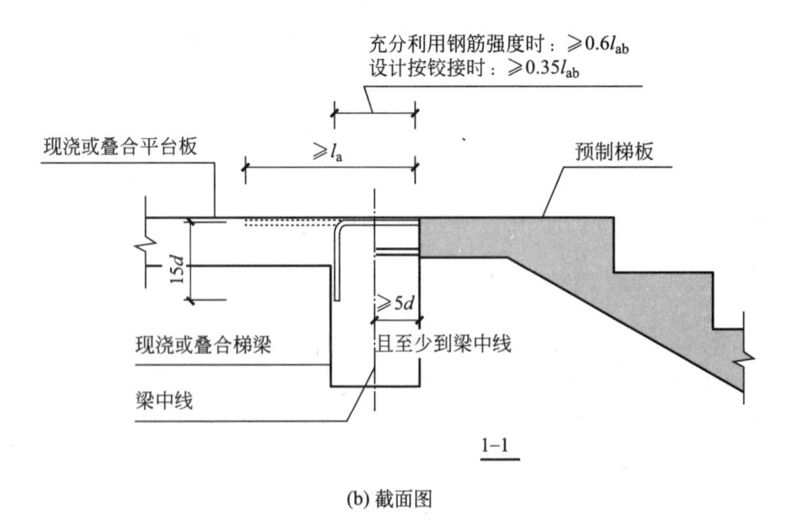

(b) 截面图

图 5-44 某预制楼梯高端支承固定支座节点构造

任务5.4　识读预制阳台板详图

任务描述

通过对某教师公寓项目4号楼预制阳台板构件图的识读，使学生了解预制阳台板在工程中的应用情况，掌握预制阳台板的图示内容、表达方法、识读方法，熟悉预制阳台板的连接方式及构造要求。

能力目标

（1）能够正确识读预制阳台板的构造图。

（2）能够根据要求选择合理的连接方式。

（3）能够正确识读预制阳台板连接节点构造图。

知识目标

（1）熟悉预制阳台板的连接方式及构造要求。

（2）掌握预制阳台板施工图的识读方法。

（3）熟悉施工图中的相关国家标准及规范。

学习性工作任务

识读预制阳台板施工图，完成识图报告，补绘预制阳台板构造图。

5.4.1　预制阳台概念及分类

阳台是建筑中重要的构件，是连接室内与室外的纽带，是人类亲近自然的平台，如何有效简化阳台施工是建筑技术中一个值得研究的问题。传统建筑的阳台板现场浇筑，不仅施工工艺复杂、进度慢、效率低，而且施工人员安全度不高。为解决上述问题，预制装配式阳台应运而生，其不仅减少了施工周期，加快了施工速度，而且保障了施工安全，提高了经济效益。

5-9　认识预制阳台板

预制阳台板按构件形式分为叠合板式阳台、全预制板式阳台、全预制梁式阳台。按建筑做法又分为封闭式阳台与开敞式阳台。叠合板式阳台是以预制构件为主要构件，在现场经装配、连接，部分现浇而成的一种半预制式阳台；全预制板式阳台适用于外墙采用夹心保温剪力墙外墙板的装配式混凝土剪力墙结构住宅；全预制梁式阳台一般适用于外墙不采用夹心保温剪力墙板的装配式住宅。

5.4.2　预制阳台材料及构造

1. 材料要求

（1）叠合板式阳台板预制底板及其现浇部分、全预制式阳台板混凝土强度等级均为

C30；连接节点区混凝土强度等级与主体结构相同，且不低于 C30。

（2）钢筋采用 HRB400、HPB300 钢筋。

（3）预埋件钢板一般采用 Q235B，内埋式吊杆一般采用 Q345 钢材。预埋件的钢筋应采用 HRB400 钢筋。

（4）吊环应采用 HPB300 级钢筋制作，严禁采用冷加工钢筋。

2. 构造要求

（1）预制阳台板沿悬挑长度方向一般按建筑模数 2M 设计，如叠合板式阳台、全预制板式阳台取 1000mm、1200mm、1400mm，全预制梁式阳台取 1200mm、1400mm、1600mm、1800mm。沿房间开间方向按建筑模数 3M 设计，一般取 2400mm、2700mm、3000mm、3300mm、3600mm、3900mm、4200mm、4500mm。

（2）封闭式阳台结构标高与室内楼面结构标高相同或比室内楼面结构标高低 20mm，开敞式阳台结构标高比室内楼面结构标高低 50mm。

（3）钢筋保护层厚度，板为 20mm，梁为 25mm。

（4）预制阳台板纵向受力钢筋宜在后浇混凝土内直线锚固，当直线锚固长度不足时可采用弯钩和机械锚固方式。

（5）预制阳台板内埋设管线时，所铺设管线应在板下层钢筋之上、板上层钢筋之下，且管线应避免交叉，管线的混凝土保护层厚度应不小于 30mm。

（6）叠合板式阳台内埋设管线时，所铺设管线应放在现浇层内，板上层钢筋之下，在桁架筋空档间穿过。

5.4.3 预制阳台板规格及编号

预制阳台板类型：D 型代表叠合板式阳台；B 型代表全预制板式阳台；L 型代表全预制梁式阳台。

预制阳台板封边高度：04 代表阳台封边 400mm 高；08 代表阳台封边 800mm 高；12 代表阳台封边 1200mm 高，如图 5-45 所示。

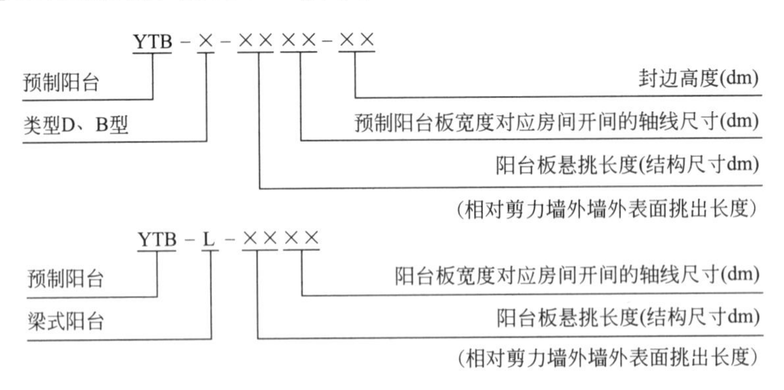

图 5-45 预制阳台板规格及编号

【例 1】 已知某装配式剪力墙住宅开敞式阳台平面图如图 5-46 所示，由图可知：阳台对应房间开间轴线尺寸为 3300mm，阳台板相对剪力墙外表面挑出长度为 1400mm，阳台封面高度为 400mm，选用编号为 YTB-B-1433-04 的全预制板式阳台。

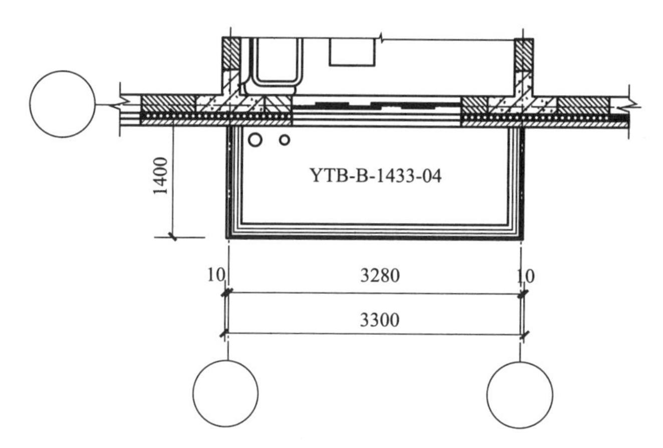

图 5-46　全预制板式阳台 YTB-B-1433-04

【例 2】 已知某装配式剪力墙住宅开敞式阳台平面图如图 5-47 所示，由图可知：阳台对应房间开间轴线尺寸为 3300mm，阳台板相对剪力墙外表面挑出长度为 1400mm，选用编号为 YTB-L-1433 的全预制梁式阳台。

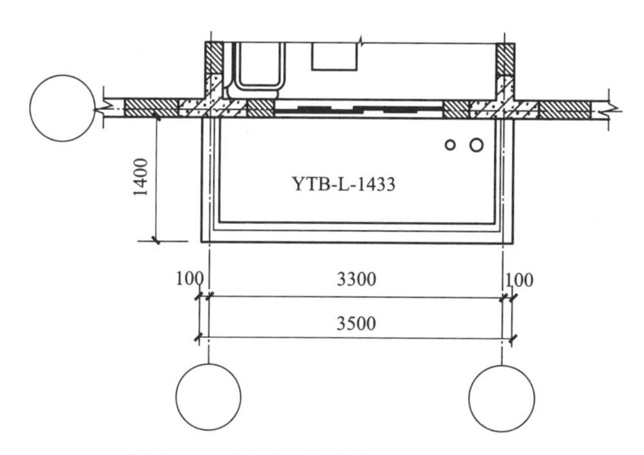

图 5-47　全预制梁式阳台 YTB-L-1433

5.4.4　图例、符号及视点示意图

1. 图例（表 5-5）

图例　　表 5-5

名称	图例	名称	图例
预制钢筋混凝土构件		后浇段、边缘构件	
保温层		夹心保温外墙	
钢筋混凝土现浇层			

2. 符号说明（表 5-6）

符号说明　　　　表 5-6

名称	符号	名称	符号
压光面	▽Y	粗糙面	▽C
模板面	▽M		

3. 视点示意图（图 5-48）

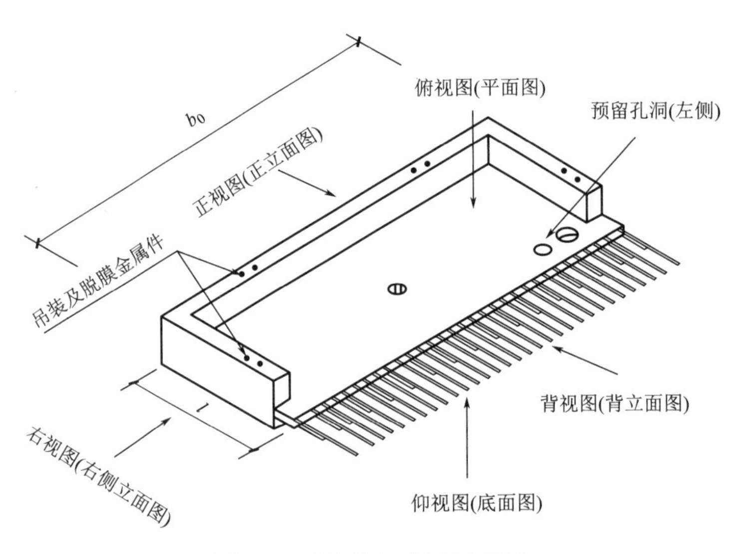

图 5-48　预制阳台视点示意图

5.4.5　预制阳台板构造图

预制阳台板构造图是阳台生产、施工的依据，一般包括阳台及施工参数选用表、模板图、配筋图、钢筋表和节点连接构造图等内容。现以全预制板式阳台构造图（YTB-B-1024-04）为例进行识读。

5-10　识读预制阳台板深化详图

1. 阳台及施工参数选用表

选用表主要表示阳台构件的长度、宽度、厚度、重量、吊点及临时支撑位置等，是阳台选用及施工的依据，见表 5-7 和表 5-8。

全预制板式阳台选用表　　　　表 5-7

规格	阳台长度 l(mm)	房间开间 b(mm)	阳台宽度 b_0(mm)	全预制板厚度 h(mm)
YTB-B-1024-××	1010	2400	2380	130

全预制板式阳台施工参数选用表　　表 5-8

规格	预制构造重量(t)	脱模(吊装)吊点 a_1(mm)	脱模吊点拉力(kN)	运输、吊装吊点拉力(kN)	施工临时支撑 c_1(mm)
YTB-B-1024-04	1.17	450	13.50	12.94	425

已知某装配式剪力墙住宅开敞式阳台如图 5-49～图 5-52 所示，由图可知：该工程选用的阳台规格及编号为 YTB-B-1024-04，对应房间开间尺寸 b 为 2400mm，阳台板长度 l 为 1010mm，阳台宽度 b_0 为 2380mm，边缝为 10mm。阳台封面高度为 400mm，阳台板厚度为 130mm，下缘厚度为 120mm，上缘厚度为 150mm。吊点距阳台端边尺寸 a_1 为 450mm，施工临时支撑点距阳台端边尺寸 c_1 为 425mm。

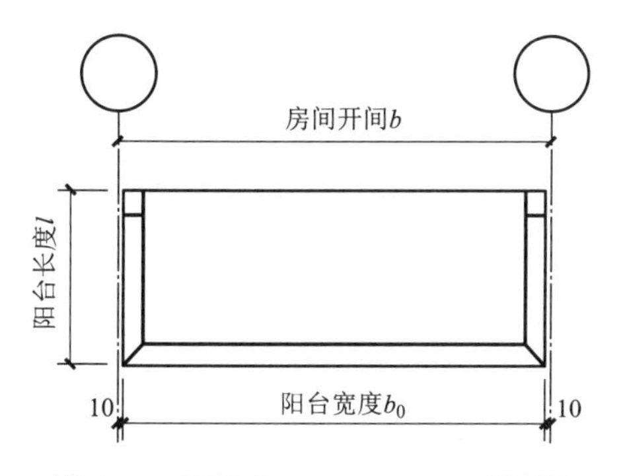

图 5-49　YTB-B-××××-××平面图

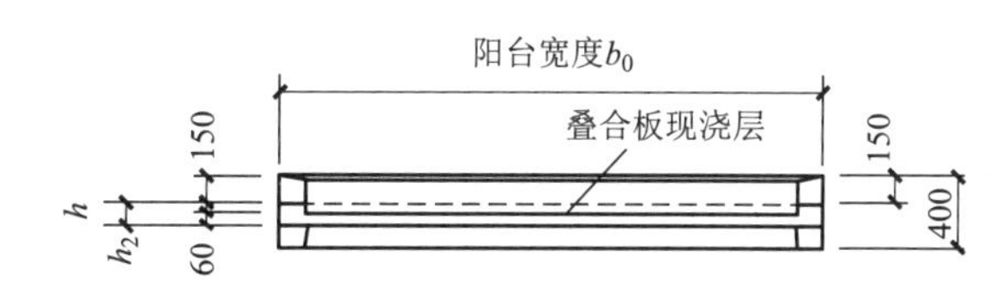

图 5-50　YTB-B-××××-04 背立面图

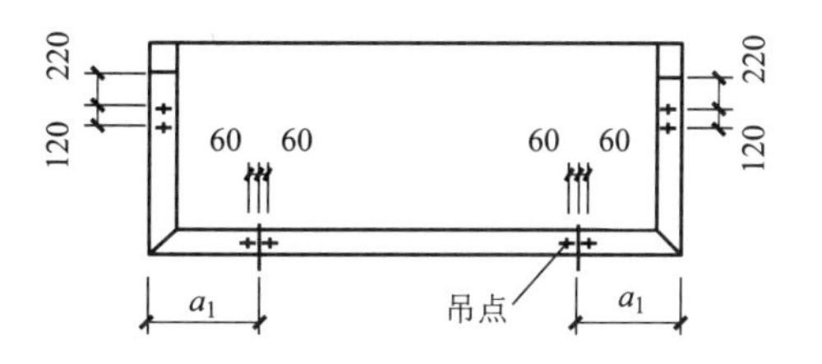

图 5-51　YTB-B-××××-××吊点布置平面图

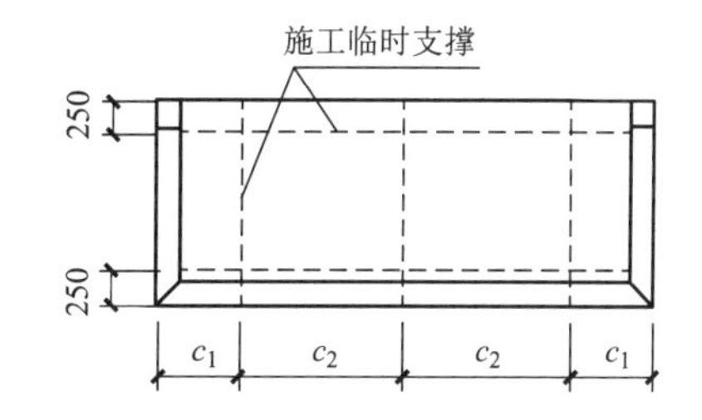

图 5-52　YTB-B-××××-××施工支撑布置平面图

2. 模板图

模板图主要表示阳台构件的外部形状、大小、预埋件的位置等，是支模板的依据。主要包括平面图、底面图、正立面图、背立面图、侧立面图、断面图、洞口排布图等，如图 5-53 所示。

通过识读模板图可知，全预制板式阳台（YTB-B-1024-04）阳台板长度 l 为 1010mm，阳台宽度 b_0 为 2380mm。脱模吊点尺寸 a_1 为 450mm，阳台封边宽 150mm，阳台栏杆预埋件间距 S_1 与 S_2 不大于 750mm 且等分布置。落水管预留孔直径为 $\phi150$，中心距端边尺寸分别为 350mm、100mm；地漏预留孔直径为 $\phi100$，距落水管预留孔为 300mm；接线盒应避开板内钢筋，居中布置。

3. 配筋图

配筋图主要表示钢筋在阳台构件中的形状、位置、规格与数量，是钢筋下料、绑扎的主要依据。主要包括平面图、立面图、断面图等，如图 5-54 所示。

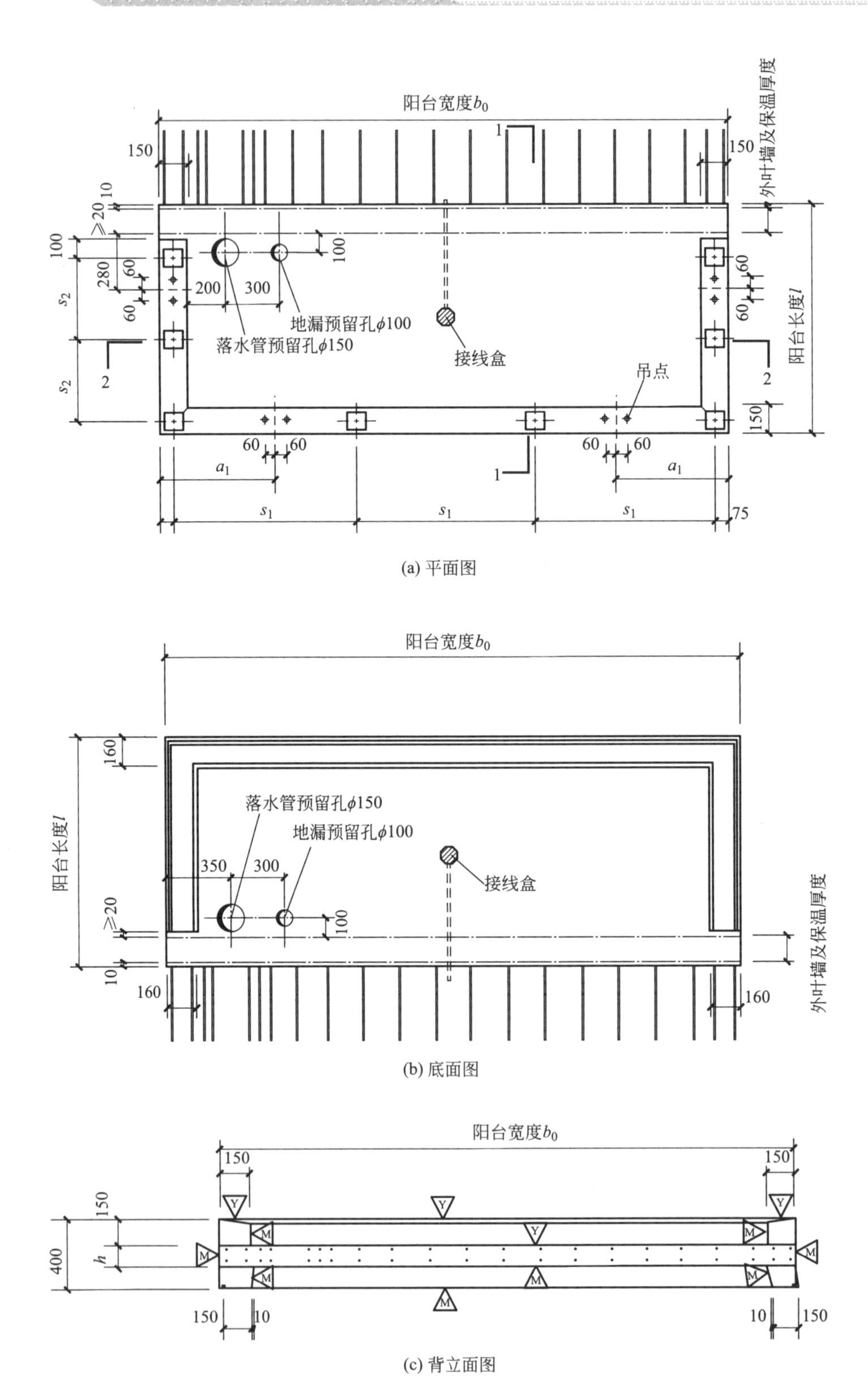

图 5-53　全预制板式阳台 YTB-B-××××-04 模板图（一）

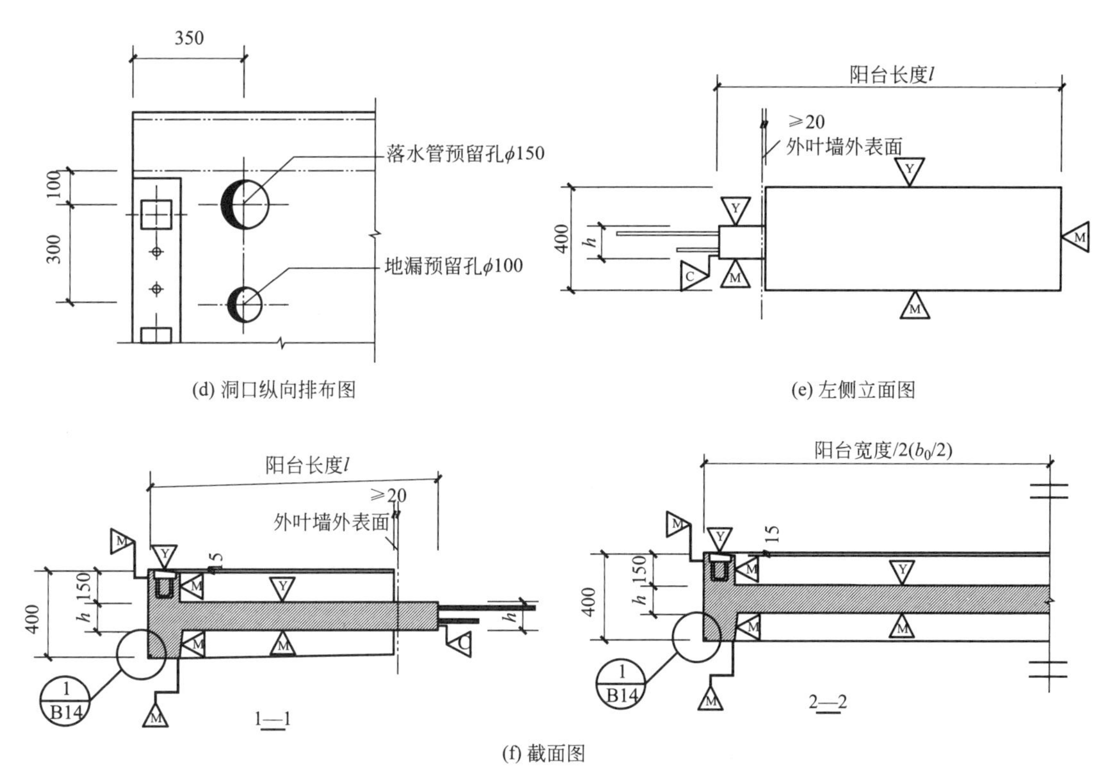

图 5-53　全预制板式阳台 YTB-B-××××-04 模板图（二）

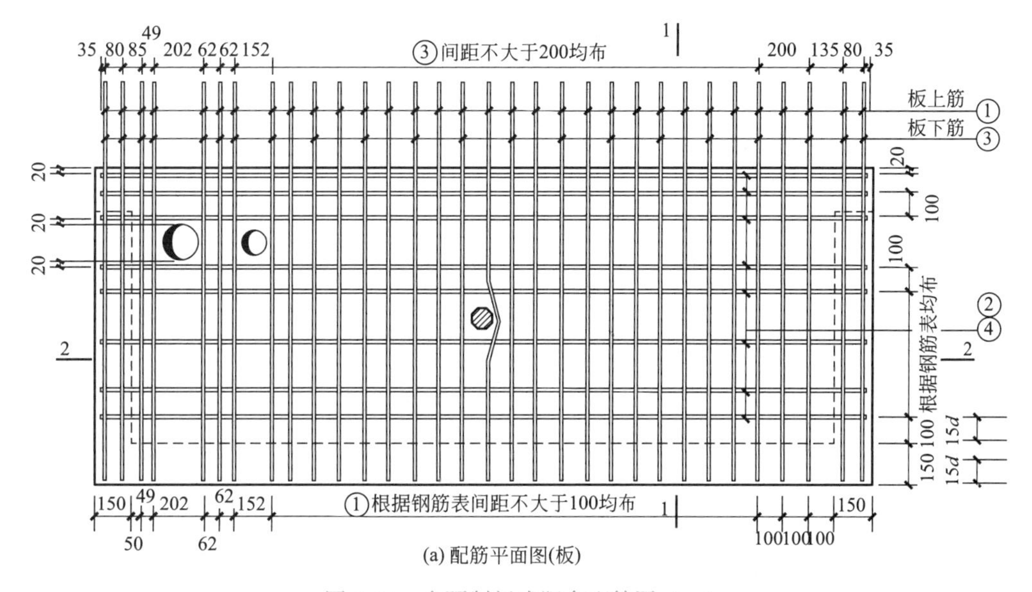

图 5-54　全预制板式阳台配筋图（一）

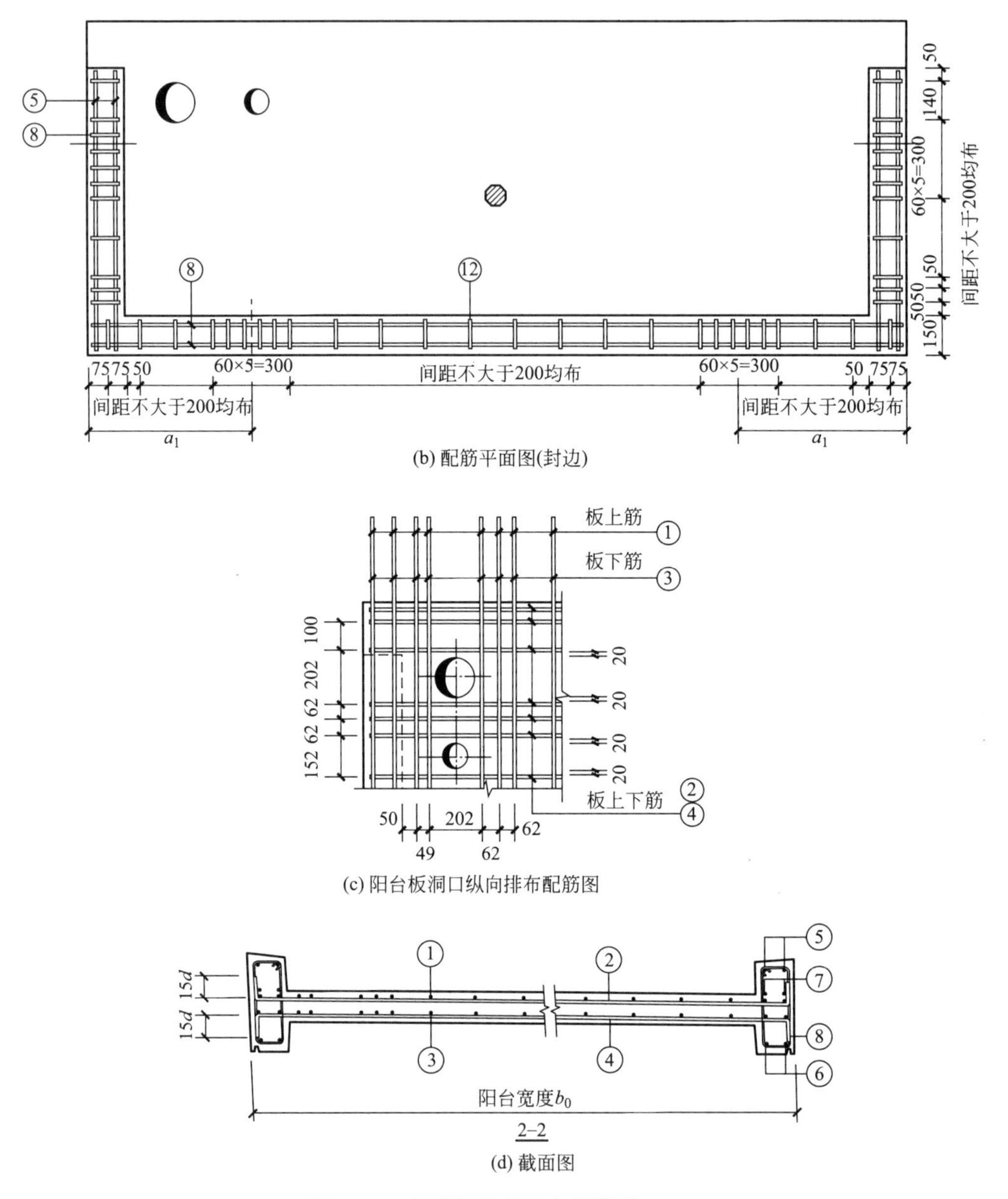

图 5-54 全预制板式阳台配筋图（二）

识读全预制板式阳台（YTB-B-1024-04）配筋图及配筋表可知，①号钢筋为板上筋，直径 8mm，数量 25 根，沿着阳台宽度 b_0 方向布置。②号钢筋为板上筋，直径 8mm，数量 8 根，沿着阳台长度 l 方向布置。③号钢筋为板下筋，直径 8mm，数量 18 根，沿着阳台宽度 b_0 方向布置。④号钢筋为板下筋，直径 10mm，数量 8 根，沿着阳台长度 l 方向布置。⑤、⑥钢筋为封边钢筋，直径 12mm，数量 8 根。⑧、⑫号钢筋为封边箍筋，直径 6mm，数量共 43 根。⑨、⑩号钢筋为封边钢筋，直径 12mm，数量共 4 根。

4. 钢筋表

钢筋表的内容主要包括构件编号、钢筋名称、钢筋规格、钢筋简图、加工尺寸、数量等，见表 5-9。

全预制板式阳台配筋表　　　　表 5-9

构件编号		YTB-B-1024-04	YTB-B-1027-04	YTB-B-1030-04	YTB-B-1033-04	YTB-B-1036-04	YTB-B-1039-04	YTB-B-1042-04	YTB-B-1045-04
①	规格	Φ8	Φ8	Φ8	Φ8	Φ8	Φ8	Φ8	Φ8
	加工尺寸	120 1300	120 1300	120 1300	120 1300	120 1300	120 1300	120 1300	120 1300
	根数	25	28	31	34	36	40	43	46
②	规格	Φ8	Φ8	Φ8	Φ8	Φ8	Φ10	Φ10	Φ10
	加工尺寸	120 2330 120	120 2630 120	120 2930 120	120 3230 120	120 3530 120	150 3830 150	150 4130 150	150 4430 150
	根数	8	8	8	8	8	8	8	8
③	规格	Φ8	Φ8	Φ8	Φ8	Φ8	Φ8	Φ8	Φ8
	加工尺寸	120 1085	120 1085	120 1085	120 1085	120 1085	120 1085	120 1085	120 1085
	根数	18	19	21	22	24	25	27	28
④	规格	Φ10	Φ10	Φ10	Φ10	Φ10	Φ10	Φ10	Φ10
	加工尺寸	150 2330 150	150 2630 150	150 2930 150	150 3230 150	150 3530 150	150 3830 150	150 4130 150	150 4430 150
	根数	8	8	8	8	8	8	8	8
⑤	规格	Φ12	Φ12	Φ12	Φ12	Φ12	Φ12	Φ12	Φ12
	加工尺寸	180 ≈800	180 ≈800	180 ≈800	180 ≈800	180 ≈800	180 ≈800	180 ≈800	180 ≈800
	根数	4	4	4	4	4	4	4	4
⑥	规格	Φ12	Φ12	Φ12	Φ12	Φ12	Φ12	Φ12	Φ12
	加工尺寸	180 ≈800	180 ≈800	180 ≈800	180 ≈800	180 ≈800	180 ≈800	180 ≈800	180 ≈800
	根数	4	4	4	4	4	4	4	4
⑧	规格	Φ6	Φ6	Φ6	Φ6	Φ6	Φ6	Φ6	Φ6
	加工尺寸	350 100							
	根数	22	22	22	22	22	22	22	22
⑨	规格	Φ12	Φ12	Φ12	Φ12	Φ12	Φ12	Φ12	Φ12
	加工尺寸	180 2330 180	180 2630 180	180 2930 180	180 3230 180	180 3530 180	180 3830 180	180 4130 180	180 4430 180
	根数	2	2	2	2	2	2	2	2
⑩	规格	Φ12	Φ12	Φ12	Φ12	Φ12	Φ12	Φ12	Φ12
	加工尺寸	180 2330 180	180 2630 180	180 2930 180	180 3230 180	180 3530 180	180 3830 180	180 4130 180	180 4430 180
	根数	2	2	2	2	2	2	2	2
⑫	规格	Φ6	Φ6	Φ6	Φ6	Φ6	Φ6	Φ6	Φ6
	加工尺寸	350 100							
	根数	21	23	25	26	28	29	31	32

5. 节点连接构造图

节点连接构造图主要表示阳台与主体结构连接的做法，主要包括阳台与主体结构安装平面图、连接节点图、预埋件图等，如图 5-55 所示。

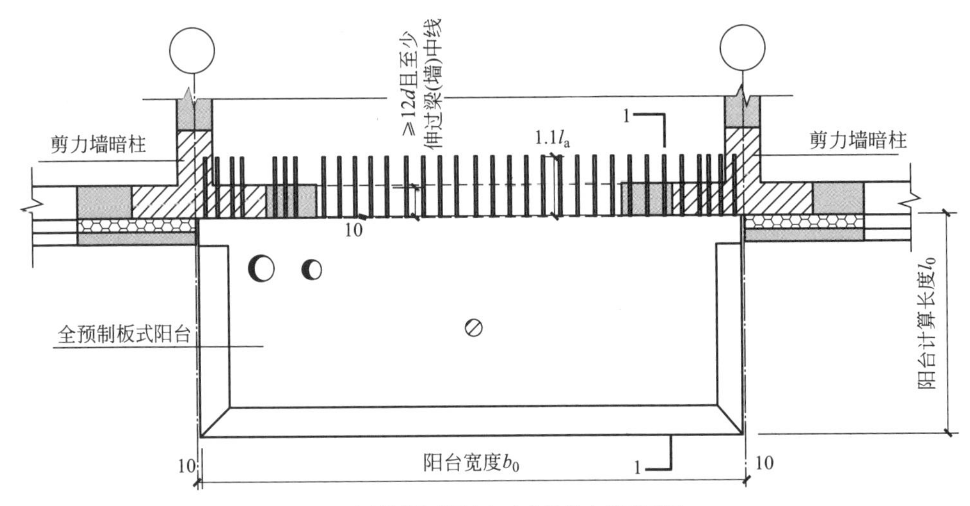

(a) 全预制板式阳台与主体结构安装平面图

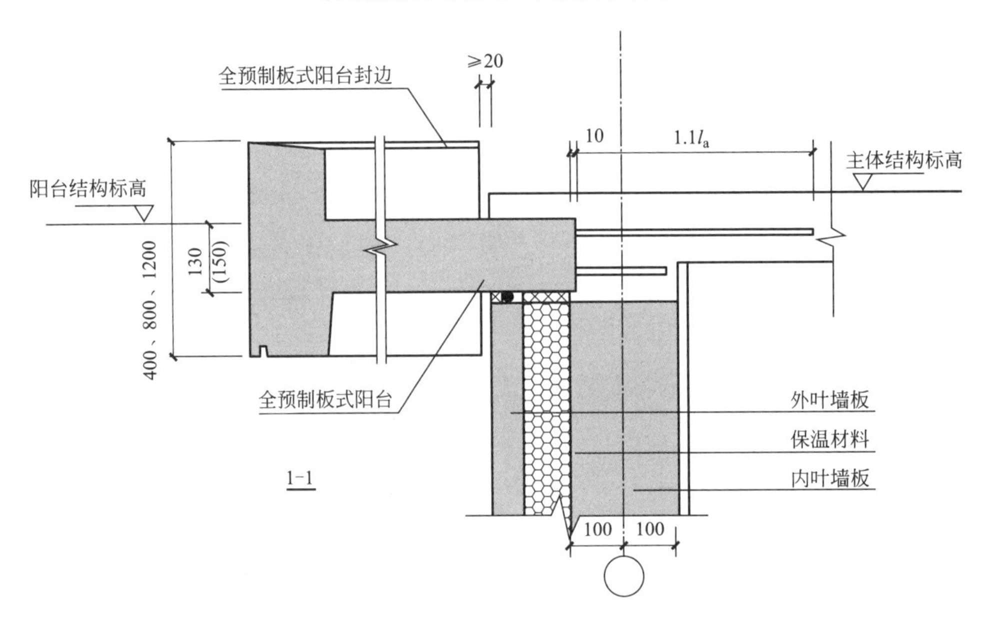

(b) 全预制板式阳台与主体结构连接节点详图

图 5-55 全预制板式阳台节点连接构造图

拓展学习资源

5 拓-7 阳台板生产 1

5 拓-8 阳台板生产 2

任务训练

1. 预制阳台按构件形式分为叠合板式阳台、（　　）、全预制梁式阳台等。

A. 全预制板式阳台　　B. 封闭式阳台

C. 开敞式阳台　　D. 悬挑式阳台

2. 预制阳台板沿悬挑长度方向一般按建筑模数（　　）设计。

A. 1M　　B. 2M

C. 3M　　D. 4M

3. 预制阳台板沿房间开间方向一般按建筑模数（　　）设计。

A. 1M　　B. 2M

C. 3M　　D. 4M

4. 预制阳台连接节点区混凝土强度等级与主体结构相同，且不低于（　　）。

A. C10　　B. C20　　C. C25　　D. C30

5. 预制阳台板内埋设管线时，所铺设管线应在板下层钢筋之上、板上层钢筋之下，且管线应避免交叉，管线的混凝土保护层厚度应不小于（　　）mm。

A. 20　　B. 25　　C. 30　　D. 35

6. 预制楼梯 YTB-L-1224，其中“L”表示（　　）。

A. 叠合板式阳台　　B. 全预制板式阳台

C. 全预制梁式阳台　　D. 悬挑式阳台

7.（　　）主要表示阳台构件的长度、宽度、厚度、重量、吊点及临时支撑位置等，是阳台选用及施工的依据。

A. 阳台及施工参数选用表　　B. 配筋图

C. 安装图　　D. 节点图

8.（　　）主要表示钢筋在阳台构件中的形状、位置、规格与数量，是钢筋下料、绑扎的主要依据。主要包括平面图、立面图、断面图等。

A. 模板图　　B. 配筋图

C. 安装图　　D. 节点图

拓展训练

1. 某工程选用型号 YTB-D-1024-04 的预制阳台，根据标准图集《预制钢筋混凝土阳台板、空调板及女儿墙》15G368-1，则该阳台是何类型阳台？阳台板悬挑长度、预制阳台板对应房间开间的轴线尺寸、封边高度各为多少？

2. 某叠合板式预制阳台连接节点详图如图 5-56 所示，请完成该预制阳台节点详图的抄绘（比例 1∶100）。具体要求如下：

（1）尺寸标注齐全，字体端正整齐，线型符合标准要求。

（2）图示内容表达完善，合理可行。

（3）符合《建筑制图标准》GB/T 50104—2010 相关要求。

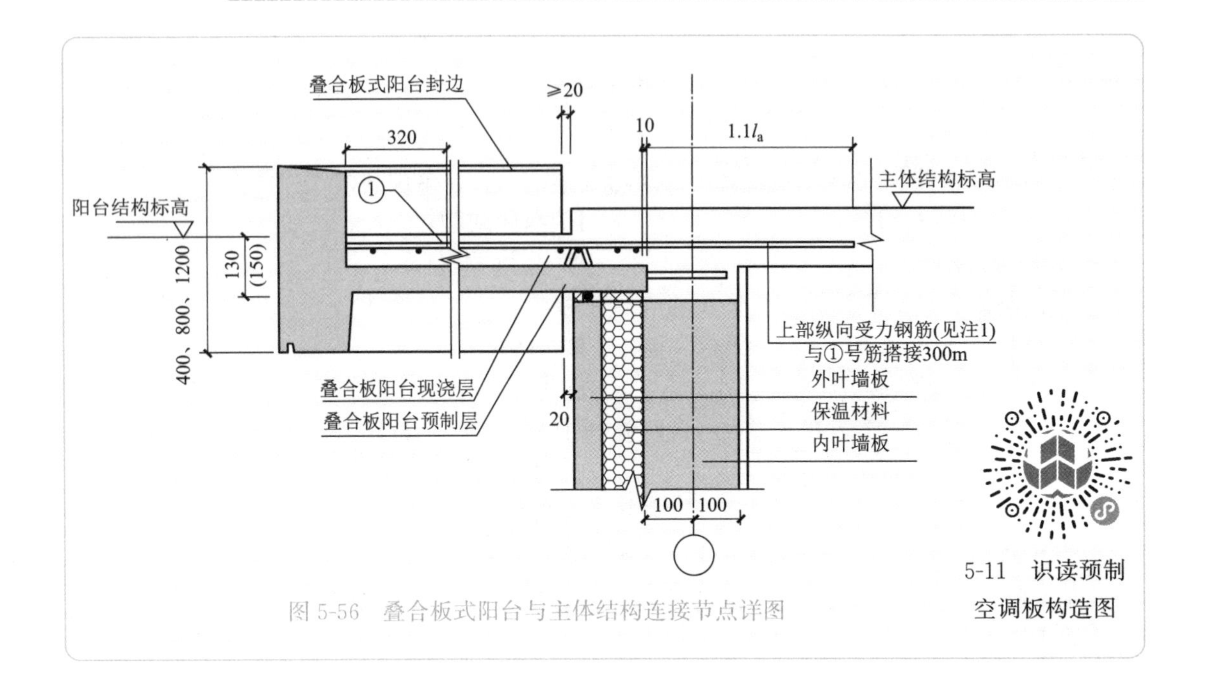

图 5-56　叠合板式阳台与主体结构连接节点详图

5-11　识读预制空调板构造图

任务 5.5　识读预制空调板详图

任务描述

通过对某教师公寓项目 4 号楼预制空调板构件图的识读，使学生了解预制空调板在工程中的应用情况，掌握预制空调板的图示内容、表达方法、识读方法，熟悉预制空调板的连接方式及构造要求。

能力目标

（1）能够正确识读预制空调板的构造图。
（2）能够根据要求选择合理的连接方式。
（3）能够正确识读预制空调板连接节点构造图。

知识目标

（1）熟悉预制空调板的连接方式及构造要求。
（2）掌握预制空调板施工图的识读方法。
（3）熟悉施工图中的相关国家标准及规范。

学习性工作任务

识读预制空调台板施工图，完成识图报告，补绘预制空调板构造图。

5.5.1　预制空调板概述

预制钢筋混凝土空调板（简称预制空调板）是结构形式最为简单的装配式混凝土预制构件之一，它是典型的悬挑类构件，主要应用在多层及高层的民用建筑中，具有产品造价低、生产工艺简单和安装简便等优点（图5-57）。预制空调板的围护形式主要有铁艺栏杆、百叶两种做法。

图5-57　预制空调板

5.5.2　预制空调板材料及构造

1. 材料要求

（1）混凝土强度等级为C30。

（2）纵向受力钢筋应采用HRB400钢筋，分布钢筋采用HRB400钢筋；当吊装采用普通吊环时，应采用HPB300钢筋。

（3）预埋件锚板宜采用Q235B钢板制作，同时预埋件锚板表面应作防腐处理。

（4）预制空调板密封材料应满足国家现行有关标准的要求。

2. 构造要求

（1）当预制空调板板顶结构标高与楼板顶结构标高一致时，外露钢筋直接伸入楼板的混凝土中；当不一致时，预制空调板的外露钢筋需要弯折伸入墙体当中。

（2）预制空调板构件长度（L）＝预制空调板挑出长度（L_1）＋搁置在外墙板长度（10～15mm），挑出长度（L_1）从剪力墙外表面起计算，预制空调板构件长度（L）常用尺寸一般为630mm、730mm、740mm和840mm。预制空调板宽度（B）主要考虑房屋开间建筑模数的协调性，一般按照基本模数100mm进行扩大，常用尺寸主要有1100mm、1200mm和1300mm。预制空调板厚度（h）主要根据选定的悬挑长度进行选择，一般在为80～100mm之间。

（3）与预制空调板配套使用的外墙板饰面层和保温层，保温层厚度一般为70～100mm，饰面层厚度为50～60mm。

（4）预制空调板钢筋保护层一般为15～20mm。

（5）预制空调板预留负弯矩筋伸入主体结构后浇层，并与主体结构梁板钢筋可靠绑扎并浇筑成整体，负弯矩筋伸入主体结构水平段长度应不小于$1.1l_a$。

（6）预制空调板预留孔的尺寸、位置、数量需与设备专业相配套。

5.5.3 预制空调板规格及编号

KTB-84-130 表示预制空调板构件长度（L）为 840mm，预制空调板宽度（B）为 1300mm，如图 5-58 所示。

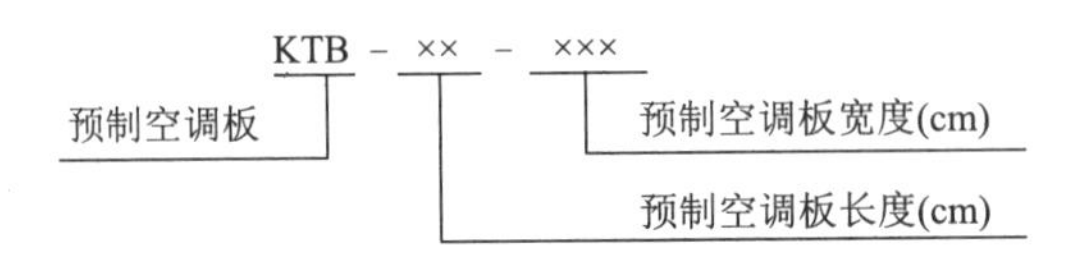

图 5-58 预制空调板规格及编号

【例】 已知某住宅楼预制空调板如图 5-59 所示，该预制空调外围护结构形式采用百叶做法，混凝土强度等级为 C30，钢筋保护层厚度为 20mm，由图可知，预制空调板长度为 840mm，预制空调板宽度为 1300mm，选用编号为 KTB-84-130 的预制空调板。

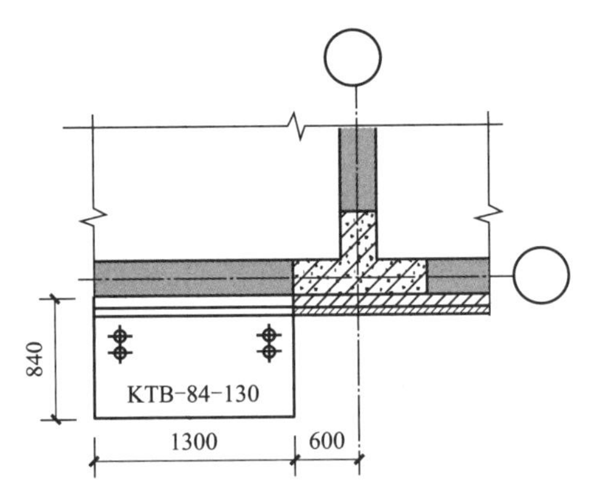

图 5-59 KTB-84-130 预制空调板

5.5.4 预制空调板构造图

预制空调板构造图是空调板生产、施工的依据，一般包括预制空调板选用表、模板图、配筋图、钢筋表和节点连接构造图等内容。现以预制空调板（百叶）构造图（KTB-84-130）为例进行识读，如图 5-60 和图 5-61 所示。

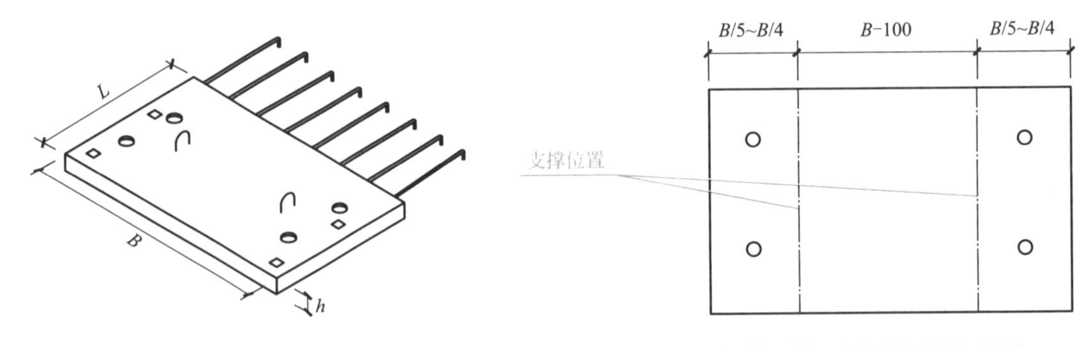

图 5-60 预制钢筋混凝土空调板示意图

图 5-61 预制钢筋混凝土空调板平面布置图

1. 选用表

选用表主要表示预制空调板构件的长度 L、宽度 B、厚度 h、重量、吊点及临时支撑位置等，是预制空调板选用及施工的依据，见表 5-10。

预制钢筋混凝土空调板选用表　　表 5-10

编号	长度 L (mm)	宽度 B (mm)	厚度 h (mm)	重量 (kg)	备注
KTB-63-110	630	1100	80	139	一般用于南方铁艺栏杆做法
KTB-63-120	630	1200	80	151	一般用于南方铁艺栏杆做法
KTB-63-130	630	1300	80	164	一般用于南方铁艺栏杆做法
KTB-73-110	730	1100	80	161	一般用于南方百叶做法
KTB-73-120	730	1200	80	175	一般用于南方百叶做法
KTB-73-130	730	1300	80	190	一般用于南方百叶做法
KTB-74-110	740	1100	80	163	一般用于北方铁艺栏杆做法
KTB-74-120	740	1200	80	178	一般用于北方铁艺栏杆做法
KTB-74-130	740	1300	80	192	一般用于北方铁艺栏杆做法
KTB-84-110	840	1100	80	185	一般用于北方百叶做法
KTB-84-120	840	1200	80	202	一般用于北方百叶做法
KTB-84-130	840	1300	80	218	一般用于北方百叶做法

2. 模板图

模板图主要表示预制空调板构件的外部形状、大小、预埋件的位置等，是支模板的依据。主要包括平面图、断面图、预埋件布置图等，如图 5-62 所示。

通过识读选用表及模板图可知，预制空调板（KTB-84-130）空调板长度 L 为 840mm，空调板宽度 B 为 1300mm，空调板厚度 h 为 80mm。预留孔直径为 ϕ100，共 4 个，孔中心距外墙板面分别为 150mm、400mm，距端边 160mm。

预埋件 4 个，距封边分别为 85mm、505mm，距端边 100mm，另预制空调板所用百叶预埋件宜采用优质碳素结构钢。预制空调板选用的吊件须满足相应的标准和规范，当采用普通吊环作为吊件时，吊环应采用 HPB300 钢筋制作，严禁采用冷加工钢筋，吊点可设置为两个，居中布置。

预制空调板安装后，在建筑面层施工时需要增加适当的坡度以利于排水，低端在排水孔一侧，坡度满足设计要求。

3. 配筋图

配筋图主要表示钢筋在预制空调板构件中的形状、位置、规格与数量，是钢筋下料、绑扎的主要依据。主要包括平面图、立面图、断面图等，如图 5-63 所示。

预制空调板（KTB-84-130）采用双向配筋，①号钢筋在上，直径 8mm，数量 8 根，间距（d_1）168mm 布置，①号负弯矩钢筋伸入支座长度为 $1.1l_a$。②号钢筋在下，直径 6mm，数量 5 根，间距（d_1）200mm 布置，其中 d_2、d_3 用来调节预留孔洞与钢筋间距。

配筋图应与配筋表一一对应识读。

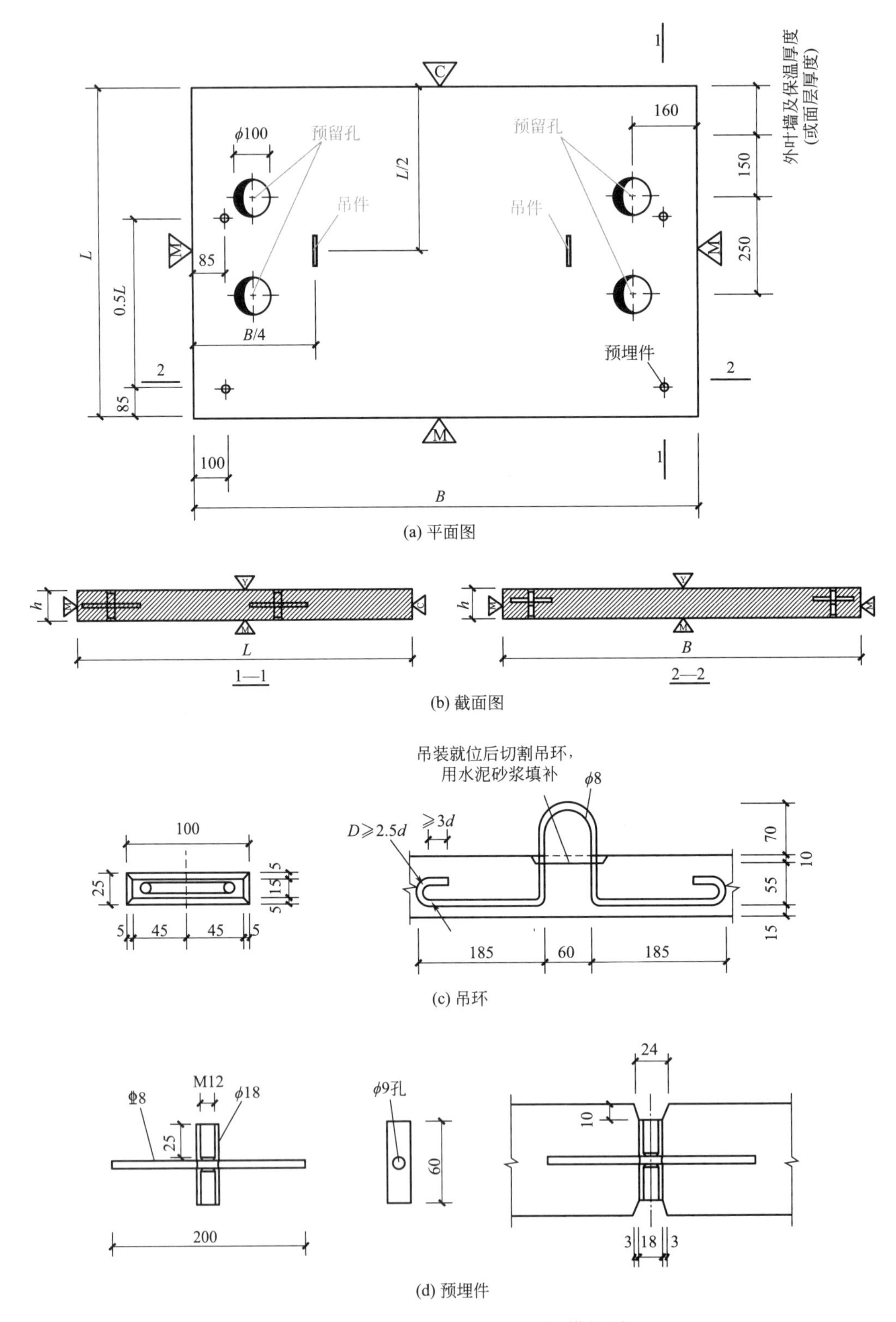

(a) 平面图

(b) 截面图

(c) 吊环

(d) 预埋件

图 5-62　预制钢筋混凝土空调板模板图

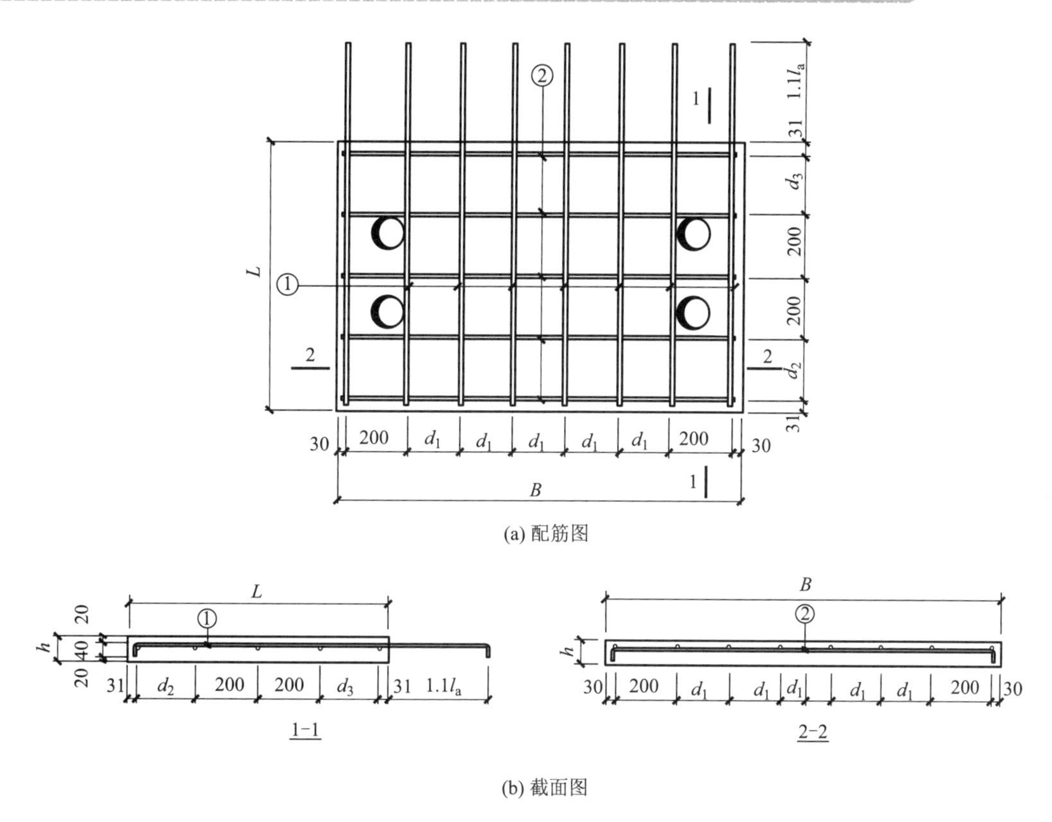

图 5-63　预制钢筋混凝土空调板配筋图

4. 钢筋表

钢筋表的内容主要包括构件编号、钢筋名称、钢筋规格、加工尺寸、根数等，见表 5-11。

预制钢筋混凝土空调板配筋表　　表 5-11

预制空调板编号	①			②		
	规格	加工尺寸(mm)	根数	规格	加工尺寸(mm)	根数
KTB-63-110	Φ8	40 918 40	7	Φ6	40 1060 40	4
KTB-63-120	Φ8	40 918 40	7	Φ6	40 1160 40	4
KTB-63-130	Φ8	40 918 40	8	Φ6	40 1260 40	4
KTB-73-110	Φ8	40 1018 40	7	Φ6	40 1060 40	5
KTB-73-120	Φ8	40 1018 40	7	Φ6	40 1160 40	5
KTB-73-130	Φ8	40 1018 40	8	Φ6	40 1260 40	5
KTB-74-110	Φ8	40 1028 40	7	Φ6	40 1060 40	5
KTB-74-120	Φ8	40 1028 40	7	Φ6	40 1160 40	5
KTB-74-130	Φ8	40 1028 40	8	Φ6	40 1260 40	5

续表

预制空调板编号	①			②		
	规格	加工尺寸(mm)	根数	规格	加工尺寸(mm)	根数
KTB-84-110	Φ8	40 1128 40	7	Φ6	40 1060 40	5
KTB-84-120	Φ8	40 1128 40	7	Φ6	40 1160 40	5
KTB-84-130	Φ8	40 1128 40	8	Φ6	40 1260 40	5

5. 节点连接构造图

节点连接构造图主要表示阳台与主体结构连接的做法，主要包括阳台与主体结构安装平面图、连接节点图、预埋件图等，如图 5-64 所示。

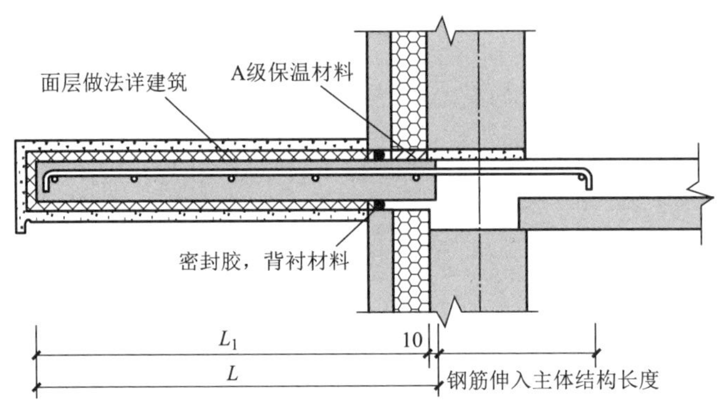

图 5-64　预制钢筋混凝土空调板连接节点

任务训练

1. 下列属于预制空调板优点的是（　　）。

A. 安装简便　　B. 产品造价高

C. 生产工艺复杂　　D. 安装繁琐

2. 目前预制空调板的围护形式主要有铁艺栏杆和（　　）两种做法。

A. 木栏杆　　B. 百叶栏杆　　C. 格栅栏杆　　D. 条形栏杆

3. 预制空调板的预埋件锚板宜采用（　　）钢板制作。

A. HRB400　　B. HPB300　　C. Q235B　　D. HRB500

4. 预制空调板与现浇混凝土结合面应进行粗糙面处理，粗糙面凹凸应不小于（　　）mm。

A. 10　　B. 8　　C. 6　　D. 4

5. 预制空调板 KTB-63-120，其中“63”表示（　　）。

A. 板厚 63mm　　B. 板重 63kg

C. 板长 630mm　　D. 板宽 630mm

拓展训练

已知某住宅楼预制空调板模板图平面图如图 5-65 所示，该预制空调外围护结构形式采用铁艺栏杆做法，混凝土强度等级为 C30，钢筋保护层厚度为 20mm，选用编号为 KTB-74-110 的预制空调板。

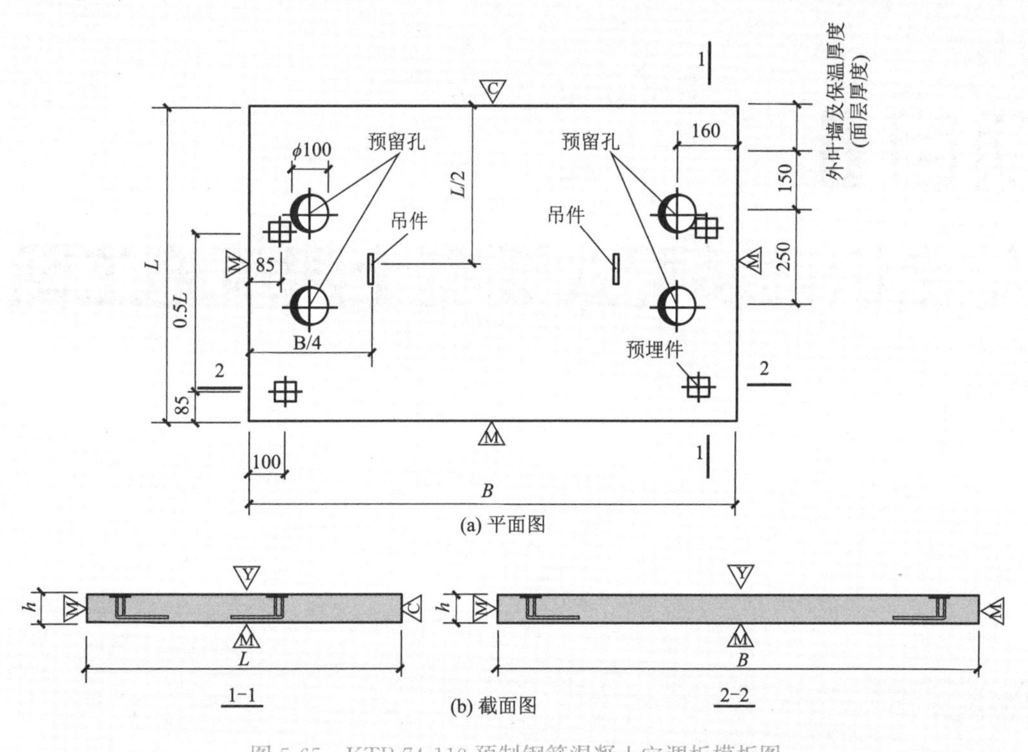

图 5-65　KTB-74-110 预制钢筋混凝土空调板模板图

通过识读板模板图可知，空调板长度 L 为________mm，空调板宽度 B 为________mm，空调板厚度 h 为________mm。预留孔直径为________mm，共有________个，预留孔中心间距分别为________mm、________mm。预埋件共有________个，中心间距分别为________mm、________mm。吊件共有________个，中心间距为________mm。

项目6 Modular 06

综合识读装配式混凝土建筑施工图

项目描述

通过阅读某教师公寓项目 4 号楼施工图，查找施工图中的错误和不足，在明确施工图会审的作用、意义和施工图会审的常规程序的基础上，模拟施工图会审，并完成施工图会审（模拟）纪要。从而熟悉施工图审图的程序和施工图会审的会议纪要格式，提高识图能力、构造处理能力、口头表达能力、沟通交流能力以及团队协作能力。

任务6.1　识读装配式建筑施工图

任务描述

通过综合识读某教师公寓项目5号楼施工图，掌握施工图综合识读基本方法和步骤，能正确地对照识读各类相关图纸想象建筑物的整体，能查阅规范图集配合施工图的识读，能按规范正确补绘预制构件图。

能力目标

(1) 能正确对照识读装配式混凝土建筑施工图中的各相关图纸。
(2) 能按规范正确补绘预制构件图。
(3) 能查阅规范图集。
(4) 能对照识读施工图，想象装配式建筑物的整体。

知识目标

(1) 掌握整套施工图图示内容。
(2) 掌握整套施工图的综合识读方法。
(3) 熟悉施工图中的相关国家标准及规范。

学习性工作任务

综合识读某装配式混凝土建筑施工图，完成识图报告，补绘预制构件图。

完成任务所需的支撑知识

6.1.1　装配式建筑施工图的编排次序

为便于看图、易于查找，房屋建筑施工图一般按以下顺序进行编排：图纸目录—设计总说明—装配式结构专项说明—建筑施工图—结构施工图—给水排水施工图—采暖通风施工图—电气施工图。

各类别图纸均将基本图编排在前，详图在后；先施工部分的图纸在前，后施工部分的图纸在后；重要的图纸在前，次要的图纸在后。以某专业为主的工程，应突出该专业的图纸。

6.1.2　识读方法

整套施工图纸少则十几二十张，多则数百张，每张图纸都包含有大量的建筑相关信息，若没有恰当的识读方法，抓不住要点，分不清主次，即使空有识读所需知识，也往往收效甚微，无法了解图纸所表达的意思。

在识读装配式建筑图纸前，需对装配式建筑有一定的了解。装配式建筑与传统现浇混凝土结构不管是设计还是施工都有很大的区别，只有对装配式结构的制作、运输、吊装、施工等有了了解后，才能更准确识读装配式结构施工图。

房屋施工图按专业来分可分为建筑施工图、结构施工图、设备施工图，本书重点介绍结构施工图的识读，但在实际应用中一定要注意，整套施工图是个整体，不可将结构施工图单独识读。因为不管是建筑、结构还是设备施工图都是表达的同幢建筑，只是选取的角度不同，且建筑施工图是整套施工图纸的先导，结构施工图及设备施工图都是以建筑施工图作为依据进行绘制。在识读相应结构施工图前需先阅读建筑施工图，对整体建筑平面布置、层数、功能等有大致印象，且在详细识读结构施工图时，如遇到识读困难的地方也可以配合相应建筑施工图及设备施工图联系在一起进行识读。如识读结构施工图中梁板配筋图，可以配合建筑施工图中对应平面图，以提高识读效率及效果。

在识读单张结构施工图时，首先需弄清这份图纸表达的主要内容，掌握图纸的特点，且同样需注意联系上下图纸，在本图纸上未表示的信息，譬如配筋、构件尺寸等，将会在其他图纸上予以体现。看单张图纸时可根据经验顺口溜，看图应“从上往下看、从左向右看、由外向里看、由大到小看、由粗到细看、图样与说明对照看、建施与结施结合看、土建与安装结合看”，这样看图才有较好的效果。

在实际工作中可以说没有整套施工图是百分之百正确的，因此施工单位在拿到设计单位所绘制图纸后，往往有一个图纸自审和会审的过程。在自己识读图纸时，把每一次识读过程都作为一个自审的过程，看前后图纸，特别是不同专业图纸之间是否有互相矛盾的地方，或构造上能否施工，并记录下关键内容，如轴线尺寸开间尺寸、层高、主要梁柱截面尺寸和配筋等。如有存疑，及时拿笔将有疑问的地方记录下来，可通过自己思考或与同学老师交流来解决问题。在读图中带着思考与疑问，可以快速提高识图能力和构造处理能力。

6.1.3 识读步骤

本教材重点虽然是讲解装配式建筑结构图施工，在此也将建筑施工图识读步骤进行简略讲解，结构施工图的识读需建立在正确识读建筑施工图的基础上进行。

(1) 拿到一套建筑施工图，需先把图纸目录看一遍。了解是什么类型的建筑，是工业厂房还是民用建筑，建筑是单层、多层还是高层，图纸共有多少张等，对这份图纸的建筑建立初步的了解。

(2) 按照图纸目录检查各类图纸是否齐全，图纸编号与图名是否一一对应，且装配式建筑中可能会大量采用标准图集中已有构件，需了解本套施工图采用了哪些标准图集，了解这些标准图集所属类别、编号及编制单位等，收集好被采用标准图集，以便识读时可以随时查看。

(3) 看图时需先看设计总说明，了解建筑概况、技术要求等，然后看图纸。一般按目录的排列顺序逐张看图，如先看建筑总平面图，了解建筑物的地理位置、高程、坐标、朝向，以及与建筑相关的其他情况。若是一名施工技术人员，在看建筑总平面图时，应思考施工时如何进行施工平面布置、预制构件放置位置、吊装机械的选用等。

(4) 看完建筑总平面图之后，则应先看建筑施工图中的建筑平面图，了解房屋的长度、宽度、轴线尺寸、开间大小、一般布局等。装配式建筑中常通过减少预制构件种类来提高预制构件制作效率及降低建筑成本，因此装配式建筑中会通过一系列标准化部品、模块的多样组合来满足不同空间的功能需求。在识读装配式建筑平面图，特别是标准层平面图时应特别注意这部分通用模块、通用构件。且随着目前计算机技术的发展，近年来愈来愈多的施工图中开始配有三维模型图，与原来二维图纸相比，三维模型图的加入使得图纸立体起来，特别是对于一些空间形体多变、节点复杂的图纸来说，使得施工图纸在阅读时简化了难度，更富有空间感及立体感，如图6-1所示。

（5）在了解建筑平面布置的基本情况后，再看立面图和剖面图，对整栋建筑有一个初步总体印象，且在看图时，配合三维模型图在脑海中逐渐形成该建筑的立体形象，能想象出它的规模和轮廓。这需要一定的空间想象能力，可以通过平时多读图，多接触实际建筑物、工作中多实践来锻炼自己的能力，也可借助计算机软件自己尝试边读图边建立建筑计算机模型来提高能力。良好的空间想象能力对快速正确识读具有至关重要的帮助。

（6）在开始正式识读结构施工图之前，同识读建筑施工图一样，也需按图纸顺序依次识读。先读结构设计总说明，了解工程概况、设计依据、主要材料要求、标准图或通用图的使用、构造要求及施工注意事项等。

（7）阅读基础平面图、详图与纸质勘查资料。基础平面图应与建筑底层平面图结合起来看。装配式建筑所用基础与现浇混凝土结构相同，可采用现浇混凝土独立基础、条形基础等形式，也可采用预制混凝土桩基础等。

（8）阅读柱平面布置图，根据对应的建筑平面图校对柱的布置是否合理，柱网尺寸、柱断面尺寸与轴线的关系尺寸是否有误。与建筑施工图配合，需在识读时明确各柱的编号、数量和位置，根据各柱的编号，查阅图中截面标注或柱表，明确柱的标高、截面尺寸、配筋情况。再根据抗震等级、设计要求和标准构造详图确定纵向钢筋和箍筋的构造要求，如纵向钢筋连接的方式、位置和搭接长度、弯折要求，箍筋加密区的范围等。

（9）阅读梁平面布置图，了解各预制梁、现浇梁及叠合梁的编号、尺寸、数量及位置，查阅图中截面标注或梁表，明确梁的标高、截面尺寸、配筋等情况。

（10）阅读剪力墙平面布置图，了解各预制剪力墙身、现浇剪力墙身、剪力墙梁、后浇段的编号及平面位置，校核轴线编号及其间距尺寸，要求必须与建筑图、基础平面图保持一致。与建筑图配合，明确各段剪力墙的后浇段编号、数量及位置、墙身的编号和长度、洞口的定位尺寸。根据各段剪力墙身的编号，查阅剪力墙身表或图中标注，明确剪力墙身的厚度、标高和配筋情况。再根据抗震等级、设计要求和标准构造详图确定水平分布筋、竖向分布筋和拉筋的构造要求，如箍筋加密区的范围、纵向钢筋连接的方式、位置和搭接长度、弯折要求、柱头锚固要求等。

（11）在阅读上述结构施工图时，若涉及采用标准图集时，应详细阅读规定的标准图集。标准图集查阅方法和步骤：1）根据施工图中注明的标准图集名称、编号及编制单位，查找相应的图集；2）阅读标准图集的总说明，了解编制该图集的设计依据、使用范围、施工要求及注意事项等；3）了解该图集编号和表示方法，一般标准图集都用代号表示，代号表明构件、配件的类别、规格及大小；4）根据图集目录及构件、配件代号，在该图集内查找所需详图。

（12）在识读PC深化图的过程中切记要与建筑施工图、结构施工图、设备施工图联系看图。

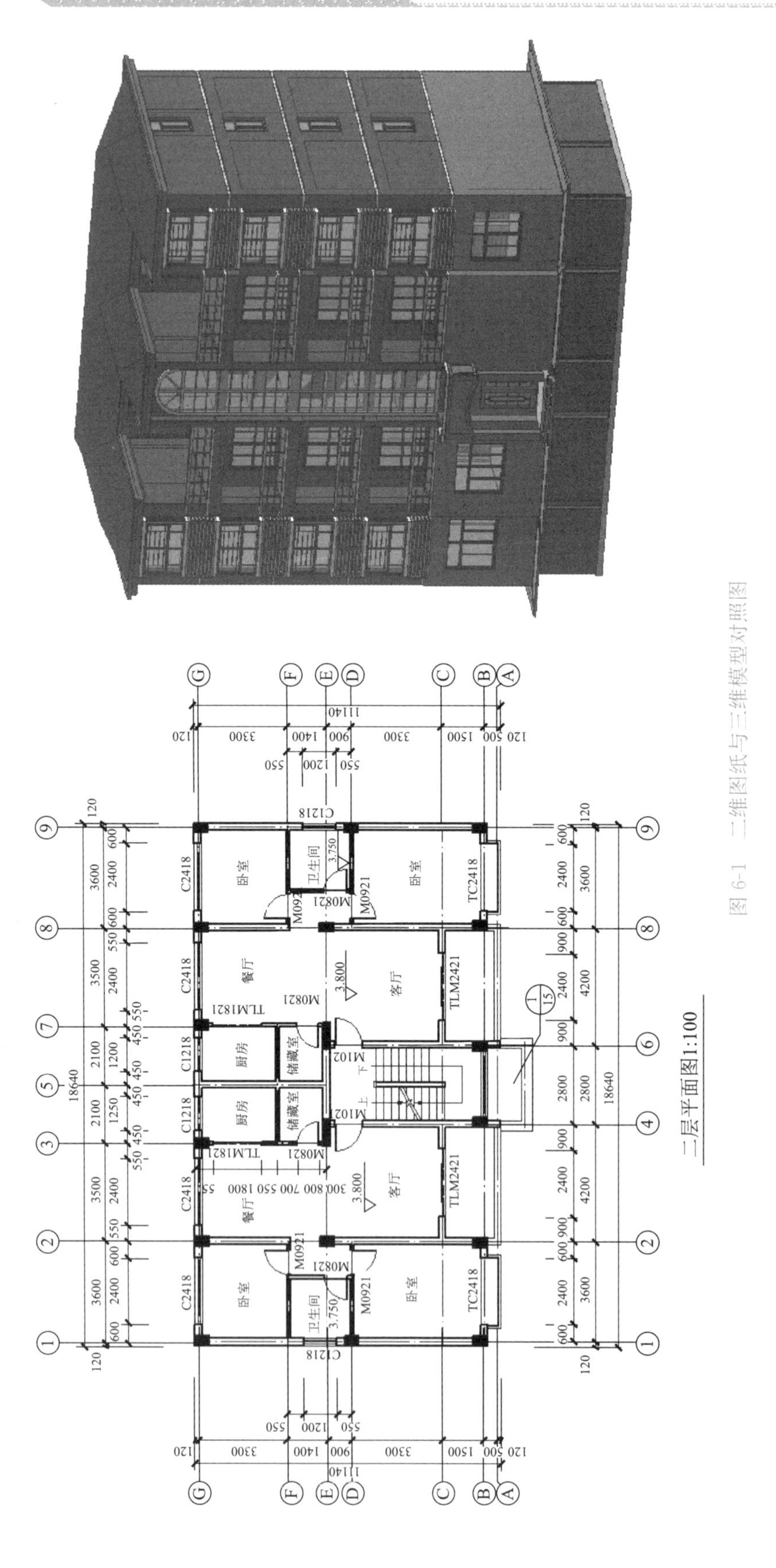

图 6-1 二维图纸与三维模型对照图

任务训练

综合识读某装配式混凝土建筑施工图，完成识图报告。

一、识读预制梁附录“2～6F PCL-02 详图”，完成下列各题。

1. 预制构件详图通常包含________图，________图，________表和________表四大部分内容组成。

2. 预制梁 PCL-02 详图中，模板图有________个，图名分别是________图，________图，________图，________图，________图；配筋图有________个，图名分别是________图，________图。

3. 从图中可以看出，该预制梁截面为________截面（矩形或凹口），有________个粗糙面，预制梁端面设有________，提高预制混凝土与现浇混凝土接触面的抗剪能力。预制梁 PCL-02 长度为________mm，宽度为________mm，高度为________mm，梁下部钢筋有________根，直径为________mm 的________级钢筋。

4. 从顶视图可知，预埋件有________个，编号为________，名称是________，采用的钢筋直径是________mm，距离梁两端________mm。上方三角形标识的是________，吊装时须与________图相对应。

5. 识读顶视图可知，上方弯曲钢筋的编号是________，长度为________mm；下方直线型钢筋的编号是________，总长度为________mm；两端横向外伸尺寸分别为________mm 和________mm。该梁箍筋共________道，加密区，每隔________mm 放置一根，为________（整体封闭式/组合封闭式）箍筋，非加密区，每隔________mm 放置一根，上方露出预制梁面________mm。

二、识读预制柱附录“2～6F PCKZ-02 详图”，完成下列各题。

1. 预制柱 PCKZ-02 详图中，模板图有________个，图名分别是________图，________图，________图，________图，________图，________图（俯视/仰视）；配筋图有________个，图名分别________图，________图。

2. 识读预制框架柱 PCKZ-02，该柱截面尺寸________mm×________mm，柱高________mm，有________个粗糙面，每层制作________件。

3. 预埋件 MJ1 名称________，有________个，中心离最近的柱边________mm，预埋件 MJ2 名称________，有________个，中心点距离柱底________mm，距离柱顶________mm，距离柱边尺寸________mm 和________mm。钢筋连接套筒编号为________，数量是________个，外径________mm，长度________mm，套筒的中心间距是________mm。

4. 从 A 面图中可以看出，灌浆口有________个，出浆口有________个；上方三角形标识的是________，吊装时须与________图相对应。排气管连接柱底部________构造，排气出口距离柱底部________mm。

5. 从配筋图中可知，该预制柱多数箍筋间距为________mm，套筒处箍筋间距为________mm、________mm，箍筋类型是____×____型，直径是________mm。柱纵筋共________根，直径为________mm 的________级钢筋，长度为________mm，纵筋的编号是________，上方露出预制柱顶面________mm。

三、识读预制隔墙附录"1F PCGQ-01 详图"，完成下列各题。

1. 识读 PCGQ-01 模板图可知，墙体厚度________mm，粗糙面________个，内叶板厚度________mm，宽度________mm，高度________mm；外叶板厚度________mm，宽度________mm，高度________mm；保温层距离外叶板两侧面为________mm、距离洞口边沿________mm。

2. 减重板设置在窗台________（上方或下方），所用材料为________，厚度为________mm，高度为________mm，距离窗台________mm，距离墙底________mm；保温板材料为________，厚度为________mm，距离窗台面________mm。

3. 识读 PCGQ-01 模板图可知，该墙板有________个洞口，高度为________mm，宽有________mm 和________mm，两洞口间尺寸为________mm。预埋件 MJ1，名称________，数量为________个；预埋件 MJ2，名称________，数量为________个，距离内叶板两侧面分别是为________mm、________mm；波纹盲孔有________个，距离内叶板两侧面均为________mm；MJ3 有________个，MJ5 有________个，名称________，间距________mm。

4. 识读 PCGQ-01 配筋图，从内叶板配筋图中可知，a1N-2 有________根，直径为________mm 的________级钢筋，洞口转角处加强筋编号为________有________根，窗洞下方的纵筋编号为________有________根；窗洞下方的水平钢筋编号为________有________根。

5. 连梁箍筋的起步间距是________mm，箍筋的加密区配筋是________，非加密区配筋是________；连梁下部钢筋分别伸出两端________mm、________mm，其中编号为________下部钢筋水平段需要弯折。

6. 从外叶板配筋图中可知，a1W-78 有________根，直径为________的________级钢筋；窗洞下方的纵筋编号为________有________根，弯锚的长度为________mm；窗洞下方的水平钢筋编号为________有________根；两窗洞间的水平钢筋编号为________有________根，纵向钢筋编号为________有________根。

四、识读预制楼板附录"2～6F PCYB-02 详图"，完成下列各题。

1. 识读预制叠合楼板详图 2～6F PCYB-02 叠合板，预制底板厚度为________mm，后浇叠合层厚度为________mm，实际跨度为________mm，实际宽度为________mm，上板边倒角宽为________mm，下板边倒角高为________mm。

2. 桁架筋数量为________道，桁架筋距板下侧边为________mm、距板上侧边为________mm，距左板端为________mm，距右板端为________mm；桁架筋高度为________mm，上弦钢筋采用直径为________mm 的________级钢筋，下弦钢筋采用直径为________mm 的________级钢筋，腹杆钢筋采用直径为________mm 的________级钢筋。

3. 预埋线盒个数有________个，它们之间间距为________mm；左边预埋线盒距离楼板左端为________mm，距离上板端为________mm，距离下板端为________mm；粗糙面有________面，模板图中间的箭头表示________，便于施工定位。PCYB-02 叠合板有________个吊装点，分别设置的加强筋为________根直径为________mm 的________级钢筋。楼板中预留管道有________种规格，共________个。

4. 跨度方向钢筋编号为________，共________根；宽度方向钢筋编号为________，共________根；右下角缺口较大，在跨度方向设置________根编号为________加强钢筋，直径为________mm 的________级钢筋，在宽度方向均设置________根编号为________加强钢筋。d1-43 钢筋长度为________mm，有________根，伸出板边长度分别为________mm。

五、识读预制楼梯附录“2～6F PCLT-02 详图”，完成下列各题。

1. 识读 2～6F PCLT-02 楼梯详图，该预制楼梯属于________（板式/折板式）楼梯，楼梯段总高度为________mm，楼梯踏步第一步高为________mm，其余踏步高为________mm，楼梯踏面宽为________mm，楼梯踏步级数为________级，楼梯梯板厚为________mm。

2. 销键预留洞口个数为________个，采用的锚杆直径为________mm。各预留洞口加强筋根数为________根，钢筋编号为________，预留洞口加强筋直径为________mm。

3. 楼梯下部纵筋编号是________，采用直径为________mm 的________级钢筋，根数为________根，长度为________mm，下部纵筋间距为________mm；楼梯踏面预埋件 MJ2，吊点加强筋编号为________，长度为________mm，f1-16 吊点加强筋根数共________根。

4. 梯段上端采用________节点，下端采用________节点，梯段与现浇“L”形梁之间竖缝宽度是________mm，由下至上填塞工艺是________。梯段与现浇“L”形梁之间水平缝宽度是________mm，由下至上填塞工艺是________，缝外端________填充。

六、识读预制阳台板附录“2～6F PCYT-02 详图”，完成下列各题。

1. 识读 2～6F PCYT-02 详图可知，该阳台板是属于________（全预制式/叠合式）；长度为________mm，宽度为________mm，厚度为________mm，外侧翻边高度为________mm；脱模斜撑的编号是________，数量是________个，长度方向的间距是________mm，宽度方向的间距是________mm；图中的 C 表示________。栏杆埋件的截面尺寸是________mm×________mm，厚度是________mm，埋件中心距离板边________mm。

2. 阳台板负弯矩钢筋伸入现浇结构的长度是________mm，钢筋编号是________，采用直径为________mm 的________级钢筋，数量为________根，总长度为________mm；板内分布筋伸入现浇结构的长度是________mm，钢筋编号是________，采用直径为________mm 的________级钢筋，数量为________根，总长度为________mm；在阳台板长方向的上部筋编号是________，数量是________根；在阳台板长方向的下部筋编号是________，数量是________根。

七、识读预制女儿墙板附录“2～6F PCNQ-02 详图”，完成下列各题。

1. 识读 PCNQ-02 详图可知，该女儿墙板长________mm，高________mm，厚________mm，女儿墙底部的企口高为________mm。

2. 脱模斜撑的编号是________，数量是________个，水平方向的间距是________mm，竖直方向距离女儿墙上边沿是________mm；吊装埋件的编号是________，数量是________个，在板厚方向上居中布置，水平方向的间距是________mm，与女儿墙两侧边距离是________mm。

3. 女儿墙侧面的现场连接件是用于连接编号为________预制板；女儿墙底边的现场连接件是用于连接________（构件编号）构件，数量是________个，它们之间的间距是________mm，与女儿墙侧面距离为________mm。

4. 女儿墙侧面的预埋固定模板用的螺母间距是________mm，距离女儿墙上边沿是

________mm，距离女儿墙下边沿是________mm。

5. 水平分布筋编号是________，数量是________根，每隔________mm 间距分布；竖向分布筋编号是________，数量是________根，每隔________mm 间距分布；女儿墙上边沿“U”形钢筋编号是________，数量是________根，总长是________mm。

任务 6.2　自审施工图

通过阅读某教师公寓项目 6 号楼施工图（电子版另提供），查找施工图中的错误和问题，发现施工图中不合理或有待改进的地方，在图纸中进行标记，并逐条记录。

能力目标

（1）能读懂施工图。

（2）能找出施工图中的错误和问题。

（3）能发现施工图中不合理或有待改进的地方。

知识目标

（1）掌握整套施工图图示内容。

（2）掌握整套施工图的综合识读方法。

（3）熟悉施工图中的相关国家标准及规范。

学习性工作任务

（1）识读某施工图，重点找建筑施工图中的错误和问题，在图纸中进行标记，并逐条记录。

（2）识读某施工图，重点找结构施工图中的错误和问题，在图纸中进行标记，并逐条记录。

（3）识读某施工图，重点找 PC 深化施工图中的错误和问题，在图纸中进行标记，并逐条记录。

完成任务所需的支撑知识

6.2.1　施工图审图的意义

施工图审图就是工程各参建单位（建设单位、监理单位、施工单位）在收到设计院施工图文件后，在工程开工之前，对图纸进行全面细致地熟悉、识图、审核的过程。通过施工图审图可审查出施工图中存在的问题及不合理情况，为技术交底和施工图会审做准备。可以使各参建单位特别是施工单位熟悉设计图纸、领会设计意图、掌握工程特点及难点；

减少图纸中的错误、遗漏、矛盾，将图纸中的质量隐患与问题消灭在施工之前；找出需要解决的技术难题并拟解决方案等。

施工图审图又分自审与会审，一般将各单位内部组织的图纸审核称自审，将参建各单位参与的图纸共同审核称会审。

6.2.2　施工图审图要点

识图、审图的程序是按照审查拟建工程的总体方案、审查建筑施工图的情况、审查结构施工图情况、审查机电专业施工图情况、审查精装施工图情况、审查精装施工图情况 6 个步骤，循序渐进全面熟悉和审查拟建工程的功能、建筑平立面尺寸，检查施工图中容易出错的部位有无需改进的地方，掌握审图要点，有计划、全面地展开识图、审图工作。各识图、审图程序审查要点如下。

1. 拟建工程的总体方案审图要点

图纸到手后，首先了解本工程的功能（是厂房、办公楼商住楼，还是宿舍），然后识读建筑工程施工总说明，熟悉工程概况。查看以下几个方面的情况：

（1）图纸是否经设计单位正式签署、是否有出图章、是否经审图机构审核合格、是否符合制图标准。

（2）依据是否充分（包括地质资料）。

（3）设计图纸与说明是否齐全。

（4）设计地震烈度是否符合当地要求。

（5）结构形式选择是否合理。首先是基础情况，深基础还是浅基础；基础形式是桩基础、独立基础、箱形基础、筏形基础或条形基础；基础形式选择相对本地质情况，是否最为经济。其次主体结构情况，结构形式是砖混、框架、剪力墙、筒体、筒中筒、框剪还是其他结构；从经济、技术两个方面去考察其结构形式是否最为合理。

（6）各专业设计图之间、平立剖面图之间、建筑图与结构图之间、土建（或市政）图与电气安装及电力排管图之间有无矛盾标准有无遗漏。

（7）总图与分部图的几何尺寸、平面位置、标高是否一致，预埋件是否表示清楚。

（8）是否符合国家有关技术标准。

（9）施工图所列各种图集，建设单位、监理单位、施工单位是否具备。

（10）是否有新技术、新材料、新设备、新方法等“四新”项目在本工程上使用，材料来源有无保证，能否代换；图中所要求的条件能否满足；是否有施工上不方便的分项工程、是否有技术上无法达到的项目；对安全上存在隐患的项目是否按《建设工程安全管理条例》要求提出安全防范措施，其措施是否适当；新材料、新技术应用有无问题。

（11）地基处理是否合理，是否存在不能施工、不便施工的技术问题，或者易导致质量、安全工程费用增加等方面的问题。

（12）管线间、管线与设备间、设备与建筑间有无矛盾或错、漏、碰、缺等问题。

（13）施工安全、环保要求有无保证。

2. 建筑施工图审图要点

（1）需明确本项目是否做精装。若做精装，需提供精装吊顶图，各种设备及开关线盒的点位图。

（2）不同专业设计总说明中的结构体系，及其在施工图中表述的内容是否完全一致。

（3）预制构件种类、预制范围、预制率统计表等信息，是否在建筑、结构设计总说明中体现。

（4）设计说明与施工图层高表中的高差是否统一，建筑与结构专业的层高表及高差是否统一。

（5）预制外墙起始位置与下部现浇构件层的交界面，或外墙墙体厚度不同时的交界面位置如何处理需明确，并补充大样。

（6）预制外墙起始位置与下部现浇构件层交界面位置的防水问题需现场处理，采用预埋止水钢板或现浇企口。建筑施工图中墙身大样图需对此处做法表述清楚。

（7）外墙阴角处贴墙边的窗洞是否考虑外墙保温层厚度。

（8）剪力墙边缘构件或框架柱与门窗洞口轮廓之间需保证有不小于200mm墙垛。

（9）预制外围护墙与预制梁的相对位置需明确，墙体外挂与梁外侧或墙体搁置于梁上需补充大样图。

（10）外挂墙板外挂于主体结构时，需要保证有20mm的装配缝，以释放施工误差，保证外立面平整。建筑施工图中需补充相关节点大样（考虑防水、防火做法）。

（11）需要明确窗洞是否预埋钢付框若需要预埋钢付框则要明确其尺寸，并提供付框预埋大样图。

（12）建筑外立面线条做法是否明确，如EPS线条、GRC线条、混凝土线条等。

（13）边柱、边梁外侧是否做保温层，补充做法大样图。

（14）建筑施工图中需要补充墙体拆分平面图，墙体拆分大小不宜大于3.1m×6m（至少有一边长度小于3.1m）。

3. 结构施工图

（1）梁

1）梁结构配筋图中是否区分出“现浇梁”和“叠合梁”。降板位置周边的梁宜现浇。

2）框架梁的构件编号、截面尺寸、梁面标高、配筋信息等内容是否齐全。

3）不同“叠合梁”对应的截面形状，在施工图中是否补充节点大样。

4）当施工图设计时，若主次梁预制，则尽量避免出现次梁。

5）当主次梁预制时，连接节点采用主梁留缺、次梁留现浇段、钢企口（牛担板）等何种方式，需要明确，并补充节点大样。计算模型是否与节点做法相符。

6）框架梁底筋在满足弯矩及抗剪要求的情况下，尽量减少伸入支座的钢筋数量，以避免节点处钢筋干涉。

7）框架梁箍筋采用开口箍还是闭口箍，是否交代清楚。

（2）柱

1）柱结构平面图中是否区分出“现浇柱”和“预制柱”。

2）剪力墙边缘构件宜全部现浇。高层建筑首层柱宜全部采用现浇。

3）明确预制柱纵筋连接方式是采用灌浆套筒还是锚浆搭接。

4）当采用灌浆套筒连接时，上下两层柱纵筋直径差别不宜大于一个级别。

5）结构施工图中，现浇与预制交界面层需要补充“现浇层柱钢筋定位图”，以实现现浇柱与预制柱钢筋对接。

6）柱外侧保温及具体做法，补充大样图。

（3）楼板

1）楼板结构平面图中是否区分出“现浇楼板”和“叠合楼板”的区域范围。楼电梯间及前室位置建议现浇。

2）屋面层楼板是现浇还是叠合，若为叠合，则后浇层厚度不应小于100mm（高层）。

3）卫生间是同层排水还是异层排水，降板尺寸多少？同一个项目，不同建筑单体的卫生间降板尺寸是否统一。

4）卫生间楼板是现浇还是做沉箱？卫生间是否考虑现浇反坎，现浇反坎高度一般不应小于200mm。

5）预制板的跨度方向（单向板、双向板）、板号、数量、标高、配筋信息等内容是否齐全。计算模型是否与预制板受力方向相符。

6）现浇板的板厚、板面标高、配筋信息等内容是否齐全。

7）厨房内烟道等楼板内预留洞的大小及位置是否标注清楚。

8）水井、强电井和弱电井等位置的楼板是否采用留筋二次浇筑混凝土形式。不建议预制（预留洞太多，板易开裂）。

9）叠合板的类型是否明确，桁架钢筋叠合板、预应力筋叠合板、普通叠合板（带预应力筋、不带预应力筋）。

10）若叠合板中布置预应力筋，则预应力筋直径、间距、张拉控制系数等是否已交代清楚。

11）叠合板现浇层厚度是否存在不大于60mm的情况；现浇层厚度不大于60mm时，不利于施工现场管线预埋。

12）叠合板内配筋（楼板底筋），钢筋间距是否为50mm的整数倍。

13）内墙底下无梁需要板底加强，图中是否表示出附加钢筋，是否伸入支座。建议采用2Φ14或3Φ12，间距50mm。

14）永久洞口周边加强钢筋信息、钢筋布置形式等信息是否交代清楚。

15）空调板、阳台板等构件配筋信息是否齐全，是否预制？栏杆连接件是否需要工厂预埋？（若是，需要提供栏杆连接件的生产详图和平面布置图）。

16）楼板与楼板、楼板与梁等相邻构件连接节点大样图是否齐全。

（4）墙体

1）剪力墙采用预制还是现浇？预制范围包括哪些（从第几层到第几层预制）？这些需要明确。其中装配式整体式框架—剪力墙结构中剪力墙均需现浇。

2）顶层剪力墙顶部是否设计了现浇圈梁，圈梁高度不小于250mm。

3）预制外围护墙与预制梁的连接方式需明确，干法连接（连接件）还是甩筋（湿法连接）？补充大样图。

4）女儿墙做法是否表述清楚？女儿墙是现浇的，还是预制的，又或是砖砌的？是否有节点大样图？

5）女儿墙外侧是否做保温？若不做保温，如何保证女儿墙外表面与外墙外表面平齐，需要在建筑施工图墙身大样表述清楚。

（5）楼梯

1）楼梯剖面图中是否表示出现浇梯段、预制梯段的范围。

2）梯段的构件编号、结构标高、配筋信息等内容是否齐全。

3）楼梯的梯梁、梯柱是否预制，休息平台是现浇还是叠合。

4）楼梯剖面图是否进行了构件拆分，是否表示出叠合梯梁的预制、现浇部分具体尺寸。

5）楼梯扶手需不需要留预埋件。

6）是否有支座处的节点大样。

4. 机电专业施工图

（1）电气专业的插座、开关等均需标注水平定位尺寸及安装高度。

（2）设备的安装方式及图例等内容是否齐全。

（3）桥架水平定位尺寸是否遗漏。

（4）厨房燃气管道预留孔定位尺寸。

（5）厨房燃气热水器排气孔平面定位尺寸。

（6）卫生间排气孔平面定位尺寸。

（7）分体空调管道孔平面及立面定位尺寸。

5. 精装施工图

（1）吊顶范围和吊顶高度。

（2）各种设备及开关线盒的点位图。

（3）玻璃幕墙、混凝土幕墙、栏杆、扶手等连接件定位图及大样图。

6. 施工措施图

（1）塔式起重机布置方案图；塔式起重机附臂位置、预埋件定位图及大样图。

（2）放线孔、传递孔等施工孔洞大小及平面位置。

（3）临时支撑平面布置图，连接方式及预埋件大样。

（4）施工电梯位置、预埋件定位图及大样图。

（5）脚手架安装方式、预埋件定位图及大样图。

任务6.3　施工图会审

任务描述

在前期识图和审图工作完成的基础上，明确施工图会审的作用意义、工作安排、常规会审序及常规议程。通过施工图纸会审真实场景演示，学生分组扮演会审各单位的角色，参与图会审模拟，并做好记录，按照图纸会审纪要格式要求完成图纸会审纪要。

能力目标

（1）能按完成施工图会审程序进行模拟会审。

（2）能根据模拟角色进行交流

（3）能根据会审模拟，完成图纸会审会议纪要。

知识目标

(1) 明确施工图会审的作用、意义、步骤程序。

(2) 熟悉施工图会审的会议纪要格式。

(3) 熟悉建筑工程施工图中的相关规范。

学习性工作任务

以某工程施工图自审为基础，小组模拟各参加审图单位进行施工图审图模拟，做好记录与整理，按照图纸会审纪要格式要求完成图纸会审纪要。

完成任务所需的支撑知识

6.3.1　施工图会审的意义

图纸会审的意义：全面贯彻设计要求，优化设计，保证图纸质量，保障工程施工质量、施工进度及优化工程投资规模，使参加施工的各单位人员思路一致，最大限度地避免施工中出现失误，同时，也是为了解答《审查图纸意见书》中所提问题。

(1) 通过施工图会审，使设计图纸符合有关规范要求。

(2) 建筑规划、结构、水电气配套等设计做到经济合理、安全可靠。

(3) 图纸表述清楚、正确无误，确保工程施工按期按质完成。

6.3.2　施工图会审时间

一般情况下，建设单位在收到设计单位提供的正式施工图后，由建设单位分发给参与本工程建设的相关各单位，同时要求各单位在一定期限内务必完成全部或部分图纸的审核(大部分情况下，图纸会审会分阶段进行，比如：先进行桩基图纸会审，再进行地下部分图纸会审，而后进行地上部分图纸会审等，许多建设单位为了加快施工进度，往往会分阶段安排图纸会审工作)，并把相应的审图意见以书面方式上报至监理单位，再由监理单位汇总后上报建设单位，统一由建设单位汇合自身的审图意见送至设计单位，建设单位和设计单位充分沟通后确定正式图纸会审时间，届时由建设单位（也可委托监理单位）负责组织图纸会审会议，一般把设计交底及图纸会审合并进行。

6.3.3　图纸会审人员组成

图纸会审应出席对象：

(1) 建设单位人员：主管工程副总、工程部经理、各专业工程师。

(2) 设计单位人员：项目负责人、土建、安装（给水排水、电、暖等）工程设计人员。

(3) 监理单位人员：项目总监、总监代表及各个专业监理工程师（监理员）。

(4) 施工单位人员：项目经理、技术负责人、各专业施工员、预算员（有时参加）。

(5) 其他相关单位代表：技术负责人。例如，涉及较复杂的地基问题，还需有地质勘察单位技术人员参加。

6.3.4 施工图纸会审会议基本流程

1. 确定主持人

一般来说，施工图纸会审会议由建设单位项目工程部经理主持（也可委托监理单位项目总监主持），主持单位应该做好会议记录及参加人员签字。

2. 主持人宣布本次会议议题，并介绍各与会单位及成员。

3. 设计单位进行设计交底

设计交底常规内容有：

（1）设计人员的设计意图与构想，建筑构造要求，特殊部位以及有关标准。

（2）结构方案的实施要求，关键结构部位的特殊要求。

（3）设备、电气工程的技术要求，技术参数的核对。

（4）对各专业间穿插施工的要求。

（5）采用新技术、新工艺、新材料的施工与工艺要求、消防要求。

（6）其他需提出和交代的内容。

4. 设计单位进行现场答疑

各单位根据各自的审图意见依次向设计单位逐项提问，设计单位相关人员进行现场答疑。一般来说，提问的顺序为施工单位、监理单位、建设单位。图纸会审中提出的问题或优化建议在会议上必须经过讨论作出明确结论；对需要再次讨论的问题，在会审记录上明确最终答复。

5. 形成正式图纸会审纪要

（1）会议纪要整理归档要求

图纸会审记录纪要一般由监理单位负责整理，监理单位整理后的会审纪要应该报送建设单位审核，建设单位审核后，送交设计审核，各方均无异议后，建设单位、施工单位、监理单位、设计单位签字并加盖公章形成正式的施工图纸会审纪要，分发各相关单位执行、归档。

（2）会议纪要的内容

图纸会审纪要主要内容是将图纸会审时的问题汇总并提出解决方案，建设单位、施工单位有关单位对设计上提出的要求及需修改的内容；为便于施工，施工单位要求修改的施工图纸，其商讨的结果与解决的办法；在会审中尚未解决或需进一步商讨的问题；其他需要在纪要中说明的问题等。

图纸会审纪要一般应包含以下内容：会议议题、工程名称、会议地点、时间、参加会议人员会议议程、工种序号、所在图纸编号问题处理结论、处理时限、责任人签名签章等。

（3）会审纪要的格式

会审纪要没有固定的格式，可以普通文字条目格式，也可以设计成表格。

附录

某教师公寓工程图纸

图纸目录

工程名称	某教师公寓工程	专业	PC	共 1 页
子项号	4 号	设计阶段	施工图	第 1 页
序号	图纸名称	图号	图幅	备注
01	预制混凝土构件设计总说明（一）	PC-01	A1	电子版图号 PCT-01
02	预制混凝土构件设计总说明（二）	PC-02	A1	电子版图号 PCT-01
03	1～6F PC 拆分平面图（部分）	PC-03	A1+1/2	电子版图号 PCS-01
04	1～5F PCKZ-01 详图	PC-04	A2	电子版图号 PCS-Z-01-1
05	1～5F PCKZ-02 详图	PC-05	A2	电子版图号 PCS-Z-02-1
06	1～6F PCGZ-02 详图	PC-06	A2	电子版图号 PCS-Z-07
07	IF PCGQ-01 模板图	PC-07	A1	电子版图号 PCS-Q-01-1
08	IF PCGQ-01 配筋图	PC-08	A1	电子版图号 PCS-Q-01-2
09	WF PCNQ-01 详图	PC-09	A2	电子版图号 PCS-N-01
10	WF PCNQ-02 详图	PC-10	A2	电子版图号 PCS-N-03
11	2～6F PCL-02 详图	PC-11	A2	电子版图号 PCS-L-03-1
12	2～6F PCL-06 详图	PC-12	A2	电子版图号 PCS-L-09-1
13	跃层 PCL-11 模板图	PC-13	A2	电子版图号 PCS-L-16-1
14	跃层 PCL-11 配筋图	PC-14	A2	电子版图号 PCS-L-16-2
15	2～6F PCYB-01 详图	PC-15	A2	电子版图号 PCS-B-01-1
16	2～6F PCYB-02 详图	PC-16	A2	电子版图号 PCS-B-02-1
17	2～6F PCLT-02 详图	PC-17	A2	电子版图号 PCS-LT-02
18	2F PCYT-01 详图	PC-18	A2	电子版图号 PCS-Y-01-1
19	2～6F PCYT-02 详图	PC-19	A2	电子版图号 PCS-Y-03

工种负责人　　　　　　校对

参考文献

[1] 中国建筑标准设计研究院有限公司．装配式混凝土建筑技术标准：GB/T 51231—2016 [S]. 北京：中国建筑工业出版社，2017.

[2] 中国建筑标准设计研究院，中国建筑科学研究院．装配式混凝土结构技术规程：JGJ 1—2014 [S]. 北京：中国建筑工业出版社，2014.

[3] 中国建筑科学研究院．混凝土结构设计规范（2015年版）：GB 50010—2010 [S]. 北京：中国建筑工业出版社，2016.

[4] 中国建筑科学研究院．混凝土结构工程施工质量验收规范：GB 50204—2015 [S]. 北京：中国建筑工业出版社，2015.

[5] 北京市建筑设计研究院有限公司，中国中建设计集团有限公司，中国建筑标准设计研究院有限公司. 装配式混凝土结构住宅建筑设计示例（剪力墙结构）：15J939—1 [S]. 北京：中国计划出版社，2015.

[6] 北京市住宅建筑设计研究院有限公司，中国建筑标准设计研究院有限公司，北京万科企业有限公司. 装配式混凝土结构表示方法及示例（剪力墙结构）：15G107—1 [S]. 北京：中国计划出版社，2015.

[7] 中国建筑标准设计研究有限公司．预制混凝土剪力墙外墙板：15G365—1 [S]. 北京：中国计划出版社，2015.

[8] 中国建筑标准设计研究有限公司．预制混凝土剪力墙内墙板：15G365—2 [S]. 北京：中国计划出版社，2015.

[9] 郑州大学综合设计研究院有限公司，南京长江都市建筑设计股份有限公司，中国建筑标准设计研究有限公司．桁架钢筋混凝土叠合板（60mm厚底板）：15G366—1 [S]. 北京：中国计划出版社，2015.

[10] 北京市住宅建筑设计研究院有限公司，中国建筑标准设计研究院有限公司，南京长江都市建筑设计股份有限公司．预制钢筋混凝土板式楼梯：15G367—1 [S]. 北京：中国计划出版社，2015.

[11] 中国建筑标准设计研究院．预制钢筋混凝土阳台板、空调板及女儿墙：15G368—1 [S]. 北京：中国计划出版社，2015.

[12] 中国建筑标准设计研究院有限公司．混凝土结构施工图平面整体表示方法制图规则和构造详图（现浇混凝土框架、剪力墙、梁、板）：22G101—1 [S]. 北京：中国计划出版社，2022.

[13] 郭学明．装配式混凝土结构建筑的设计、制作与施工 [M]. 北京：机械工业出版社，2017.

[14] 郭学明．装配式混凝土建筑——构件工艺设计与制作200问 [M]. 北京：机械工业出版社，2018.

[15] 郭学明．装配式混凝土建筑——建筑设计设计与集成设计200问 [M]. 北京：机械工业出版社，2018.

[16] 王刚，司振民．装配式混凝土结构识图 [M]. 北京：中国建筑工业出版社，2019.

[17] 王光炎，吴琳．装配式建筑混凝土构件深化设计 [M]. 北京：中国建筑工业出版社，2020.